Das AstroJahr

Friederika-Luba von Cohlem
Christina Zacker

Das AstroJahr

Die 12 Sternzeichen auf einen Blick

Mit Illustrationen von Olaf Thiede

Im FALKEN Verlag sind zahlreiche weitere Titel zum Themenbereich „Astrologie und Esoterik" erschienen.
Sie sind überall erhältlich, wo es Bücher gibt.

Der Band wurde zusammengestellt aus den gekürzten Bänden der im Falken Verlag erschienenen blauen Sternzeichenreihe (1741–1752).

Sie finden uns im Internet: **www.falken.de**

Der Text dieses Buches entspricht den Regeln der neuen deutschen Rechtschreibung.

Dieses Buch wurde auf chlorfrei gebleichtem und säurefreiem Papier gedruckt.

ISBN 3 8068 7673 8

© 2001 by FALKEN Verlag in der Verlagsgruppe FALKEN/Mosaik, einem Unternehmen der Verlagsgruppe Random House, GmbH, 65527 Niedernhausen/Ts.

Umschlaggestaltung: Peter Udo Pinzer
Gestaltung: Christa Gramm, Wiesbaden
Redaktion: Vera Baschlakow
Herstellung: Horst Bachmann
Illustrationen: Olaf Thiede, Potsdam

Die Ratschläge in diesem Buch sind von den Autoren und vom Verlag sorgfältig erwogen und geprüft, dennoch kann eine Garantie nicht übernommen werden. Eine Haftung des Autors bzw. des Verlags und seiner Beauftragten für Personen-, Sach- und Vermögensschäden ist ausgeschlossen.

Satz: FROMM MediaDesign GmbH, Selters/Ts.
Druck: fgb • freiburger graphische betriebe, Freiburg

817 2635 4453 6271

Inhalt

Im Zeichen des Widders 7
21. März – 20. April

Im Zeichen des Stiers 27
21. April – 20. Mai

Im Zeichen der Zwillinge 47
21. Mai – 21. Juni

Im Zeichen des Krebses 67
22. Juni – 22. Juli

Im Zeichen des Löwen 87
23. Juli – 23. August

Im Zeichen der Jungfrau 107
24. August – 23. September

Im Zeichen der Waage 127
24. September – 23. Oktober

Im Zeichen des Skorpions 147
24. Oktober – 22. November

Im Zeichen des Schützen 167
23. November – 21. Dezember

Im Zeichen des Steinbocks 187
22. Dezember – 20. Januar

Im Zeichen des Wassermanns 207
21. Januar – 19. Februar

Im Zeichen der Fische 227
20. Februar – 20. März

21. März – 20. April

Im Zeichen des Widders

So kommen die Widderfrau/ der Widdermann am besten klar

Der Widder, ein Feuerzeichen, steht für Aktivität und Kraft. Er ist die Lokomotive, die den gesamten Tierkreis in Bewegung setzt.

Mit der Geburt im Tierkreiszeichen Widder ist man wie selbstverständlich von Göttin Fortuna gesegnet.

Zum Beispiel in der Liebe: kein anderes Tierkreiszeichen ist so voller Charme und Esprit. Das liegt (natürlich!) auch an der Jahreszeit, in der Sie als Widdermann oder Widderfrau geboren sind: Es ist Frühling, der kalte Winter ist vorbei, die Natur macht sich zu neuem Leben auf. Das schlägt sich in Ihrem Charakter nieder: Sie gehören zu den „erfrischendsten" Sternzeichen überhaupt. Kein Wunder, dass dies in Liebe und Partnerschaft zu merken ist – langweilig wird's Ihnen in der Liebe bestimmt nicht! Voller Leben und spontan, immer zu etwas Neuem bereit – so lassen sich Herr und Frau Widder charakterisieren. Langeweile oder Trägheit kennen Sie nicht.

An Selbstbewusstsein mangelt's den Widdergeborenen beiderlei Geschlechts ebenfalls nicht. Deshalb hat es zum Beispiel Frau Widder auch gar nicht nötig, auf Emanzipation zu pochen. Sie ist von vornherein gleichberechtigt. Allerdings ist sie nur in Ausnahmefällen dazu gezwungen, davon Gebrauch zu machen.

Unterordnen wird sich übrigens auch ein Widdermann nur in Ausnahmefällen. Kommt ja gar nicht in Frage! Wer so abenteuerlustig und begeisterungsfähig ist, hat einfach keine Zeit für die hohe Kunst des diplomatischen Rückzugs. „Lieber immer rein in die Vollen" – mit dieser Devise kommt der Widder erstaunlich weit. Und selbst scheinbar große Widerstände können ihn nicht schrecken. Dann wird er nämlich einen anderen (und wahrscheinlich sogar noch besseren!) Weg finden, sein Ziel zu erreichen.

Der Reiz des Unbekannten

Das Unbekannte reizt einen Widdermann enorm – wenn man ihm also eine Fahrt ins Blaue vorschlägt, wird er begeistert sein. Pech für die Partnerin, wenn sie – vorausschauend, weil sie eben kein Widder ist! – eine Rückfahrkarte gelöst hat (oder ein Rückflugticket aus dem Traumurlaub in der Karibik). Es kann ihr nämlich durchaus passieren, dass ihr Widder jegliche Planung, die über den nächsten Tag hinaus geht, ablehnt: „Einschränken seiner Freiheit", nennt er dies dann gerne. Und wer weiß, ob sie überhaupt die Richtige ist, einen Widder einzufangen ...

Dasselbe gilt für Frau Widder: Sie wird sich nie unterkriegen lassen – und der Mann wird das Gefühl nicht los, dass seine Widderfrau eigentlich auch ganz gut ohne ihn zurechtkäme. Also muss er sich ganz besonders anstrengen, wenn er in ihrer Nähe bleiben will oder sogar eine Ehe in Betracht zieht. Dass mit dem Trauschein der positive Stress nicht aufhört, ist ja wohl klar, und wer sich mit ihr einlässt, wird seine Abende und Wochenenden sicher nicht in Filzpantoffeln auf der Couch vor dem Fernsehapparat verbringen.

Das Äußere

Der echte Widder kann oft schon von seinem Äußeren her nicht verleugnen, in welchem Sternzeichen er geboren ist. Sein Gesichtsausdruck – oft mit besonders buschigen Augenbrauen, die über der Nasenwurzel zusammenwachsen – und seine häufig vornübergebeugte Körperhaltung signalisieren etwas Kämpferisches, ja Kriegerisches. Wenn er jemanden beobachtet, bevor er auf ihn oder sie losstürmt, kann er einen etwas hochmütig wirkenden Gesichtsausdruck zeigen. Dann ist's schwer, ihn zu durchschauen, dann ist's nicht leicht, an ihn heranzukommen. Seine Zielstrebigkeit, die man – wenn man ihn nicht gut kennt – als Sturheit auslegen könnte, zeigt sich auch in Gestalt und Gestik. Haben Sie schon mal in einem Historienfilm gesehen, wie man in der Antike und zu Zeiten der alten Rittersleut' eine Festung stürmte? Genau – mit einem Rammbock, der gewiss nicht zufällig die Bezeichnung „Widder" trug. Im Tierreich benutzt der Widder beim Kampf mit seinen Rivalen den Kopf als „Stoßwerkzeug" – und so mancher Widdermensch macht's ähnlich: Er fixiert sein Ziel, senkt den Kopf und stürmt gegen alle Widrigkeiten drauf los.

Natürlich im übertragenen Sinne. Das kann manchmal aber auch ganz schön wehtun. Nicht nur dem angegriffenen Gegenüber, sondern auch dem Widder selbst. Durch seine Ungeduld, seine Impulsivität könnte er sich manchmal eine ganze Menge verbauen. Doch mit seinen guten Umgangsformen kann sich der Widder in allen Gesellschaften bewegen.

Interessiert und aufgeschlossen im Gespräch kennt er keine Lügen – wenn ihm nicht sein angeborener Charme in die Quere kommt. Denn er schwärmt auch für Romantik, für die Liebe. Frau Widder sucht ihren Märchenprinzen, Herr Widder sehnt sich nach einer Märchenprinzessin. Beide unternehmen eine ganze Menge, um ihren Traumpartner zu erobern. Widdermänner lieben es zu erobern. Allerdings: Sie sind besitzergreifend und eifersüchtig. Einen kleinen Flirt so nebenbei sollte man sich daher nicht erlauben, wenn man mit einem Widder verheiratet oder fest liiert ist. Widderfrauen ergreifen auch in der Liebe gern die Initiative, Hindernisse gibt es für sie nicht. Sie haben da nämlich einen Trick: Schwierigkeiten lächeln sie strahlend weg. Doch Achtung! Das Strahle-Lächeln ist wie ein Schutzpanzer. Um ihre zarte Seele ist's ganz anders bestellt. Widdermädchen können verletzlich und hilflos sein, anlehnungsbedürftig und zartbesaitet.

Der geradlinige Widder

Die 12 positivsten Eigenschaften, die Widdern nachgesagt werden.

Widder sind
dynamisch
kämpferisch
selbstbewusst
geradlinig
willensstark
sachlich
offen
aufgeschlossen
verlässlich
abenteuerlustig
entschlossen
ritterlich

Diplomatie ist also nicht die Stärke eines Widders – ganz gleich welchen Geschlechts. Vorsichtiges Taktieren ist ihm völlig unverständlich. „Warum Umwege gehen, wenn man auch auf direktem Weg zum Ziel kommt" – das könnte sein Lebensmotto sein. Das Problem vieler Widder ist allerdings: So ganz genau weiß kaum einer, was sein Ziel ist. Dafür fängt er viel zu leicht Feuer – in allen Bereichen des Lebens. Ungeduld ist eine der manchmal negativen Eigenschaften, die vielen Widdern zu schaffen macht. „Wenn's heute geht, nur nicht auf morgen verschieben!"

Das gilt natürlich auch für den Beruf. Widder kämpfen ein ganzes Leben lang, um zu lernen, dass man in vielen Fällen nicht mit der Tür ins Haus fallen sollte.

So richtig erwachsen werden Sie als Widder nie. Ihr unumstößlicher Vorteil: Sie haben Mut und Energie, Sie entwickeln Initiative. Abenteuer lieben Sie geradezu – auch im Geschäftsleben und in Finanzdingen. Das kann aber manchmal ins Auge gehen. Vor allem auch deshalb, weil Sie viele Dinge anpacken, sich für Unzähliges interessieren, dann aber oft kurz vor dem Ziel die

Geduld verlieren. Denn Sie hassen nichts mehr als Routine. So manche Aufgabe wird aber schnell zum Alltagsgeschehen – dann geben Sie auf, werfen Ihrem Chef den Krempel einfach vor die Füße. Niederlagen sind da vorprogrammiert. Aber wie ein Stehaufmännchen stecken Sie einen Misserfolg weg. Der Widder überzeugt durch tolle Ideen, durch sein Verhalten, durch seine Power. Als dynamischer Manager ist er ideal, denn er trifft gerne Entscheidungen. Konsequenzen sind ihm nicht so wichtig – auch wenn er dann zu ihnen steht.

Frau Widder traut sich durchaus zu, auch vermeintlich typische Männerberufe zu ergreifen. Führungsqualitäten sind dem Widder in die Wiege gelegt; kein Wunder, dass viele Chefinnen unter diesem Sternzeichen geboren wurden.

Männliche und weibliche Widder ähneln sich in vielem. Charme ist beiden eigen, ebenso Zielstrebigkeit und das Wissen, dass sie als Widder einfach die Besten sind. Sie schauen beide nur nach vorne, nicht zurück in die Vergangenheit. Das kann zu abrupten Trennungen führen – sowohl im Privat- als auch im Geschäftsleben. Eine Lieblingsbeschäftigung ist nämlich das Ausmisten: Selbst liebenswerte Erinnerungen werden dann rigoros abgelegt, Bindungen in die Vergangenheit gnadenlos durchtrennt – nichts soll den Widder auf seinem Weg in die Zukunft belasten.

Mit Besitz und Reichtum hat der Widder zunächst nicht viel am Hut. Ein eigenes Haus, Vermögen – das kommt meist erst im Alter. Bis dahin bleibt er ruhelos: Er zieht oft um, wohnt zur Miete, will sich keine Eigentumswohnung oder gar ein Häuschen aufbürden. Um die Gesundheit des Widders ist es meist ganz gut bestellt. Er geht ungern zum Arzt und ist deshalb kein Jammerlappen, der aus jedem Schnupfen gleich eine Lungenentzündung macht. Erste Anzeichen einer Erkrankung beachtet er oft gar nicht. Das kann natürlich böse Folgen haben: Dem Sternzeichen Widder entspricht in der Astromedizin der Kopf. Typische Krankheiten sind also z. B. Kopfweh, Migräne, aber auch Zahnschmerzen. Außerdem sind Widder anfällig für Erkältungen, Ohrenentzündungen, Arthritis und Neuralgien. Bei Verletzungen neigen sie zu Gesichts- und Kopfverletzungen. Wundern Sie sich als Mutter also nicht, wenn Ihr kleiner Widder mit einem blauen Auge nach Hause kommt.

Die 12 negativsten Eigenschaften, die Widdern nachgesagt werden.

Widder sind

eigensinnig
launisch
egoistisch
despotisch
ungeduldig
distanziert
nachtragend
empfindlich
unkollegial
mürrisch
unnahbar
nüchtern

Typisch Widder

Welcher Widder sind Sie?

Astrologisch betrachtet sind natürlich nicht alle Widder gleich geartet. Neben dem „Sonnenzeichen" – also dem Sternbild, in dem bei Ihrer Geburt der „Planet" Sonne stand – ist der Aszendent von entscheidender Bedeutung. Er ist meist nicht mit dem Sonnenzeichen identisch, wirkt sich jedoch auf den Charakter eines Menschen – besonders in dessen zweiter Lebenshälfte – ebenfalls stark aus. Im Anhang finden Sie Tabellen, mit denen Sie Ihren Aszendenten leicht bestimmen können.

Und so wird Ihre Widderpersönlichkeit von den jeweiligen Aszendenten beeinflusst:

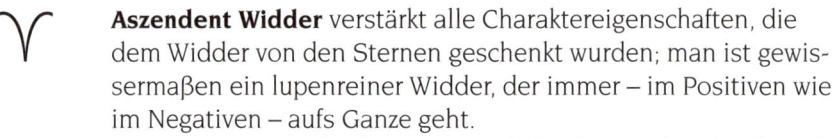

Aszendent Widder verstärkt alle Charaktereigenschaften, die dem Widder von den Sternen geschenkt wurden; man ist gewissermaßen ein lupenreiner Widder, der immer – im Positiven wie im Negativen – aufs Ganze geht.

Aszendent Stier gibt Ihnen Ausgeglichenheit und verhindert allzu vorschnelles Handeln. Ihre Ziele erreichen Sie dennoch – nur eben bedächtiger und bedachter. Ihre Gefühle jedoch lassen sich vom Stier nicht bändigen.

Aszendent Zwillinge macht Sie manchmal etwas launisch, aber auch flexibler. Sie sind begeisterungsfähig und sprühen vor Ideenreichtum. Ihre Ziele – beruflich wie privat – erreichen Sie rasch und ohne Umweg.

Aszendent Krebs nimmt dem Widder seine Aggressivität und Kampfeslust, führt ihn zu Nachdenklichkeit, lässt ihn zu philosophischen Reflexionen neigen und verursacht manchmal sogar Selbstzweifel.

Aszendent Löwe macht Sie noch stärker, als Sie im Grunde eh schon sind und gibt Ihnen eine Beständigkeit, die Ihrer Sternennatur eigentlich abgeht. Sie wollen – selbst im Privatleben – Mittelpunkt sein und genießen dies auch noch.

Aszendent Jungfrau sorgt dafür, dass Sie disziplinierter sind und nichts auf die Schnelle, sondern überlegt entscheiden. In der Liebe sind Sie zwar nicht gerade überschwänglich und romantisch, aber dennoch sehr zuvorkommend.

Aszendent Waage vermag aus einem Widder das zu machen, was er von Natur aus eigentlich überhaupt nicht ist: einen vollendeten Diplomaten mit ausgeprägtem Sinn fürs Harmonische und Ästhetische.

♏ **Aszendent Skorpion** kann, durch den doppelten Marseinfluss, Kraft und Willen übersteigern. In der Liebe sind Sie ein echter Draufgänger. Manche Freunde fühlen sich jedoch von Ihrem beißenden Humor abgestoßen.

♐ **Aszendent Schütze** lässt Sie unruhig leben. Sie leiden unter Fernweh, sehnen sich nach fremden Gestaden. Auch in der Liebe übrigens: Selten geht ein Schütze-Widder eine feste, langwährende Beziehung ein.

♑ **Aszendent Steinbock** befähigt den Widder zu Fleiß und Ausdauer, zu nüchterner Kalkulation und zum Wahrnehmen des eigenen Vorteils. Dabei allerdings bleibt ihm für die Liebe kaum Zeit.

♒ **Aszendent Wassermann** führt dazu, dass Sie „Freiheit total" suchen. Ihre Ideale setzen Sie durch – ohne Rücksicht auf Verluste. Gerne probieren Sie – privat wie beruflich – etwas Neues aus.

♓ **Aszendent Fische** bringt Ihnen Feuer und Wasser zugleich: Sie sind launisch, mal himmelhochjauchzend, mal zu Tode betrübt. Beruflich von geringerem Ehrgeiz getrieben, suchen Sie Ihr Glück lieber im Privaten.

Was sonst noch zum Widder gehört

Jahrtausende der Astrologie haben gezeigt, dass jedes Sternzeichen nicht nur „seinen" Planetregenten hat, sondern dass man den einzelnen Tierkreiszeichen eine ganze Reihe von Dingen zuordnen kann. Ob das nun Farben, Pflanzen oder Mineralien sind, die Ihnen als Widder besonders liegen.

◆ Das Element des Widders ist das Feuer, und daher kommt nicht nur sein hitziges Temperament, daraus erklären sich auch bestimmte Vorlieben. Das Feuer des Widders ist das Urfeuer, das sich ständig erneuert, seine Empfindungen setzen sich in Taten um.

◆ Die Farbe Rot gilt als Farbe der Energie. Feuerrotes Haar, rote Schals, knallrote Pumps, roter Pullover und rote Kleider sind für einen Widder immer richtig. Gerade noch geduldet: leuchtendes Rotorange und Kadmium-Gelb.

◆ Die Pflanzen des Widders sind Tabak, Knoblauch, Zwiebel und Arnika. Sie können sich's nun aussuchen, ob Sie lieber rau-

chen, Griechenlands Küche mit Tsatsiki bevorzugen, auf Tatar mit viiiiel Zwiebeln stehen oder sich als Gesundheitsapostel für die Heilpflanze Arnika entscheiden.

Vielleicht mögen Sie lieber zarte Blumen und Blüten? In Ihrer Jahreszeit, dem Frühling also, freuen Sie sich besonders an Hyazinthen. Glockenblumen und Gänseblümchen lieben Sie genauso wie Lavendel. Der ist übrigens Ihre ganz spezielle Widderpflanze: einerseits sensibel und unscheinbar, andererseits dominant und fordernd.

- Ihre Glückssteine sind Onyx, Saphir, Rosenquarz und Amethyst. Sie sind überzeugt, dass Edelsteine Heilkräfte besitzen? Dann trägt der Widder den Karneol gegen Ängste und Ärger bei sich. Für die Leberentgiftung sorgt der Karneol ebenfalls. Blutstein wirkt auf Knochenmark, Milz und Herz; der weiße Diamant gibt Ihnen geistige Klarheit (Widdermädchen sollten dies ihrem Liebsten gelegentlich unter die Nase reiben!) und der Rubin hilft gegen Alpträume, Melancholie und aktiviert die Intuition. Mineralien und Metalle für den Widder sind Eisen, aber auch Feuerstein, Nickel und Magneteisenerz.

- Die Widderfrau mag Schmuck – sogar sehr. Allerdings legt sie hier großen Wert auf allerhöchste Qualität. Denn: Frau Widder bevorzugt Brillanten. Ihr Lebensgefährte sollte ihr diesen Herzenswunsch wenigstens hin und wieder erfüllen – es muss ja nicht gleich ein Mehrkaräter sein.

Ganz anders denkt der Widdermann. Er trägt fast keinen Schmuck. Er fühlt sich damit behindert, in seinen Energien gehemmt. Eine schicke Uhr, später vielleicht der Ehering, wird meist das Einzige sein.

Der Widder und die Liebe

So liebt der Widdermann

Der Widdermann brennt wie Strohfeuer für jede neue Liebe auf den ersten Blick. Doch wer ihn erobert, gewinnt seine ganze Leidenschaft.

Der Widdermann verliebt sich einfach zu gerne – und jedes Mal sprühen die Funken. Flirten macht ihm Spaß – nur hat er leider Probleme, es wirklich so leicht und locker zu nehmen, wie ein Flirt eigentlich sein sollte. Jede Frau, die er kennen lernt, ist für ihn erst einmal die Einzige und Richtige für sein weiteres Leben.

Der Widder ist eine Kämpfernatur – und er wird sich gerade dann um eine Frau reißen, wenn ein Rivale auftaucht. Dabei ist er dann sehr erfinderisch: Mit einem banalen Sträußchen aus fünf rosa Nelken, mit Asparagus verziert, wird sich seine Angebetete gewiss nicht begnügen müssen. Eher schon erwartet sie ein Teppich aus Rosenblättern …

Sehr weibliche, feminine, aber auch intelligente Frauen beeindrucken den Widdermann enorm. Mit der klischeehaften „dummen Blondine" wird er sich jedoch ganz gewiss nicht anfreunden können – zumindest nicht auf Dauer. Dass er auf solche Damen hingegen immer wieder mal einen Blick riskiert – das wird man ihm niemals austreiben können.

Die Frau, die sich für einen Widder interessiert, sollte ihm gegenüber stets offen sein; falsches Spiel – vor allem, wenn er ihm auf die Schliche kommt – wird ihn so sehr enttäuschen, dass er die Beziehung nicht fortsetzen will. Da tritt dann wieder seine mangelnde Ausdauer, seine Ungeduld zutage. Also: Der Widdermann honoriert Ehrlichkeit. Aber auch nicht übertriebene Ehrlichkeit. Wenn seine Partnerin nämlich selbst zum Flirten neigt, möchte er diese Tatsache nicht von vornherein auf die Nase gebunden bekommen. Vor allem dann nicht, wenn es sich bei ihren Flirts immer nur um Strohfeuer ohne ernsteren Hintergrund handelt. Er möchte ganz gern über etwas hinwegsehen, was ihn vielleicht verletzen könnte, ganz nach dem Grundsatz: „Was ich nicht weiß, macht mich nicht heiß!" Denn der Widdermann ist sehr eifersüchtig. Er ist zwar selber gerne auf der Suche nach dem Schönen, hält Ausschau nach schönen Frauen. Doch seiner Frau oder Freundin gesteht er dies umgekehrt nicht gerne zu.

Erst so um die dreißig wird er sich dem Ernst des Lebens und damit Ehe und Familie zuwenden. Seine Auserwählte wird jedoch immer am besten damit fahren, wenn sie ihm das Gefühl gibt, er würde eigentlich noch frei sein. Nichts hasst er mehr, als eingeengt zu werden. Er mag es sich nicht eingestehen, dass eigentlich sie ihn „eingefangen" hat und nicht er sie. Also lässt man ihm am besten Zeit. Den Heiratsantrag will er machen, den Zeitpunkt will er bestimmen. Soll er doch! Da diplomatische Ränke ihm wesensfremd sind, wird er selten mitbekommen, dass sie ihn an der langen Leine laufen lässt.

Streit gestaltet sich mit dem Widder etwas schwierig: Hat er einmal eine Meinung gefasst, so steht er dazu – und ist nur schwer davon abzubringen. Und weil er sehr gut argumentieren kann, kommt sich so manche Widderfreundin oder Widderehefrau nach einer Auseinandersetzung richtig totgeredet vor.

Hat der Widder einmal den Entschluss gefasst, eine Familie zu gründen, so wird er sich natürlich auch Kinder wünschen. Er ist ein stolzer Vater – vor allem dann, wenn seine Sprösslinge Erfolge aufzuweisen haben. Ganz gleich, ob im Kindergarten, in der Schule, in der Ausbildung oder viel später im Beruf: Der Widdervater wird sich stets intensiv mit seinen Kindern beschäftigen, sich um sie kümmern, sich die größte Mühe geben, dass aus ihnen etwas wird. Das kann dazu führen, dass er manchmal etwas beherrschend wirkt – und wenn es unter seinen Nachkömmlingen ebenfalls Widder gibt, wird's manchmal zu Zoff und Unruhe kommen.

So liebt die Widderfrau

Die Widderfrau ist ihrem männlichen Gegenstück in vieler Hinsicht sehr ähnlich. Ihre Offenheit und ihre Direktheit machen sie zu einem ehrlichen Partner. Nicht jeder Mann schätzt es jedoch, schon in den ersten paar Minuten einer Bekanntschaft auf seine Fehler hingewiesen zu werden. Das kann ihm aber passieren, wenn er sich mit einer Widderfrau einlässt.

Mit ihrer bestimmenden Art ergreift die Widderfrau auch in der Liebe oft die Initiative – so lange, bis sie den richtigen Partner gefunden hat. Dabei geht sie natürlich nicht plump vor: Sie zeigt sich sanft und anschmiegsam – und wenn der Partner das nicht durchschaut, nimmt er ihr das vielleicht sogar ab. Auf jeden Fall wird sie nicht eher ruhen, bis er ihr verfallen ist.

Unterschätzt ein Mann eine Widderschöne, wenn er ihr zum ersten Mal begegnet, wird sie ihn möglicherweise widdermäßig (d. h. unsanft) abblitzen lassen. Ihre Intelligenz ist meist überragend – so mancher Herr der Schöpfung wird sich anstrengen müssen, mit ihr mitzuhalten. Ihr Selbstbewusstsein macht die Widderfrau wählerisch. Sie lässt sich beileibe nicht mit jedem ein, hat jedoch einen Hang dazu, sich umschwärmen zu lassen. So kann sie sich schon einmal den Falschen herauspicken. Vor allem deshalb, weil sie sich leider leicht von Äußerlichkeiten blenden lässt. Allerdings findet sie schnell heraus, wie viel wirklich an einem Mann dran ist – und hat dann auch keine Hemmungen, sich von ihm zu trennen.

Ohne Liebe ist die Widderfrau nicht (über)lebensfähig. Der Partner einer Frau dieses Sternzeichens wird ihre sprudelnde Lebensfreude, ihre Aktivitäten (auch in Liebesdingen!), ihre Zärtlichkeit nicht mehr missen wollen. Chancen bei ihr hat jedoch nicht, zumindest nicht auf Dauer, wer ein Softie ist, der sich all ihre Launen gefallen lässt. Ist er eher schüchtern, muss er aber dennoch bei ihr nicht chancenlos sein, denn ist das Interesse einer Widderfrau erst einmal geweckt, wird sie auch bereit sein, den ersten Schritt zu tun. In einer länger dauernden Beziehung jedoch muss der Mann versuchen, sich in wichtigen Fragen durchzusetzen, um ihren Respekt zu erheischen.

Hat sie sich einmal für einen entschieden, ist sie eine zärtliche und erfindungsreiche Geliebte, eine perfekte Gefährtin – und später auch eine gute Mutter.

Da auch die Widderfrau ihren Willen meist um (fast) jeden Preis durchsetzen will, ist jeder Streit mit ihr stets eine größere Angelegenheit. Sie lässt oft nur ihre eigenen Argumente gelten. Das kann – wenn beide Partner zu Unnachgiebigkeit neigen – zu harten Auseinandersetzungen, sogar zur Trennung führen.

Ein Mann sollte sich davor hüten, eine Widderfrau zu verletzen: Sie wird dann plötzlich zu einem Eiszapfen erstarren – und er wird größte Mühe haben, sie wieder aufzutauen. Ungerechtigkeiten kann sie nicht ertragen, nicht nur, wenn sie ihr selbst, sondern auch, wenn sie anderen widerfahren. Ihren Lebenspartner wird die Widderfrau schon bei der kleinsten Ungerechtigkeit verteidigen. Widderfrauen können ausgesprochen großzügig sein, sind dann auch bereit, alles mit anderen zu teilen. Wenn sie jedoch merken, dass sie ausgenutzt werden – vor allem in Gefühls- und Liebesdingen – werden sie rigoros reagieren.

Trotzdem verliert eine Widderfrau niemals den Glauben an die Menschheit. Sie wird immer wieder auf andere zugehen, wird niemals Mauern um sich errichten – ganz gleich, wie oft sie enttäuscht wird.

Bevor die Widderfrau ihrer großen Liebe begegnet, versprüht sie ihren Charme nach vielen Seiten. Aber mit dem Richtigen geht sie durch dick und dünn.

Der Widder in Beruf und Geschäftsleben

Wenn ein Widder zur Schule geht …

… zeigt sich meist schon, dass er nicht viel Ausdauer hat. Und wenn er – vielleicht mangels Begabung, vielleicht auch ein wenig wegen Faulheit und Schlendrian – schlechte Noten nach Hause bringt, müsste er sich eben wie jeder andere weniger gute Schüler auf den Hosenboden setzen. Das liegt ihm aber überhaupt nicht. Sein größter Fehler, der Mangel an Beharrlichkeit, macht es ihm schwer, bis zum Ende der Schulzeit oder einer Ausbildung kontinuierlich gleich gute Leistungen zu erreichen.

Zwar kann ihm niemand vorwerfen, er zeige in der Schule zu wenig Lerneifer – ganz im Gegenteil! Wenn ein Lehrer fesselnden Unterricht bietet, ist der Widder mit Feuereifer bei der Sache. Aber wehe, in der Schule wird's ihm langweilig! Erfolge, die sich nur durch langes und intensives Lernen einstellen, machen ihm keinen Spaß. Fremdsprachen – gut und schön! Aber leider muss man dafür so langweilige Vokabeln büffeln. Geschichte könnte schon interessant sein, aber mit den Jahreszahlen hat es der Widder weniger. Mathe kann spannend sein – wenn nur die Formeln nicht auswendig gelernt werden müssten. Und so geht's Tag für Tag, Woche für Woche, Monat für Monat weiter: Ein Schuljahr ist eben doch sehr lang. Beständige Leistung ist gefragt – und genau damit hat der Widder Probleme. Vor allem dann, wenn ihn ein Fach nicht so sehr interessiert, wenn ein Lehrer es nicht versteht, den Unterricht mitreißend zu gestalten.

Widder gelten als sehr temperamentvoll und manchmal ungestüm. Das macht den Umgang mit ihnen nicht immer leicht. Wenn ein Widder nicht lernt, sein Temperament ein wenig zu zügeln, wird er Probleme bekommen. Oft will der Widder vorzeitig aufgeben. Wenn er nicht ständig gefordert wird, interessieren ihn Schule und Ausbildung nicht mehr. Spätestens dann müssen die Eltern eingreifen. Ein Widder, der von klein auf gelernt hat, dass Ausdauer, Selbstdisziplin und Beharrlichkeit etwas bringen, kommt auch im späteren Berufsleben leichter klar. Denn mit seinen Begabungen muss er ja nicht hinter dem Berg halten – ganz im Gegenteil.

Der Widder und sein Job

Schon das Einstellungsgespräch meistert er durch seine überzeugende Sprachgewalt. Der Widder sollte versuchen, einen Job anzustreben, in dem er eine gewisse Entscheidungsfreiheit innehat. Sonst nämlich tritt auch im Beruf das altbekannte Problem auf: Die erste Euphorie verwandelt sich sehr schnell in Langeweile, und das hat selten positive Auswirkungen – weder auf die eigene Zufriedenheit noch auf die Leistung.

Zusätzliche Arbeit wird ihn fordern, und Anforderungen braucht der Widder ja in allen Bereichen seines Lebens. Selbst wenn er morgens Schwierigkeiten hat, aus dem Bett zu kommen, ist er abends dafür, ohne zu murren, jederzeit länger da. Um auf „einen grünen Zweig zu kommen", muss sich der Widder schon anstrengen und dafür kämpfen.

Seine eigene Meinung hält er gerne für die beste und selbstverständlich für die richtige. Sie stets durchzusetzen, ist deshalb sein oberstes Ziel. Das muss gar nicht einmal falsch sein – nur sollte er sich daran gewöhnen, alle Unwägbarkeiten auszumerzen, alle Probleme zu überdenken, bevor er mit seinen Plänen an die Öffentlichkeit geht. Das ist zwar schwierig für ihn, er wird es aber schaffen, das Gleichgewicht zwischen seinem heftigen Temperament und nicht allzu impulsivem Handeln zu halten.

Berufe mit Karrierechancen

Als Beamten oder Büroangestellten mit Papierbergen auf dem Schreibtisch, durch die er sich hindurch arbeiten soll, kann man sich einen Widder schwer vorstellen. Aufgrund seiner guten Ideen und seines Einfallsreichtums empfiehlt er sich als Manager. Da kann er bis an die Spitze gelangen. Er ist ein Siegertyp, weil er es versteht, Ideen umzusetzen. Gut eignet er sich deshalb als Berater für all jene, die zwar Ideen haben, sie aber nicht realisieren können.

Für den Widder kommen vor allem solche Branchen in Frage, in denen Kreativität wichtig ist – zum Beispiel in der Werbung, aber auch im künstlerischen Bereich –, sowie alle Berufe, in denen schnelles, selbstständiges Handeln gefragt und sogar von Vorteil ist. Als Ingenieur, Berufssportler oder Mechaniker kann man sich den Widder genauso vorstellen wie im Bereich der Medien: Im Fernsehen oder Rundfunk, bei Zeitung oder Zeitschrift wird er als Journalist Großes erreichen. Im Verkauf stellt er sich als Naturtalent heraus: Seine Redegewandtheit und Überzeugungskraft lassen ihn da auf jeden Fall zum Erfolg kommen. Deshalb muss er nicht als kleiner Vertreter sein Leben fristen, eher kann man sich einen Widder als Chefeinkäufer oder Verhandlungsleiter im internationalen Konzern vorstellen. Aufgrund ihrer besonderen Begabungen schlagen auch viele Widder den Weg in die Politik ein. Hier sind sie wegen ihrer Rhetorik und ihres Durchsetzungsvermögens in vielen Bereichen gefragt. Denn prinzipiell ist der Widder eine Führernatur. Er wird sich stets für Erneuerungen einsetzen und selten auf der Stelle treten.

Der Widder im Arbeitsalltag

Seine Arbeitstage sollten nicht ereignislos verlaufen. „Besser Hektik als Langeweile", könnte sein Motto im Betrieb sein. Er wird immer sein Bestes leisten, und nichts aus der Hand geben, bevor nicht sein Ziel erreicht ist. Daher kann jedes Unternehmen, das ihn in der richtigen Position einsetzt, sich glücklich schätzen. Schwierig ist es für ihn, den Erfolg mit anderen zu teilen. Er kann zwar im Team arbeiten, kommt bei seinen Kollegen auch gut an. Aber er heimst Erfolge gerne für sich ein. Deshalb wird man ihm manchmal mangelnde Fairness vorwerfen. Wenn er etwas erreichen will, tut er das am liebsten allein. Das sollten seine Chefs wissen – wenn er denn überhaupt viele Vorgesetzte über sich hat. Viele Widder sind ja selbst Boss, haben ein eigenes Unternehmen.

Die Finanzen des Widders

Auch in Finanzdingen ist dem Widder eine glückliche Hand gegeben – wenn er genügend Ausdauer aufbringen kann und sich von zwischenzeitlichen Rückschlägen nicht beeindrucken lässt. Er ist nämlich nicht der Typ des kontinuierlichen Sparers; eher wird er alles auf eine Karte setzen, wenn er sich spekulativen Gewinn erhofft. Auf der anderen Seite ist er von großzügiger Gemütsart. Geld und Besitz teilt er leichteren Herzens mit anderen als Ruhm und Erfolg.

In frühen Jahren schon kann er es zu eigenem Grundbesitz, zu einer Eigentumswohnung bringen. Das ist dann auch sein großer Stolz, aber meist wohnt er gar nicht selbst drin, sondern vermietet sie an Freunde oder an Kumpels aus der Studentenzeit.

Der Widder in Urlaub und Freizeit

Urlaubsorte, Ferienziele

Als Ferienziel bevorzugt der Widder vor allem Frankreich, Deutschland und auch England. Im Großen und Ganzen ist er jedoch anspruchslos, was den Urlaubsort anbelangt: Er fühlt sich überall wohl, wo es nicht langweilig ist, wo „action" herrscht, wo das Leben tobt. Das muss nun nicht gerade im „Ballermann" in Arenal auf Mallorca sein – ihn reizen auch mal ein Abenteuerurlaub oder ein Survivaltraining. Hier kann er nämlich zeigen, was er alles zu leisten vermag, hier kann er sich selbst beweisen.

Sport

Da der Widder ein sehr intensiver Mensch ist, mag er schnellen Sport. Oft mangelt's ihm an der Ausdauer; deshalb sind vor allem solche Sportarten ideal, die rasche Erfolge zeitigen: im Winter zum Beispiel Ski- oder Snowboardfahren. Die schnelle Abfahrt verheißt zwar ein verhältnismäßig kurzes Vergnügen, dafür aber einen Riesenspaß. Auch auf jeder Rennstrecke würde er sich wahrscheinlich wohl fühlen, ganz gleich, ob mit einem Auto oder mit einem Motorrad. Jedoch gilt wie in vielen anderen Bereichen des Widderlebens: nichts darf zu langwierig sein. Man muss alles zügig durchführen können, muss schnell zu einem Ziel kommen. Nur dann hat er am Sport Freude. Marathonlauf oder Dressurreiten – das ist gewiss nichts für einen Widder.

Hobby

Bei seinen Hobbys legt der Widder ebenfalls Wert auf „action" und schnellen Erfolg. Völlig ungeeignet ist er zum Beispiel als Briefmarkensammler. Selten wird man ihn dabei antreffen, Vögel zu beobachten, Schmetterlinge zu fangen (und aufzuspießen) oder Puzzles zusammenzusetzen. Er muss immer in Bewegung sein, etwas leisten. Daher wird er sich eher mit „Kopf-durch-die-Wand"-Aktivitäten wie Kegeln, Autofahren oder schnellen Computerspielen befassen als mit Schach, Gartenbau oder dem Lesen dicker Romane.

Familienleben

Im Familienleben gilt er nicht gerade als ruhiger und ruhender Pol. Mit seinen Kindern ist er ständig auf Achse, unternimmt viel mit ihnen. Er denkt sich neue Spiele aus, baut Baumhäuser, bringt ihnen Tricks aus seiner Schulzeit bei. Dabei wird er früher oder später versuchen, den Kindern seine Meinung aufzudrängen. Solange die Kinder noch kleiner sind und ihren Papa vergöttern, ist das alles kein Problem. Aber wehe, es regt sich der erste Widerspruch: Da kann's zu ausgemachten Krächen kommen. Besonders, wenn ein Widderkind im Hause ist.

Von seinem Lebenspartner erwartet der Widder, dass er ihm zuhört und Begeisterung für seine Pläne aufbringt, ihn nicht bremst, auch wenn eigentlich klar ist, dass sie von vornherein zum Scheitern verurteilt sind. Er wird sich nicht beirren lassen und selbst nach einem Fehlschlag neue Pläne schmieden.

Kulinarisches

Widder lieben's scharf – nicht nur in der Liebe, sondern auch in der Küche. Und da die Liebe durch den Magen geht ... Beim Zubereiten des Essens darf das Gewürztöpfchen mit den scharfen Zutaten nicht fehlen. Viel Zwiebeln, Knoblauch, Pfeffer – und der Paprika muss scharf und nicht etwa edelsüß sein! Alles was gut gewürzt ist, ist für ihn „Feuer im Bauch", stärkt ihn, macht ihm Spaß und bringt kulinarischen Genuss. Für seinen Körper stabilisierend wirken im Essen Petersilie, Rosmarin, Minze, Melisse. Sein Durchsetzungsvermögen stärken hingegen Pfeffer, Kardamom und Koriander.

Bei seinen Drinks liebt der Widder ebenfalls die scharfen Sachen. Rote Cocktails – er liebt ja die Farbe Rot! – sollen im Hals brennen. Das heißt, die Drinks können gerne mit einem „harten Schnaps" angerührt sein. Ob es dann auch unbedingt ein roter sein muss? Es darf sicher auch eine andere Farbe sein. Hauptsache scharf und brennend!

Daraus kann man natürlich einen Schluss ziehen: Milde und laue Gerichte und Getränke mag der Widder nicht so gerne. Gerichte mit Rahm mögen anderen ja gut schmecken, für ihn sind sie eher geschmacklos und fade. Auch für Desserts hat er nicht so furchtbar viel übrig. Süßspeisen sind für ihn kein optimaler Abschluss eines Menüs – er möchte lieber was Scharfes zum Nachessen: einen deftigen Käse zum Beispiel. Oder aber ein scharfer Rachenputzer in alkoholischer Form. Aber Obacht! Dauerndes scharfes Essen reizt die Magenschleimhäute, und deshalb sollte er genau abwägen, ob es denn nicht des Öfteren weniger nachgewürzt sein darf.

Garderobe

Ihre Kleidung suchen Widder oft spontan aus. Diese Spontankäufe sind nicht immer das Richtige. Manchmal wird die Partnerin eines Widdermannes entsetzt sein: Wie kann ein blassblonder Mensch sich nur ein knallrotes Sakko zulegen? Weil Rot nun einmal seine Lieblingsfarbe ist! Gerade Widdermänner sollten sich beim Klamottenkauf beraten lassen. Widderfrauen „leiden" übrigens unter demselben Problem. Und auch bei ihnen tut Beratung not ... Die Kleidung eines Widders wird stets sehr selbstbewusst wirken, vielleicht manchmal sogar provokant. Damit will der Widder allen anderen schon auf den ersten Anblick kundtun: „Ich bin präsent, mir kann keiner etwas anhaben, ich komme an erster Stelle!" Doch der Widder ist lernfähig: In einer großen Abendgesellschaft wird er genauso passend gekleidet erscheinen wie zu jeder anderen Gelegenheit. Die Widderfrau wird sich ebenfalls selbstbewusst kleiden, manchmal auch betont feminin. Sie kann aber auch in Arbeitskleidung „ihre Frau" stehen. Am wohlsten wird sie sich in sportlichem, legerem Outfit fühlen. Dabei kann sie genauso lässige Eleganz an den Tag legen wie eine sportliche Note unterstreichen.

Düfte und Make-up

Die Widderfrau bevorzugt blumig-fruchtiges Parfum, die Kopfnote wird bestimmt durch Citrus. Aromatische, weiche Komponenten prägen die Mittelnote: etwa Geranie oder Rosen, Myrrhe oder Narde, Patchouli oder Vetiver. Mit speziell „weiblichen" Düften weiß sie wenig anzufangen. Der Widdermann wird aromatisch herbe Düfte benutzen, die sein Selbstbewusstsein stärken, die Persönlichkeit unterstreichen, eventuell seinen Eigensinn etwas reduzieren: Zypresse und Pinie etwa, Limette oder Zimt, Zeder oder Sandelholz. Widderfrauen tun nie zuviel des Guten, sowohl beim aufgelegten Duft als auch beim Make-up: Zur Abendrobe eher kräftige Farben, zur Arbeit dagegen dezent. In ihrer Freizeit, zu Hause in ihren vier Wänden oder im Garten verzichtet die Widderfrau meist auf alles, sie bleibt natürlich.

Sind Sie ein echter Widdermann?

	Ja	Nein
1. Verlieren Sie schnell das Interesse an einer Frau, die erobert werden will?	3	1
2. Stört es Sie, wenn Ihre Gefährtin mit einem anderen Mann flirtet?	4	0
3. Gehen Sie Problemen gern aus dem Weg?	1	3
4. Genießen Sie es im Urlaub, einfach mal die Seele baumeln zu lassen?	1	4
5. Sind Sie ein bescheidener Mensch?	1	4
6. Glauben Sie, dass Sie ein leicht zu lenkendes und zu erziehendes Kind waren?	0	2
7. Geben Sie im Job und auch im Freundeskreis gern den Ton an?	3	1
8. Wenn etwas nicht nach Ihren Vorstellungen läuft, geben Sie schnell auf?	4	1
9. Können Sie einer einzigen Frau die Treue halten?	4	2
10. Lassen Sie's ruhig angehen – beruflich und privat?	0	3

Auswertung:

Bis zu 12 Punkte So ein richtig echter Widder sind Sie nicht! Das muss aber jetzt nicht schlimm sein – im Gegenteil: Ihnen fehlt so manche negative Seite dieses Sternzeichens. Sie drängen sich nicht in den Vordergrund, können auch andere mal im Mittelpunkt stehen sehen.

13 bis 24 Punkte Sie zeigen eine ganze Menge typischer Widdereigenschaften. Aber entweder haben Sie gelernt, Ihre negativeren Charakterzüge zu bändigen – oder Sie haben im Aszendenten ein völlig konträres Sternzeichen.

25 und mehr Punkte Sie sind ein typischer Widder – ganz wie er im Buche steht. Auf Ihrem Weg nach oben kann Sie nichts und niemand aufhalten, und wenn Sie die richtige Partnerin finden, steht Ihrem Glück nichts mehr im Wege!

Sind Sie eine echte Widderfrau?

	Ja	Nein
1. Sind Sie ein sportlicher und dynamisch agierender Typ?	3	1
2. Verkraften Sie Enttäuschungen im Berufs- und Privatleben gut?	1	3
3. Fehlt Ihnen Selbstbewusstsein?	1	4
4. Muss eine „richtige Frau" Ehe und Familie anstreben?	2	4
5. Sagen Sie immer zu allem Ja und Amen, was Ihr Chef vorschlägt?	1	4
6. Gehen Sie nach einem Streit als erste auf Ihren Partner zu?	0	2
7. Nehmen Sie in der Firma oft mehr Arbeit an, als Sie eigentlich schaffen können?	3	1
8. Lieben Sie's eher ruhig und gemütlich?	1	4
9. Geben Sie in einer Liebesbeziehung Ihre Unabhängigkeit nur ungern auf?	4	2
10. Wenn's gar nicht anders geht: greifen Sie mal zu einer Notlüge?	0	3

Auswertung:

Bis zu 12 Punkte Normalerweise sind Widderfrauen starke und übermächtige Persönlichkeiten – dazu kann man Sie nicht zählen. Es macht Ihnen nichts aus, sich unterzuordnen – auch einem Lebensgefährten. So wirken Sie zwar sanft und lieb – aber keineswegs widdertypisch.

13 bis 24 Punkte Ihr Ehrgeiz frisst Sie manchmal fast auf – und die Arbeit wird Ihnen dann so wichtig, dass Sie Privates sehr vernachlässigen. In der Liebe jedoch sind Sie fast zu anpassungsfähig für eine Widderfrau.

25 und mehr Punkte Ihr Selbstbewusstsein und Ihre Energie wünscht sich mancher. Sie sind eine typische Widderfrau. Leider wirken Sie manchmal arrogant und stolz. Sie harmonisieren nur mit Menschen, denen Sie Achtung und Respekt entgegenbringen. Dies jedoch zu erringen, fällt nicht leicht.

21. April – 20. Mai

Im Zeichen des Stiers

So kommen die Stierfrau/der Stiermann am besten klar

Der Stier, ein Erdzeichen, geht auf Nummer sicher und will alles, was er sich geschaffen hat, auch bewahren.

Mit der Geburt im Tierkreiszeichen Stier sind Sie von Göttin Fortuna mit vielen positiven Eigenschaften ausgestattet worden. Ihre Willenskraft ist sozusagen Legende – mit ihr erreichen Sie fast jedes Ziel, das Sie sich vornehmen. Hören Sie nicht auf solche Vertreter anderer Sternzeichen, die Ihre Willenskraft als Sturheit bezeichnen. Die anderen haben keine Ahnung. Als Stier wissen Sie ganz einfach besser, was Sie wollen.

Zum Beispiel bei der Liebe: Wenn Ihnen jemand gefällt, haben Sie tausend Ideen, das zu zeigen. Ein kleiner Veilchenstrauß von ihm an sie kommt dann ebenso in Frage wie ein dickes Rosenbukett von ihr an ihn. Als Stier werden Sie von der Venus regiert, dem Planeten der Liebe. Sie sind zartfühlend und einem kleinen Flirt niemals abgeneigt. Aber wer nun glaubt, Sie seien flatterhaft und deshalb leicht zu haben, der irrt sich gewaltig. Als Stier geht Ihnen nämlich Treue über alles. Niemals würden Sie sich kopfüber in ein Abenteuer stürzen. Aber wenn's einmal gefunkt hat – dann kann man nur sagen: Olala! Sie sind in der Liebe heißblütig und mögen's romantisch. Das ist kein Wunder – fällt Ihr Geburtstag doch in eine Jahreszeit, in der die Liebe ganz besonders viel Spaß macht. Jahres- oder jegliche Gedenktage der Liebe vergessen Sie niemals – das kann den Partner aus einem anderen Sternzeichen manchmal ganz schön nerven oder in Verlegenheit bringen! Als Stiermann sind Sie ein beschützender, zärtlicher Liebhaber, der mit sehr viel erotischer Phantasie begabt ist. Frau Stier liebt ausdauernd, zärtlich und voller Sinnlichkeit – und zeigt dabei viel Humor.

Stark und aufbrausend, doch tolerant

Also gut – geben wir's eben zu: Sowohl Herr Stier als auch Frau Stier zeigen eine ganz besondere Begabung darin, sich durchzusetzen. Das mag manchmal wie Sturheit aussehen. Das liegt aber nur daran, dass Stiere es überhaupt nicht vertragen, wenn sie auf Widerspruch und Ungehorsam stoßen. So etwas provoziert eben, und dann muss man sich nicht wundern, wenn Sie als Stier möglicherweise überreagieren. Es dauert jedoch lange, bis Sie wirklich explodieren. Aber wenn, dann neigen Sie manchmal zu Ausbrüchen blinder Wut. Unter Ihrem dicken Fell schlummert eben eine aufbrausende Natur. Dabei wissen Sie durchaus, wie Sie sich beherrschen müssen – und meist tun Sie es auch. Als Stier sind Sie – und das steht nicht im Gegensatz zu Ihrem aufbrausenden Verhalten – tolerant. Sie nehmen jeden Menschen erst einmal so, wie er ist. Begegnet Ihnen jemand, den Sie nicht mögen, gehen Sie ihm einfach aus dem Weg. Das ist Ihnen lieber als eine Auseinandersetzung. Sie suchen keinen Streit um jeden Preis, sondern die Geborgenheit einer Familie.

Das Äußere

Als Stierfrau wissen Sie selbstverständlich um Ihre Vorzüge. Schließlich haben Sie einen Spiegel zu Hause. Sie sind zwar nicht eitel, aber Ihnen ist natürlich klar, dass Sie eine sehr attraktive Person sind, meist wohlproportioniert – die Pfunde, zu denen Sie gelegentlich neigen, sitzen an der richtigen Stelle – bewusst und sehr sinnlich. Und Sie wissen intuitiv, wie Sie sich bewegen müssen. Ihre Kleidung wird geschmackvoll, praktisch, sportlich sein – nicht zu elegant, das mögen Sie nicht. All das unterstützt natürlich Ihre Willenskraft. Sie sind meist jeder Lebenssituation gewachsen. Auch dann, wenn Ihr Partner nicht stets zu Ihnen hält, sondern interessierte Blicke nach anderen Sternzeichen wirft. Als Stierfrau sind Sie selten eifersüchtig. Einem Flirt sind Sie zwar ebenfalls niemals abgeneigt, aber Sie werden den Teufel tun, sich auf ein Abenteuer einzulassen.

Etwas schwieriger hat es ein Mann, der sich's in den Kopf setzt, eine Stierdame zu erobern. Sie sind nämlich sehr selbstständig und durchaus in der Lage, Ihr Leben zu meistern. Bei aller erotischen Neugier hüpfen Sie nicht gleich in jedes Bettchen. Dennoch werden Sie schon ein paar Herren „testen", bevor Sie sich endgültig entscheiden.

Stiermänner sind häufig von kleinerem Wuchs und wirken mitunter etwas untersetzt. In späteren Jahren bildet sich manchmal ein kleines Bäuchlein; oft sagt man dann über ihn, an ihm sei alles rund. Doch wenn er sich, entgegen seinem Hang zur Bequemlichkeit, entschließt, regelmäßig etwas für seine Fitness zu tun, dann kann er dem „Vorbau" beizeiten vorbauen.

Der überlegte Stier

Als Stier entschließen Sie sich nur langsam zum Handeln: Alles werden Sie lieber einmal mehr bedenken, als etwas unüberlegt zu tun. Das gilt fürs Einkaufen genauso wie für die Anmietung einer Wohnung oder den Bau des eigenen Hauses. Ruhig und praktisch gehen Sie's an, und so kommen Sie dann auch genau dahin, wohin Sie von vornherein wollten.

Offenheit und Ehrlichkeit zeichnen Sie beide aus. Stiere halten jedoch beide nicht viel von Risiken. Bei der Arbeit und bei den Finanzen schätzen Sie absolute Korrektheit. Sie verstehen es ausgezeichnet, mit Geld umzugehen. Aber das Geld geben Sie nicht für unnütze Extras aus.

Sie stehen auf gediegene Werte: schöne Möbel, prächtige Teppiche, wertvolle Gemälde, gutes Porzellan und funkelnde Kristallgläser – alles Dinge, die auf lange Zeit angelegt sind. Modetorheiten machen Sie bei Ihrer Wohnungseinrichtung nicht mit: Sie halten es eher mit dem konservativen Stil – nicht gerade mit einer Anrichte im „Gelsenkirchener Barock", aber eben auch nicht dem neuesten italienischen Design.

Der Stier genießt das beruhigende Gefühl, Besitzer wertvoller Dinge zu sein. Sie möchten umgeben sein von Ruhe und Frieden, alles sollte auf seinem Platz stehen. Was natürlich schwierig ist, wenn Kinder im Hause sind. Herumliegendes Spielzeug schätzen Sie zum Beispiel gar nicht. Auch Lärm, laute Radios oder Fernsehapparate sind Ihnen ein echtes Gräuel. Bedingt durch den Einfluss der Venus lieben Sie schöne Dinge, die überwiegend aus der Natur entstehen.

Trotz Ihres guten beruflichen Vorankommens, trotz Ihrer Fähigkeiten bleiben Sie im Grunde Ihres Herzens unsicher und voller Selbstzweifel. Ihr Partner wird Sie also immer wieder aufbauen müssen.

Bei den Hobbys werden Sie sich als Stier sicher den ruhigeren Dingen zuwenden. Künstlerisches liegt Ihnen sehr: Musik genauso wie Malerei, Bildhauerei oder Holzschnitzerei. Vielleicht ent-

---

Die 12 positivsten Eigenschaften, die Stieren nachgesagt werden.

Stiere sind
lebenslustig
offen
verlässlich
großzügig
wahrheitsliebend
direkt
hilfsbereit
gastfreundlich
gutmütig
solide
arbeitsam
ordnungsliebend

decken Sie auch eine dichterische Ader in sich. Stierfrau und Stiermann lieben es, in alten Geschäften oder auf Flohmärkten herumzustöbern. Die Vergangenheit reizt sie. Stierfrauen trifft man oft in Konzerten oder auf Ausstellungen. Und sie lieben Handarbeiten, natürlich selbst gemachte wie etwa Stricken. Nicht selten sind Hobbyköche unter den Stieren zu finden. Kein Wunder, gelten Stiere doch als ausgesprochene Genießer. Mit Hingabe wird alles zubereitet, mit Sorgfalt alles geplant. Als Stier sind Sie ja die Ruhe selbst, es sei denn, die Vorräte in Ihrer Speisekammer oder im Kühlschrank gehen zur Neige. Dann stürzen Sie sich in eine wahre Einkaufsorgie. Kräftige und deftige Hausmannskost lieben Sie als Stiermann ganz besonders. Da darf die Wurst auch schon mal etwas fetter sein, als von der Werbung empfohlen. Es sollte schmecken wie früher zu Hause – und dass dies Ihrer Lebenspartnerin Probleme bereitet, ist klar. Die Stierfrau steht ihrem männlichen Pendant beim Essen und Trinken in nichts nach. Alles muss den richtigen Geschmack haben. Sie ist oft eine hervorragende Köchin, würzt aber gerne reichlich. Cocktails mögen beide sanft und süß. Und die Knabberschale daneben darf natürlich nicht fehlen.

Das birgt natürlich Gefahren in sich: Alles wird mit Nase und Mund „getestet": Der Hals-Nasen-Rachenraum wird in der Astromedizin ja dem Stier zugeordnet. Viele Stiere nehmen dabei zuviel „Leben" auf und geben zu wenig ab. Das kann dazu führen, dass die Figur ein wenig aus dem Leim geht. Auch Entzündungen im Nasen-Hals-Raum kommen bei Stieren häufig vor. Ebenfalls typische Stierkrankheiten sind Beschwerden im Nacken- und Schulterbereich.

Stiere lieben es zu faulenzen. Sie können sich dem Nichtstun völlig hingeben. Trotzdem begeistert sich so mancher Stier auch für Sport und Fitness. Das kann bei dem einen auch „nur" das Hobby Gartenarbeit sein. Aber ebenso schwärmen viele Stiere für Camping oder Angelsport. Beides kommt ihrer ruhigen, bedächtigen Art sehr entgegen. Doch allein Angeln, Waldspaziergänge und Ruhe reichen nicht aus, um den Körper in Schuss zu halten. Versuchen Sie's doch mal mit Schwimmen: Dabei wird der ganze Körper beansprucht, alle Bewegungen können Sie bestens selbst kontrollieren.

Die 12 negativsten Eigenschaften, die Stieren nachgesagt werden.

Stiere sind
aufdringlich
redselig
unbeherrscht
empfindlich
launisch
egoistisch
nörglerisch
rechthaberisch
hochnäsig
cholerisch
vertrauensselig
pedantisch

Typisch Stier

Welcher Stier sind Sie?

Astrologisch betrachtet sind natürlich nicht alle Stiere gleich geartet. Neben dem „Sonnenzeichen" – also dem Sternbild, in dem bei Ihrer Geburt der „Planet" Sonne stand, ist der Aszendent von entscheidender Bedeutung. Er ist meist nicht mit dem Sonnenzeichen identisch, wirkt sich jedoch auf den Charakter eines Menschen – besonders in dessen zweiter Lebenshälfte – stark aus. Im Anhang finden Sie Tabellen, mit denen Sie Ihren Aszendenten leicht bestimmen können. Und so wird Ihre Stierpersönlichkeit von dem jeweiligen Aszendenten beeinflusst:

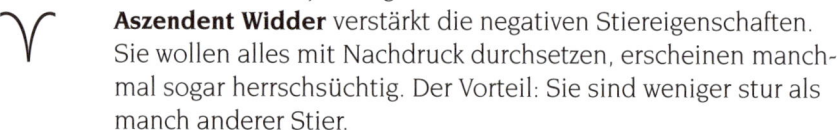

Aszendent Widder verstärkt die negativen Stiereigenschaften. Sie wollen alles mit Nachdruck durchsetzen, erscheinen manchmal sogar herrschsüchtig. Der Vorteil: Sie sind weniger stur als manch anderer Stier.

Aszendent Stier lässt Sie vor Lebenslust geradezu überschäumen. Materielle Sicherheit geht Ihnen über alles – und Sie erreichen dies in jedem Fall. Sie werden aber als freundlich und hilfsbereit geschätzt.

Aszendent Zwilling kann beim Stier Selbstzweifel und Verunsicherung auslösen. Der schnelle Erfolg im Beruf – gepaart mit entsprechender Anerkennung – ist für Sie wichtig.

Aszendent Krebs betont bei Stierfrauen die mütterliche Seite; Stiermänner sind sehr stark von Gefühlen beeinflusst. Sie denken manchmal nicht sehr realistisch – das hat vor allem im Beruf Auswirkungen.

Aszendent Löwe gibt Ihnen als Stier eine leichte Hand beim Geld ausgeben. Sie sind ein echter Mäzen, fördern andere, wo Sie nur können. Sie haben Erfolg in allen Bereichen des Lebens, sowohl privat wie auch im Beruf.

Aszendent Jungfrau sorgt dafür, dass Sie so scharfsinnig sind wie kaum ein anderer Stier. Praktisch begabt und unermüdlich im Arbeiten, neigen Sie zwar zu Egoismus, sind in der Liebe aber sehr fürsorglich.

Aszendent Waage macht den Stier zwar liebenswert, aber auch ein wenig lebensuntüchtig. Karriere steht für Sie nicht an erster Stelle. Charme und Sinn für Schönheit sind Ihre starken Seiten.

Aszendent Skorpion gibt Ihnen die Kraft, Ihre Ideen leidenschaftlich zu vertreten. Sie sind sehr sinnlich – Partner staunen über Ihre lustvolle Hingabe.

 Aszendent Schütze macht's möglich, dass Sie als Stier ein überschäumendes Temperament entwickeln. Das Glück winkt dem Tüchtigen, und damit ist Ihr Erfolg – auch dank Ihres unwiderstehlichen Charmes – vorprogrammiert.

 Aszendent Steinbock gibt Ihnen die körperliche Kraft, alle Hindernisse zu überwinden. Zu große berufliche Anstrengungen sind stressig; wenn der Erfolg ausbleibt, neigt der Steinbock-Stier zu Depressionen.

 Aszendent Wassermann sorgt dafür, dass Sie stets originelle Einfälle haben. Ihre Mitmenschen können sich glücklich schätzen – Sie stehen ihnen stets zur Seite. Allerdings lassen Sie sich nicht leicht von Ihrem eigentlichen Ziel ablenken.

 Aszendent Fische bewirkt eine wahrhaft barocke Lebenslust – Ihre vernünftige Stier-Seite muss Sie manchmal zügeln. In der Liebe sind Sie zartfühlend und sanft. Das Gegenteil im Job ist der Fall: Da können Sie durchaus zutreten.

Was sonst noch zum Stier gehört

Jahrtausende der Astrologie haben gezeigt, dass jedes Sternzeichen nicht nur „seinen" Planetregenten hat, sondern dass man den einzelnen Tierkreiszeichen eine ganze Reihe von Dingen zuordnen kann. Ob das nun Farben, Pflanzen oder Mineralien sind, die Ihnen als Stier ganz besonders liegen.

- Das Element des Stiers ist die Erde. Daher kommt es sicher, dass Sie besonders ausdauernd, beharrlich und treu sind.

- Ihre Farben sind vor allem Blau- und Rosatöne, aber auch Grünschattierungen, wie Türkis. Als Stierdame haben Sie also für Ihren Kleiderschrank eine reiche Auswahl auf der Farbpalette. Als Stiermann werden Sie ganz gewiss nicht in fadem Grau herumlaufen. Wenn Sie in einem „seriösen" Beruf tätig sind und um den klassischen Anzug nicht herumkommen, werden Sie wenigstens fürs Hemd, ganz gewiss aber für Ihre Krawatte einen ungewöhnlichen Farbton wählen.

- Die Pflanzen des Stiers sind Kirsche, Linde und Birnbaum. Stiere werden ganz sicher jedes Jahr im Mai zum Flieder-

busch in Nachbars Garten schielen, wenn sie sich nicht gleich selbst einen Flieder pflanzen. Dasselbe gilt für Kirschen (die schmecken ja nun aus Nachbars Garten besonders lecker!). Stiere mögen alle Blüten des Frühlings, ganz besonders aber Maiglöckchen und wilde Wiesenblumen wie die Butterblume und die Akelei; im Garten und auf dem Balkon lieben Sie Lilien und Rittersporn. Wer als Stier gesundheitsbewusst lebt, weiß, dass zu ihm die Heilpflanze Angelika gehört, auch Engelwurz genannt. Sie hilft bei Magenbeschwerden.

- Ihre Glückssteine sind Smaragd, Jade und Saphir. Auch mit Türkis, Tigerauge oder Rubin kann eine Stierfrau durchaus etwas anfangen. Denken Sie also an diese reichhaltige Auswahl, wenn Sie Ihrem Liebsten zarte, aber deutliche Hinweise darauf geben, was er Ihnen schenken könnte …

- Stiere tragen gerne Schmuck. Dabei bleibt es nicht nur bei einem Rubin als Ring oder etwa einem Türkis als Schmuckstein in einer Halskette. Man kann nicht leugnen, dass Stiere eine besondere Vorliebe zu Diamanten haben. Das ist für jeden Mann, der eine Stierfrau erobert hat, nicht gerade ein preiswertes Vergnügen.
Das Metall Kupfer wird nicht nur der Venus zugeordnet, sondern soll auch schon seit alters her speziell zum Stier gehören. Kupfer jedoch ist kein Edelmetall, das man für Schmuck verwenden kann: Es verfärbt sich am Körper. Dennoch tragen viele Stiergeborene ein Kupferarmband. Und so mancher hat einen Kupferpfennig aus seinem Geburtsjahr als Glücksbringer stets bei sich.

Der Stier und die Liebe

So liebt der Stiermann

Als Stiermann haben Sie Glück bei den Frauen. Sie schätzen Ihre Geduld und Fürsorglichkeit. Und natürlich Ihre Ausdauer: Eine Frau, die Sie erobern möchten, kann sich darauf gefasst machen, dass Sie nicht allzu schnell die Flinte ins Korn werfen – ganz im Gegenteil. Selbst wenn's auf den ersten Blick oft noch nicht funkt bei Ihnen: Haben Sie sich einmal für eine Frau entschieden, wird es schwer sein, Sie wieder von ihr abzubringen. Da sind Sie standfest bis zur Sturheit; und Sie lassen sich auch allerhand einfallen, um das Herz Ihrer Auserwählten zu erringen. Sie werden Veilchen außerhalb der Saison auftreiben, wenn das IHRE Lieblingsblumen sind. Kein Weg ist zu weit, kein Hindernis zu hoch, wenn Ihr Herz Ihnen sagt: „Das ist die Richtige!"

Der Stiermann hat – wie Bel Ami – meist Glück bei den Frauen. Bevor er sich einfangen lässt, bricht er viele Herzen.

Eine Frau fühlt sich natürlich geschmeichelt von so viel aufmerksamer Hartnäckigkeit. Nur, wie man Sie dann wieder los wird, wenn die Gefühle nur einseitig aufseiten des Stiers liegen sollten, ist ein ganz anderes Problem …

Beeindrucken lassen Sie sich von den schönen Dingen des Lebens. Frauen gehören da selbstverständlich dazu. Allerdings nur gepflegte Frauen, die wissen, wie man sich anzieht, wie man sich darstellt und wie man sich geschickt so schminkt, dass man ganz natürlich wirkt. Sie lieben die Frauen, wissen sofort, sie richtig einzuschätzen. Dabei verlassen Sie sich auf Ihre Intuition. Sie möchten verwöhnt und geliebt werden – sind allerdings stets bereit, Ihrerseits Ihre Partnerin zu verwöhnen und mit Liebe zu überschütten. Ihre Sinnenfreude macht Sie zu einem hervorragenden Liebhaber.

Allerdings: Einfangen lassen Sie sich nicht. Sie möchten schon selbst entscheiden, wer Ihre Traumprinzessin ist, wer unter den zahlreichen Favoritinnen nun das Rennen in den Hafen der Ehe macht. Keine Frau sollte glauben, leicht an Ihr „Eingemachtes" heranzukommen.

Vor der Ehe werden Sie nichts „anbrennen" lassen – viele gebrochene Herzen werden dabei auf der Strecke bleiben. In der Liebe sind Sie sogar bereit zu investieren – wenn Sie meinen, Ihre Geliebte sei es wert. Dann macht es Ihnen auch nichts aus, Ihrer Liebespartnerin teure Geschenke zu machen.

Treue ist Ihnen allerdings wichtig: Selbst wenn Sie viele Freundinnen haben, fahren Sie nicht zweigleisig. Sie flirten nicht herum, wenn Sie sich in einer Beziehung befinden – und Sie erwarten dasselbe von Ihrer Partnerin. Ihre Leidenschaft lässt sich also ganz gewiss nicht anstacheln, indem man Sie eifersüchtig zu machen versucht. Dieser Dreh verfängt bei Ihnen nicht, da reagieren Sie sauer. Das sollte jede Frau wissen, die sich mit Ihnen einlässt.

Da Sie in Ihrem ganzen Leben umsichtig alles planen, scheint es für Sie kaum ein Problem zu geben – selbst in der Liebe nicht. Taucht doch einmal eines auf, so werden Sie es in Ruhe angehen und meistern. Dabei verhalten Sie sich sehr korrekt und suchen die Lösung in aller Ruhe. Das klappt meist recht gut – außer, man hat Sie vorher schon zur Weißglut getrieben. Dann wehe jedem (und jeder!), der (die) Sie über den Punkt hinaus reizt, der aus Ihnen – als eigentlich ganz ruhigem Rind – einen wilden Kampfstier macht.

Trennungen von einer Liebschaft zum Beispiel nehmen Sie gelassen hin. Sie sind unerschütterlich in der Überzeugung: „Dann war es eben nicht die Richtige." So werden Sie sich auch mit Eifersucht kaum abgeben, wenn Ihre Freundin einen neuen Partner hat.

So liebt die Stierfrau

Sind Sie Stierfrau? Da sollte sich Ihr Partner glücklich schätzen! Ihre Schutzgöttin ist die Venus – und das sagt ja wohl alles. Der Göttin der Liebe wurden in der Antike zahllose Tempel gebaut – und dies ganz gewiss nicht (nur) aufgrund ihrer so herrlich ausgeprägt weiblichen Figur. Selten wird ein Mann eine so warmherzige und zuverlässige Partnerin finden.

Wie Ihr männliches Pendant sind Sie sehr praktisch veranlagt. Entschlossen gehen Sie jedes Problem an – auch in der Liebe. Sie flirten zwar gern, an Verehrern herrscht nun wahrlich kein Mangel. Aber Sie sind kein „Mädchen für eine Nacht". Wer Sie gewinnen will, muss eine ganze Menge zu bieten haben – und dies ist ausnahmsweise mal nicht im materiellen Sinne gemeint.

Sie sind eine schicke und wortgewandte Person; es wird sich nicht leicht jemand finden, der Ihnen Paroli bieten kann. Manche Männer, die mit einem Stammtischwitz Frauen in Verlegenheit bringen wollten, haben schon selber kräftig einstecken müssen, wenn sie dabei an eine Stierfrau gerieten. Selbst wenn viele

Die Stierfrau ist begehrenswert und sexy. Aber sie ist keine Frau für eine Nacht. Treue ist ihr so wichtig, dass sie manchmal sehr eifersüchtig sein kann.

Herren der Schöpfung meinen, man könne Sie leicht herumkriegen – weit gefehlt! Keine Chance haben vor allem plumpe Machos. Sie haben durchaus ein Herz für den leichtlebigen Filou, aber Sie wissen dabei genau, das kann nur eine Liebelei sein, niemals ein Partner fürs Leben.

Ein Mann kann Sie vor allem mit Ehrlichkeit beeindrucken. Sie selbst sind nämlich auch grundehrlich – vor allen Dingen in der Liebe –, und deshalb erwarten Sie dies auch von anderen – gerade von Ihrem Partner. Menschenkenntnis ist sozusagen ein Hobby von Ihnen. Ihr Urteil – nach kurzem Kennenlernen oder auf den ersten Blick gefällt – ist meist frappierend sicher.

Stierfrauen gelten als sehr sexy. Es wird Ihnen weder beim Tanzkurs noch später in der Disco an Verehrern fehlen. Ihre Neugier reizt Sie allerdings, auf sexuellem Gebiet allerlei auszuprobieren; nicht nur, dass Sie Ihre Liebespartner oft wechseln. Sie sind auch ungewöhnlichen sexuellen Praktiken gegenüber aufgeschlossen. Allerdings nur so lange, bis Sie „Mr. Right" gefunden haben. Ihm sind Sie treu, und er wird derjenige sein, von dem Sie die erwartete Sicherheit zu bekommen meinen.

Ihr Ehemann oder Lebensabschnittsgefährte hat es nicht immer leicht mit Ihnen. Sie erwarten nämlich im wahrsten Sinne des Wortes Anbetung. Und Sie können überhaupt nicht nachvollziehen, warum sich jemand weigern sollte, Ihnen die gebührende Verehrung entgegenzubringen. Schließlich können Sie – als Patenkind der Liebesgöttin Venus – wohl entsprechenden Respekt verlangen …

Mit Problemen kommen Sie besser zu Rande als ein Stiermann. Jedoch auch für Sie gilt: Wehe, wenn Sie gereizt werden.

Trennungen stecken Sie als Stierfrau nicht so einfach weg. Sie leiden tierisch – allerdings lässt sich das Leid mit dem Bewusstsein mildern, dass Sie wenigstens keinen materiellen Verlust erleiden. Die finanzielle Absicherung muss dabei gar nicht mal von Ihrem künftigen Exgatten kommen. Sie schaffen sich Ihr Sicherheitspolster selber. Eifersucht ist Ihnen ebenfalls hinlänglich bekannt. Treue ist Ihnen genauso wichtig wie dem Stiermann. Sie leiden häufig unter der Angst, Ihr Mann würde fremdgehen, Sie hätten eine Nebenbuhlerin. Diese Eifersucht, die häufig grundlos ist, kann Ihre Partnerschaft manchmal sehr belasten. Meist jedoch bekommen Sie diese Ihre Schwäche ganz gut in den Griff. Und dann sind Sie eine hinreißende Partnerin.

Der Stier in Beruf und Geschäftsleben

Wenn ein Stier zur Schule geht …

… hat er's nicht immer leicht. Zwar ist er kein schlechter Schüler. Aber er hat Probleme, den Lehrstoff zu behalten, wenn er einfach nur stur auswendig lernen soll. Da der Stier ein sehr sinnlicher Mensch ist, fällt es ihm um vieles leichter, wenn er mit all seinen Sinnen lernen kann. Einfach ein Buch lesen und damit schon Wissen aufnehmen? Abstrakte Formeln auswendig wissen, lateinische Vokabeln büffeln – damit ist's bei ihm nicht getan.

Fächer, in denen man also experimentieren kann, in denen man nicht nur trockenen Lesestoff aufnimmt, sondern in denen es sich vielleicht auch anbietet, das nötige Wissen im Freien, in der Natur zu erwerben, werden dem Stier keinerlei Probleme bereiten. Die chemische Formel wird ihm schneller einleuchten, wenn er weiß, wie sie „pufft und stinkt". Fremdsprachen lernt er ebenfalls schnell, wenn er deren Nutzen erkennt und das Gelernte sofort in die Tat umsetzen kann: Englisch also vielleicht mit einem Austauschschüler aus London oder bei einem Urlaubsaufenthalt in den USA zu sprechen; sich französisch mit dem Au-pair-Mädchen zu unterhalten; in der Pizzeria auf italienisch zu bestellen; griechisch mit einem Mitschüler dieses Landes zu reden; das neueste Asterix-Heft in Latein zu lesen und dabei diese alte Sprache mit Spaß und vor allem „lebensecht" zu lernen.

Alles andere, was sich nicht leicht und spielerisch lernen lässt, muss sich der Stier hart erarbeiten. Das fällt ihm zwar nicht leicht, aber er schafft es mit den beiden Eigenschaften, die seinen Charakter prägen – durch seine Ausdauer und seine Gewissenhaftigkeit nämlich. Und weil ihm die Arbeit an sich Freude macht.

Seine schulische und auch die berufliche Ausbildung wird der Stier also auf jeden Fall durchziehen. Vielleicht nicht ganz glatt, vielleicht mal mit Sitzenbleiben, aber auf jeden Fall stetig und letztendlich erfolgreich. Stiere lassen sich von dem, was sie einmal als wesentlich erkannt haben, nicht ablenken. Da müssen sich Eltern keine Sorgen machen.

Der Stier und sein Job

Im Beruf sollte dem Stier eine klare Linie vorgegeben sein; die füllt er dann mit Sicherheit hervorragend aus. Denn der Stier ist kein Mensch, der sich durch besondere Originalität auszeichnet.

Einen Stier als Arbeitnehmer wünscht sich wohl jeder Vorgesetzte. Er glänzt durch Zuverlässigkeit, und sein Arbeitseifer ist fast schon sprichwörtlich. Pünktlichkeit und Ehrlichkeit sind für ihn Selbstverständlichkeiten. Ein bisschen mangelt's ihm an Kreativität: In einer Werbeagentur wird man den Stier deshalb kaum im Bereich der Kreativ-Direktoren finden. Zwar hat der Stier öfters recht gute Ideen, doch er scheitert an ihrer Verwirklichung: Seine Vorsicht hindert ihn nämlich daran, Risiken einzugehen. Das gilt im Job genauso wie im Bereich der privaten Geldanlagen. Auf Risikogeschäfte lässt er sich meist nicht ein. Dazu ist die Angst vor einem hohen finanziellen Verlust zu groß. Dennoch bleibt einem Stier der Weg nach oben meist nicht versperrt. Sein Eifer, sein Zielbewusstsein und seine produktive Arbeit bringen ihn auf der Karriereleiter Stufe für Stufe weiter. Er arbeitet auf langfristige Ziele zu. Seine unendlich erscheinende Geduld erleichtert es ihm, auf einen Erfolg in mittlerer oder auch ferner Zukunft zu warten. Dabei macht es ihm überhaupt nichts aus, einen Beruf auszuüben, der einem anderen fantasielos oder monoton erscheinen würde. Der Stier weiß, irgendwann kommt seine Stunde, selbst wenn der Weg dahin nicht ganz einfach ist.

Berufe mit Karrierechancen

Die Liebe zur Natur könnte den Stier dazu inspirieren, ins Baugeschäft oder in den Immobilienhandel einzusteigen. Seine Ehrlichkeit und Zuverlässigkeit würden die Kunden beeindrucken. Gut könnte man sich einen Stier auch als Vertreter vorstellen; allerdings weniger im „Dschungel der Großstadt" als vor allem in Vorstädten und auf dem Land. Stets wird der Stier darauf achten, als Festangestellter zu arbeiten. Ein Job auf Provisionsbasis ist ihm viel zu unsicher.

Stiere sind gute Ingenieure und Ärzte, auch im Bankwesen arbeiten sie gerne. Wissenschaftliche Arbeit mit Tieren oder Pflanzen könnte ebenfalls ihr Metier sein. Als Architekt oder gar Städteplaner kann ein Stier sich einen großen Namen und damit Karriere machen. In diesen Berufen wird er vielleicht auch

– nach reiflichster Überlegung selbstverständlich! – den Sprung in die Selbstständigkeit wagen. Selbst für eine künstlerische Laufbahn kommt der Stier in Frage: Sein Interesse für die Kunst ist ihm in die Wiege gelegt. In den Schoß jedoch fällt ihm nichts; auch künstlerische Anerkennung und den sich daraus ergebenden Erfolg wird er sich hart erarbeiten müssen.

Für alle Berufe gilt: sie sollten nicht mit hektischem Wechsel in der Tätigkeit verbunden sein. Und die finanzielle Seite muss stimmen. Ein Stier als Hunger leidender Dichter im Dachstübchen à la Spitzweg? Das wird's sicher nicht geben. Er muss immer auf einem sicheren finanziellen Posten stehen. Der Beruf oder die Selbstständigkeit muss ihm in jedem Fall ein sicheres Auskommen bieten.

Der Stier im Arbeitsalltag

Er mag Tätigkeiten, die nicht täglich wechseln, die nicht zu viel Flexibilität oder Mobilität erfordern. Ist der Stier mit seinem Job verwachsen, wird er ihn mit Freuden und zur Zufriedenheit seiner Vorgesetzten ausführen. Und bei seinen Kollegen im Team wird er ein angesehener Mitarbeiter sein.

Selbst einen Job, den er nicht besonders liebt, gibt ein Stier nicht so ohne weiteres auf. Er denkt dabei natürlich vor allem an seine finanzielle und materielle Absicherung, vor allem dann, wenn er eine Familie zu versorgen hat. Niemals würde ein Stier aus einer Laune heraus den Job hinwerfen.

Die Finanzen des Stiers

Ein eigenes Geschäft wird der Stier Steinchen für Steinchen aufbauen, vielleicht sogar zu einem großen Unternehmen. Der Umgang mit Geld, mit Werten liegt dem Stier im Blut. Aber dabei muss es konkret, sinnlich, fassbar zugehen. Eine glückliche Hand hat er bei Immobilienanlagen und bei direkten Unternehmensbeteiligungen. Geldwerte wird er eher konservativ anlegen. Für den Optionsscheinhandel ist er nicht zu begeistern.

Besonders Stierfrauen macht das Geldverdienen ausgesprochen Spaß. Allerdings nicht zum Selbstzweck, sondern um das Geld gleich wieder in das eigene Unternehmen, in Sachwerte oder in das eigene Heim zu stecken. Dabei entwickelt die Stierfrau ein ausgeprägtes Kostenbewusstsein, wie es auch einem Finanzminister gut anstünde.

Der Stier in Urlaub und Freizeit

Urlaubsorte, Ferienziele

Als Ferienziele bevorzugt er Urlaubsländer wie Österreich und Bayern; er fährt aber durchaus auch nach Indien und Mexiko. Obwohl: Richtig heimisch ist er in diesen fremden Ländern nicht. Da liegen ihm die nahe gelegenen Alpenregionen doch näher. Sehr wohl fühlt er sich übrigens auch in Schweden, in Polen oder auf der „grünen Insel" Irland. Als Städtereisen kommen für den Stier Fahrten nach Dublin, Zürich oder Palermo in Frage.

„In der Ruhe liegt die Kraft!" Das Lebensmotto des Stiers gilt selbstverständlich auch im Urlaub. Wandern, vor allem Bergwandern, die Natur in der Stille genießen – so etwas ist für ihn das Richtige. In Indien und Mexiko interessieren ihn vor allem die alten Kulturen: Im Alten Neues entdecken – das ist ein Hobby, für das er sich begeistern kann.

Sport

Als eher unsportlicher Mensch, der gerne faulenzt, reicht es ihm, täglich (oder auch nur einmal pro Woche!) ein paar Runden im Pool zu schwimmen. Im Urlaub wagt er sich nur dann ins Meer, wenn's keinen Wellengang zeigt: Sonst müsste er sich ja über Gebühr anstrengen. Vielleicht gibt es auch einen Stier, der gerne reitet. Bergsteigen kann ihm schon wieder zu anstrengend werden. Es ist mit zu viel Kraftaufwand verbunden.

Hobby

Ausdauernd ist der Stier beim Durchforsten alter Sachen. Stöbern in Trödelläden und auf Flohmärkten, dort etwas altes Neues entdecken – das ist ein Hobby, das der Stier bis zum Exzess betreiben kann. Viele Stiere sind Sammler aus Leidenschaft. Ob Briefmarken, Kronkorken oder Teppiche ist ihnen dabei dann ganz egal: Wichtig ist die Freude am Sammeln an sich.

Die Arbeit im (eigenen) Garten oder auch nur auf dem Balkon macht vielen Stieren große Freude, denn oft haben sie einen „grünen Daumen". Manchmal versucht sich der Stier auch in der Kunst. Bei der Malerei, in der Bildhauerei, bei der Musik kann er Beachtliches leisten. Stierfrauen lieben Handarbeiten: Stricken oder Sticken, Häkeln oder Makramee, Töpfern oder Seidenmalerei – in jedem Bereich werden sie sich Lorbeeren verdienen.

Familienleben

Zu Hause, in seinen eigenen vier Wänden, fühlt sich der Stier am wohlsten. Die Familie ist ihm sehr wichtig. Probleme kann's nur geben, weil er oftmals eine besitzergreifende Art an sich hat und auch zu Eifersucht neigt. Stiere sind – zumindest bis zu einem gewissen Punkt – geduldig. Aber wehe, man provoziert sie: wenn sie dann aus der Haut fahren, wird's ein Riesenkrach. Und gerade wenn der Stier heranwachsende Kinder hat, wird es im Teenageralter zu Machtkämpfen und Streitereien kommen.

Innerhalb der Familie eines Stiers wird meist großer Zusammenhalt herrschen. Die Kinder werden wohl umsorgt und mitfühlend erzogen. Die Familie muss genügend versorgt sein – mit Gefühlen ebenso wie mit Materiellem. Hat der Stier dies geschafft, dann steht dem glücklichen Familienleben wirklich gar nichts mehr im Wege. Dann stören ihn etwaige Querelen mit den heranwachsenden Sprösslingen überhaupt nicht mehr so sehr.

Kulinarisches

Die Lust am Essen ist wohl eines der großen Probleme des Stiers. Er liebt gute Hausmannskost – und die macht nicht gerade schlank. Weil es aber halt gar so gut schmeckt, fällt es Stiermann wie Stierfrau schwer, sich beim Essen Zurückhaltung aufzuerlegen. Und das sieht man dann leider bei beiden an den „Rettungsringen" um Bauch und Hüfte.

Für extravagante, ausgefallene Speisen haben Stiere nicht ganz so viel übrig. Sie lieben eher die Küche wie bei Muttern: Deftig und gut gewürzt soll's sein. Ähnlich ist's bei den Getränken. Am besten schmeckt dann doch das Bier zum deftigen Essen. Cocktails liebt er süß. Und er bevorzugt solche Mixgetränke, bei denen er ganz genau weiß, aus welchen Zutaten sie zusammengestellt sind. Stets nur Schlankmacher wie Salat oder Gemüse? Das macht kein Stier auf Dauer mit. Salat ist für ihn bestenfalls als Vorspeise beim Italiener angenehm, und Gemüse stets nur als Beilage, niemals als Hauptgang. Man kann den Stier jedoch überlisten: Er ist nämlich neuen Rezepten gegenüber aufgeschlossen. Und wenn man es schafft, ihn von deftiger Hausmannskost hin zu leichter, raffinierter Küche zu bringen, kann man einem Stier (wieder) zu einer guten Figur verhelfen. Sogar fremdartige Gewürze lernt er schätzen – wenn man ihn nach und nach damit verwöhnt. Wenn's ihm dann schmeckt, ist es ein großer Erfolg – und er wird die „neue" Küche nicht mehr missen wollen.

Garderobe

In Bezug auf Kleidung achtet der Stiermann ebenso wie die Stierfrau meist auf Klasse und Qualität. Alles muss aus Meisterhand stammen, wobei beiden nicht unbedingt wichtig ist, dass ein bekannter Name auf dem Etikett steht. Gute Stoffe, erstklassige Verarbeitung und hervorragender Sitz sind einem Stier weit wichtiger. Alles wird mit sehr modischem Geschmack ausgewählt. Die einzelnen Stücke sind farblich gut aufeinander abgestimmt und kombiniert. Die Stierfrau leistet sich – in ihren finanziellen Grenzen – jeden Luxus an Kleidung und Kosmetik.

Düfte und Make-up

Weil der Stier ein Genießer ist, hat er auch seinen Geruchssinn sensibilisiert. In seinen Düften werden in der Kopfnote vor allem zitronige Aspekte zu finden sein. Auch intensiv-blumige Düfte, fruchtige und orientalische Elemente finden bei ihm (und ebenso bei Frau Stier) Anklang.

Die Erdverbundenheit des Stiers drückt sich in den Duftnoten aus, die er bevorzugt. Ylang-Ylang und Jasmin machen ihn weicher, Patchouli beruhigt seine Nerven und Moschus lässt ihn sich in seinem Element fühlen. Sandelholz, Vanille, Rose und Veilchen, Geranie, Nelken und Myrte, aber auch Salbei, Lavendel und Zitrone sind ebenfalls Düfte, die mit dem Stier harmonisieren.

Von Make-up hält Frau Stier nur dann etwas, wenn sie auf der „Jagd" nach einem passenden Mann ist. Auch hier bevorzugt sie die Farben ihres Zeichens: erdige Töne, aber auch hellgrün oder rosa – auf jeden Fall Farben, wie sie in der Natur vorkommen. Herr Stier pflegt seinen Körper, auch mal mit Salben und Essenzen.

Sind Sie ein echter Stiermann?

	Ja	Nein
1. Verlieren Sie sich oft in Träumereien?	4	1
2. Hat man Ihnen schon mal deutlich gesagt, dass Sie einen Dickkopf haben?	1	3
3. Sind Sie leichtgläubig und fallen deshalb auf andere herein?	2	4
4. Gehen Sie mal in sich: Sind Sie wirklich kein Egoist?	0	3
5. Sie haben sich ein Ziel gesetzt – verfolgen Sie es bis zum Ende hartnäckig?	3	1
6. Fühlen Sie sich öfters gehetzt?	1	4
7. Sind Sie bereits in der Schule durch besondere Strebsamkeit aufgefallen?	3	1
8. Sie bekommen ein Kompliment – reagieren Sie dann eher misstrauisch?	2	3
9. Ihre Frau oder Freundin flirtet mit einem anderen: Sind Sie eifersüchtig?	2	3
10. Lieben Sie es, Ihre Abende gemütlich zu Hause zu verbringen?	4	2

Auswertung:

Bis zu 15 Punkte

Bei Ihnen ist von typischen Stiereigenschaften nicht allzu viel zu bemerken. Sie sind viel zu hektisch und nervös. Sie verlieren außerdem schnell die Ausdauer, wenn mal etwas nicht so läuft, wie Sie sich das vorstellen. Positiv ist Ihre ausgesprochen ausgeprägte Hilfsbereitschaft.

16 bis 25 Punkte

Bei Ihnen dauert es etwas, bis Sie sich selbst und Ihrer Wunschpartnerin eingestehen, welche Gefühle Sie ihr gegenüber haben. Das ist stiertypisch. Ihr Hang zu eher überlegenen und kumpelhaften Frauen jedoch widerspricht etwas dem Stiercharakter.

26 und mehr Punkte

Ihre Ausdauer, Ihre Willensstärke, Ihre Strebsamkeit und Ihre Ruhe sagen ganz klar: Sie sind ein Stier, wie man ihn sich perfekter nicht vorstellen könnte. Ihre stiertypische Eifersucht sollten Sie im Interesse einer harmonischen Partnerschaft etwas zurücknehmen.

Sind Sie eine echte Stierfrau?

	Ja	Nein
1. Sind Sie bei Ihren Entscheidungen oder Beurteilungen eher vorsichtig?	3	0
2. Können Sie sich immer wieder aufs Neue Hals über Kopf verlieben?	2	3
3. Schließen Sie schon nach kürzester Zeit Kontakt zu anderen Menschen?	1	3
4. Behauptet man zu Recht, sie seien ein Dickkopf?	2	1
5. Fallen Sie öfters auf Komplimente herein?	3	1
6. Neigen Sie zu Eifersuchtsdramen, wenn Ihr Partner mal einen Blick auf andere Frauen riskiert?	2	0
7. Ist gutes Aussehen für Sie wichtig?	3	2
8. Neigen Sie zu Depressionen, wenn eine Ihrer Beziehungen endet?	1	4
9. Haben Sie die Fähigkeit, andere Menschen leicht zu überzeugen?	2	4
10. Wirken Sie manchmal auf andere etwas arrogant?	2	0

Auswertung:

Bis zu 14 Punkte — Ihre Hektik und Ihr Idealismus deuten darauf hin, dass Sie keine typische Stierfrau sind. Um in der Liebe etwas zu erreichen, tun Sie eine ganze Menge – manchmal des Guten zu viel.

15 bis 22 Punkte — machen deutlich, dass Sie durchaus stiertypische Eigenschaften ausleben: Sie sind in vieler Hinsicht willensstark, neigen aber auch dazu, die Meinung anderer zu akzeptieren. Ihr Sinn fürs Praktische und für materielle Werte lässt Sie in einer guten Partnerschaft glücklich werden.

23 und mehr Punkte — machen klar: Sie wissen genau, was Sie wollen, und Sie werden Ihre Ziele auch erreichen. Ihr Arbeitseifer ist zwar groß, aber niemals ließen Sie sich vom Chef hetzen. Stiertypisch sind Sie auch in der Liebe: Sie suchen eine Beziehung, gehen aber nie überflüssige Risiken ein.

21. Mai – 21. Juni

Im Zeichen
der Zwillinge

So kommen die Zwillingsfrau/der Zwillingsmann am besten klar

Beschwingt und unbekümmert gehen Sie als Zwilling durchs Leben. Sie sind ein Luftzeichen und gelten als vielseitig, gesellig und geistreich. Ganz gleich, ob Sie als männliches oder weibliches Exemplar unter diesem Sternzeichen stehen: Ihr größtes Plus ist, dass Sie gut mit Menschen umgehen können.

Zum Beispiel in der Liebe: Ihre lockere, heitere Art des Umgangs zieht viele andere Sternzeichen an. Sie wirken natürlich anziehend aufs andere Geschlecht. Im Flirten sind Sie ein wahrer Meister. Und weil Sie von Natur aus gerne auf zwei Hochzeiten tanzen, nehmen Sie das Spiel der Liebe auch nicht so besonders ernst. Für Sie ist es einfach der Spaß an der Freud', nur in seltenen Fällen verlieben Sie sich Hals über Kopf so heftig, dass Sie die eine oder den einen auch nimmer ziehen lassen mögen.

Sie sind eher auf unverbindliche Flirts aus, gehen nicht unbedingt enge Beziehungen ein. Man kann Sie zwar leicht ins Bett locken, aber mehr ist dann nicht drin. Wer glaubt, nach einer einzigen Nacht mit einem Zwilling schon das Anrecht auf den Trauschein erworben zu haben, irrt gewaltig. So mancher Zwillingsmann flattert lieber von Blüte zu Blüte, auch zum Beispiel als jugendlicher Begleiter begüterter Damen, die nicht unbedingt ebenfalls jung sein müssen.

Als Zwillingsfrau sind Sie für Ihren Frohsinn und Ihre Lebhaftigkeit bekannt. Sie sind eine vielseitige Frau, neigen allerdings in jungen Jahren etwas zum Wankelmut. Gerade Ihre überragende Intelligenz lässt Sie schwankend werden, und Sie fragen sich oft: „Was will ich eigentlich?" Ihre Probleme lösen Sie mit viel Ironie. Diese ironische Art schlagen Sie auch Ihren Mitmenschen gegenüber gern an; aber Vorsicht – nicht alle mögen das.

Unter dem Luftzeichen der Zwillinge Geborene gelten als kommunikativ und gesellig, als geistreich und vielseitig begabt.

Zwei Seelen in der Brust

Sie sind voller Phantasie und Einfallsreichtum. Auch in Ihrer Brust wohnen zwei Seelen – mindestens. Zwillingsfrauen sind schillernde Persönlichkeiten: Innerhalb eines einzigen Tages treten Sie als große Dame auf und als naive Schöne, als Intellektuelle und als Betthäschen, als Vamp und als perfekte Mutter. Da soll sich einer auskennen ... Sie können alles „spielen" im Leben. Und spielerisch gehen Sie Ihr Leben auch an, selbst wenn die Rolle der „niedergeschlagenen Empfindsamen" in Ihrem Repertoire nicht fehlt. Natürlich haben Sie keinerlei Probleme damit, Männer zu erorbern. Sie flirten genauso gern wie Ihr männliches Pendant, sind auch ebenso unberechenbar wie Herr Zwilling – vor allem in der Liebe. Sie verstehen es, Ihre Weiblichkeit einzusetzen. Sie suchen in einer Partnerschaft zwar mehr die geistigen Werte, aber wenn sich dazu noch anderes ergibt: „warum nicht? Sie lassen sich aber nicht „anbinden". Eifersüchtige Partner haben wenig Chancen bei Ihnen – da verlieren Sie schnell jegliches Interesse. Sie legen größten Wert auf Phantasie und Romantik, wenn eine Beziehung von Dauer sein soll.

Das Äußere

Bei Ihrem Aussehen ist nicht verwunderlich, dass Sie ein begehrter Typ sind: Zwillinge sind meist schlank und etwas größer als der Durchschnitt. Nur ganz selten findet man einen Zwilling mit Übergewicht. Die Mehrzahl hat kristallklare, graue, grüne oder blaue Augen. Ihre Haut ist oft blass, der Zwilling bräunt jedoch schnell.

Zwillinge wollen alles kennen lernen, alles wissen. Auf die Ratschläge anderer hören Sie dabei höchst ungern. Sie wollen alles durch eigene Erfahrungen kennen lernen. Das führt natürlich dazu, dass Sie hin und wieder über Ihr eigenes Ziel hinausschießen und ins Stolpern kommen. Für einen Zwilling ist das selbstverständlich kein Problem. Sie rappeln sich wieder auf und – weiter geht's! Ein fester Partner muss da eine ganze Menge an Abwechslungen mitmachen – kein Wunder also, dass Sie nur schwer einen Lebensgefährten finden, der mit Ihnen durch dick und dünn geht. Aber als Zwilling fragen Sie sich sowieso: Brauchen Sie das eigentlich unbedingt?

Ihre intellektuellen Geistesgaben, Ihre Schlagfertigkeit, Ihre Neugier aufs Leben macht Sie zu einem vielseitigen und geist-

Zwilling

reichen Gesellschafter. Sie lieben es, ein wenig „verrückt" zu sein – dazu gehört auch laute Musik. Und natürlich tanzen Sie leidenschaftlich gerne. Auf Partys sind Sie meist der Mittelpunkt. Sie können Geschichten erzählen wie kein anderer. Sie halten sich dabei nicht immer peinlich genau an die Wahrheit, sondern schmücken Ihre Anekdoten so aus, wie es Ihnen angebracht erscheint. Und hier liegt der negative Punkt im Zwillingsleben: Sie neigen zur Redseligkeit und wollen bei jedem Thema mitreden. In den meisten Fällen gelingt Ihnen das sogar. Denn Sie verarbeiten alle Informationen, die Ihnen zufließen, in einer geradzu unheimlichen Schnelligkeit. Das lässt die anderen staunen. Da Zwillinge bewundert werden wollen, geben sie eine perfekte Vorstellung.

Im Arbeitsleben können Sie Ihre besonderen Fähigkeiten natürlich bestens einsetzen. Ihr schnelles Verstehen und Ihre Sachlichkeit in vielen Bereichen lassen Sie unheimlich überzeugend wirken. Zwillinge findet man in praktischen Berufen genauso wie in intellektuellen Kreisen oder in der Kunst. Frau Zwilling setzt sich für vieles ein – sie ist eine ausgezeichnete Diskussionspartnerin mit der Begabung, für beide Seiten argumentieren zu können.

Der anspruchsvolle Zwilling

Die 12 positivsten Eigenschaften, die Zwillingen nachgesagt werden.

Zwillinge sind
gesellig
freundlich
unterhaltsam
offen
liebenswürdig
kommunikativ
friedlich
verlässlich
humorvoll
flexibel
aufgeschlossen
aufrichtig

Hüten Sie sich jedoch davor, Ihre Begabungen und Ihre Energien durch häufigen beruflichen Wechsel zu vergeuden. Allzu oft fangen Sie etwas an und bringen es dann nicht zum Ende, weil Sie sich in zu vielen Angelegenheiten verzetteln. Dazu passen übrigens auch Ihre Hobbys: Sie lassen es sich nämlich nicht nehmen, neben einem anstrengenden Job auch noch mindestens ein Steckenpferd zu pflegen. Sie führen den Job im Privaten fort: zum Beispiel, indem Sie über Ihr Fachgebiet Vorträge an der Volkshochschule halten. Oder Sie interessieren sich für die Schriftstellerei.

Kulinarisch sind Sie ebenfalls für jede Schandtat zu haben. Deftige Hausmannskost ist nichts für Sie: Sie lieben kleine und feine Speisen. Es darf ruhig exotisch sein – aber immer von bester Qualität. Die Pizzeria um die Ecke sieht Sie nur dann als häufigen Gast, wenn der Padrone eine ständig wechselnde Tageskarte mit kleinen delikaten Antipasti oder raffinierten Gerichten anbietet. Cocktails lieben Sie mehr als Pils oder Wein: Hier ist nämlich wirklich für alle Geschmacksrichtungen gesorgt – und

Sie probieren auch von süß bis sauer alles durch. Ihr Kühlschrank ist meist gut gefüllt, und Sie wagen sich an ausgefallene Genüsse heran. Manchmal lieben Sie's auch rein vegetarisch – aus voller Überzeugung: Ein kleiner Gesundheitstick kommt beim Zwilling gar nicht so selten vor.

Abwechslung ist das Wichtigste im Zwillingsleben. Das gilt auch für Sport und Fitness. Sie lieben den Sport und sind sehr gewandt in allen möglichen Bereichen und zahlreichen Sportarten. Aber Sie schaffen es nicht, etwas mit Ausdauer zu betreiben. Haben Sie jedoch eine Möglichkeit gefunden, Ihren Körper auf abwechslungsreiche Art und Weise zu trainieren, so gehen Sie voller Energie an die Sache heran. Vielleicht fahren Sie Ski („schwarze" Abfahrten natürlich und nicht die langweilige Variante auf der Langlaufloipe!). Wasserski könnte Ihnen auch Spaß machen – überhaupt vieles im Bereich des Wassersports: Sie tauchen zum Beispiel gerne (selbstverständlich nicht in unseren heimischen Seen, sondern in der Karibik oder auf den Malediven!). Auf jeden Fall fühlen Sie sich nur von Sportwagen angezogen, die schnelle Reaktionen abverlangen. Squash und Drachenfliegen gehören da genauso dazu wie Autorennen. Eine Besonderheit des Zwillingsmannes: Er liebt Boxveranstaltungen. Nicht etwa, weil da vielleicht Blut fließen könnte. Aber es ist halt so schön aufregend. Im Übrigen gilt: Zwillingsfrauen üben ähnliche Sportarten aus wie die Herren der Schöpfung. Hauptsache: schnell und abwechslungsreich.

Dieses hektische Leben macht sich natürlich in der Gesundheit bemerkbar. Als Zwilling wirken Sie häufig sehr nervös. Geist und Körper sind ja eng miteinander verbunden – eines strahlt aufs andere aus. Sie müssen sich zwingen, Ruhepausen einzulegen, um Kraft zu sammeln für Ihr aufregendes Leben. Lunge, Hände und Gelenke zählen in der Astromedizin zu den Körperregionen, bei denen Sie zu Anfälligkeiten neigen. Versuchen Sie, nach extremen Anstrengungen erst einmal wieder zu Kräften zu kommen. Atembeschwerden und Allergien, die ja oft psychosomatisch bedingt sind, kommen bei Ihnen vielfach vor, auch Beschwerden an den Bronchien und häufige Erkältungen. Mit bewusster Entspannung können Sie so mancher Krankheit entgegenwirken. Übernehmen Sie sich nicht beim Sport, sondern trainieren Sie Ihren Körper nach und nach.

Die 12 negativsten Eigenschaften, die Zwillingen nachgesagt werden.

Zwillinge sind

unbeherrscht
klatschsüchtig
geltungsbedürftig
eigensinnig
unordentlich
oberflächlich
pessimistisch
wankelmütig
flatterhaft
untreu
labil
rechthaberisch

Typisch Zwilling

Welcher Zwilling sind Sie?

Astrologisch betrachtet sind natürlich nicht alle Zwillinge gleich geartet. Neben dem „Sonnenzeichen" – also dem Sternbild, in dem bei Ihrer Geburt der „Planet" Sonne stand – ist der Aszendent von entscheidender Bedeutung. Er ist meist nicht mit dem Sonnenzeichen identisch, wirkt sich jedoch auf den Charakter eines Menschen – besonders in dessen zweiter Lebenshälfte – stark aus. Die Sonne – so sagten die Astrologen der Antike – ist himmlisch, der Mond gefühlsbetont, der Aszendent weltlich. Im Anhang finden Sie Tabellen, mit denen Sie Ihren Aszendenten leicht bestimmen können. Und so wird Ihre Zwillingspersönlichkeit beeinflusst:

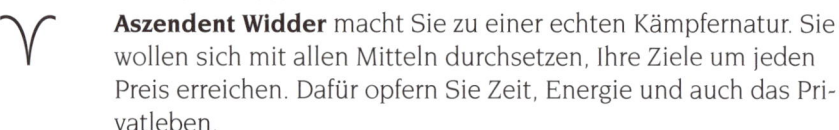

♈ **Aszendent Widder** macht Sie zu einer echten Kämpfernatur. Sie wollen sich mit allen Mitteln durchsetzen, Ihre Ziele um jeden Preis erreichen. Dafür opfern Sie Zeit, Energie und auch das Privatleben.

♉ **Aszendent Stier** verleiht Ihnen hervorragende geistige Fähigkeiten. Egozentrisch, aber realistisch in der Einschätzung Ihrer Begabungen, sind Sie beim anderen Geschlecht wegen Ihres Charmes heiß begehrt.

♊ **Aszendent Zwillinge** macht die Doppelnatur Ihres Sternzeichens besonders deutlich: Blitzschnell schalten Sie von kalter Arroganz auf liebevolle Herzlichkeit um, aber niemand wird Ihnen deshalb böse sein.

♋ **Aszendent Krebs** bedenkt Sie mit viel Phantasie und Gefühl. Der Mond verunsichert Sie manchmal – dann sind langjährige Freundschaften, ja selbst Ihre Partnerschaft in Gefahr. Ihre Fröhlichkeit und Fürsorglichkeit gleichen alles wieder aus.

♌ **Aszendent Löwe** macht's möglich, dass Ihre hochfliegenden Pläne Realität werden. Ihre geistige Beweglichkeit und der starke Wille sich durchzusetzen sind eine ideale Partnerschaft eingegangen.

♍ **Aszendent Jungfrau** verstärkt Ihre Merkur-Eigenschaften: Geht's um Geld, so sind Sie kaum zu schlagen. Ihr typischer Zwillingswankelmut schlägt in Prinzipientreue um.

♎ **Aszendent Waage** bringt Ihnen Erfolg – allerdings oft durch die Hintertür. Harte Auseinandersetzungen scheuen Sie und Ihre geistigen Fähigkeiten setzen Sie nur dann ein, wenn's unumgänglich ist.

♏ **Aszendent Skorpion** macht Sie oft schicksalsverdrossen und übernervös. Im Job verfolgen Sie Ihr Ziel aufs Hartnäckigste. Bei Ihrem Unabhängigkeitsdrang sollten Sie einen anpassungsfähigen Partner suchen.

♐ **Aszendent Schütze** bringt Frohsinn in Ihr Leben und macht Sie attraktiv fürs andere Geschlecht. Ihre Fähigkeit, sich blitzschnell auf neue Situationen einzustellen, lässt Sie höchste Positionen erreichen.

♑ **Aszendent Steinbock** sorgt für Charakterfestigkeit. Sie sind realistischer als andere Zwillinge und nehmen viel Arbeit auf sich, um Ihre Ziele zu erreichen. Doch Vorsicht: Ihre Gesundheit kümmert Sie wenig, wenn's um Erfolge geht.

♒ **Aszendent Wassermann** schenkt Ihnen eine messerscharfe Logik. Das macht Ihnen allerdings nicht nur Freunde, denn Sie sind auch sehr empfindsam. Deshalb suchen Sie sich Ihren Partner oft aus völlig anderen Bildungsschichten.

♓ **Aszendent Fische** behindert manchmal Ihre Entschlussfreude und Tatkraft. Harmonie ist Ihnen wichtiger als Durchsetzungsvermögen. Sie neigen zu Leichtsinn, sind aber dennoch beim anderen Geschlecht sehr beliebt.

Was sonst noch zum Zwilling gehört

Seit Jahrtausenden zeigt sich in der Astrologie, dass jedes Sternzeichen nicht nur „seinen" Planetenregenten hat, sondern dass man den einzelnen Tierkreiszeichen eine ganze Reihe von Dingen zuordnen kann. Ob das Farben, Pflanzen oder Mineralien sind, die Ihnen als Zwilling ganz besonders liegen.

- Ihr Element ist die Luft – Sie gelten allgemein als lebendig, aktiv, geschäftstüchtig, extrovertiert, direkt und ausdrucksstark. Als Medium, in dem sich Schwingungen und Schallwellen besonders gut übertragen (und durch uns wahrnehmen) lassen, gilt Luft als Element der Kommunikation.

- Als Zwilling lieben Sie vor allem silbrige und durchscheinende Farben. Dazu zählt selbstverständlich Weiß und auch Hellblau. Aber Sie können sich ebenso mit Grün, Orange- und Gelbtönen anfreunden. Eine Zwillingsfrau wird also ganz bestimmt eine Hochzeit ganz in Weiß anstreben (selbst wenn's nicht unbedingt die Musik von Roy Black dazu sein muss!), während der Zwillingsmann bei der Eheschließung nicht einfach nur im schwarzen Anzug auftaucht, sondern eher ein lichtgraues Outfit wählt.

◆ Unter den Pflanzen sind Ihnen als Zwilling ganz besonders Azaleen und Farnkräuter zugedacht, aber auch die Zitterpappel und die strahlend blauen Kornblumen. Zwillinge kommen in einer Jahreszeit auf die Welt, in der die ersten Rosen blühen. Die Königin der Blumen ist ebenfalls Ihre Pflanze. Ein Zwilling mit Garten, ja selbst nur mit Terrasse oder Balkon, wird sich immer für Rosenstöcke als Blumenschmuck entscheiden. Der Duft des Lavendels, der so gut mit Rosen harmoniert, stärkt Ihre Nerven. Selbst wenn Zwillinge wegen ihrer vielfältigen Beschäftigungen kaum an ihre Gesundheit denken: ihre Heilkräuter sind Melisse und Baldrian. Erstere gilt als Allheilmittel in der Volksmedizin, und Baldrian beruhigt – das weiß jedes Kind, und das hat der Zwilling auch nötig. Und Minze und Zitrone lassen Sie nicht nur klar denken, sondern helfen auch bei Erkrankungen der Atemwege.

◆ Ihre Glückssteine sind Achat, Topas und Beryll sowie Tigerauge, Karneol und Aquamarin. Auch ein Bergkristall passt gut zu Ihnen: Er soll Konzentration und Geduld verleihen. Das klassische astrologische Metall der Zwillinge ist das Aluminium, heute nicht gerade als edles Material bekannt, aber noch vor 130 Jahren äußerst teuer und selten in Gebrauch.

◆ Im Prinzip legt der Zwilling keinen besonderen Wert auf Schmuck. Der würde ihn nämlich in seinem grenzenlosen Tatendrang stören und behindern. Auch im Fluss seiner Energien fühlt er sich durch Schmuck eingeschränkt. Bestenfalls trägt er einen ausgefallen geformten Ring als Zeichen seiner Unabhängigkeit, einen schmalen Armreif aus silbrigem Metall oder ein Kettchen mit einem seiner zahlreichen Glückssteine.

Der Zwilling und die Liebe

So liebt der Zwillingsmann

Über eines können Sie sich freuen: Als Zwillingsmann werden Sie niemals Probleme damit haben, Frauen kennen zu lernen und attraktiv auf sie zu wirken. Man schätzt Ihre Schlagfertigkeit, aber auch Ihre Ehrlichkeit. Ohne Hemmungen platzen Sie mit allem heraus, was Ihnen durch den Kopf geht. Kein Wunder, dass Sie hin und wieder ins Fettnäpfchen treten. Aber das verzeiht man Ihnen schnell. Ihr Charme, Ihr Frohsinn, die Heiterkeit, mit denen Sie dem Ernst des Lebens ausweichen, machen die paar Fehlleistungen leicht wieder wett …

Unbekümmert gehen Sie durchs Leben, Sie sind stets zu allen Schandtaten bereit. Ihre Kontaktfreudigkeit ermöglicht es Ihnen, viele Menschen kennen zu lernen. Natürlich nicht nur solche weiblichen Geschlechts – obwohl die Ihnen als Zwillingsmann selbstverständlich am liebsten sind. Je mehr Bekanntschaften Sie machen, umso eher geraten alte Freundschaften ins Hintertreffen. Das nimmt man Ihnen dann leicht übel – und je nachdem, welchem Sternzeichen Ihr ehemals so guter Freund angehört, werden Sie diese Beziehung dann wieder aufbauen können oder aber gänzlich vergessen müssen.

Zwillingsmänner halten geradezu zwanghaft nach anderen Frauen Ausschau, obwohl sie sich doch nach der einen Richtigen sehnen.

Ganz anders sieht es allerdings mit ehemaligen „Flammen" aus. Zu denen werden Sie einen guten Kontakt behalten; sie wissen, dass Sie ein Filou sind. Das macht Sie einerseits anziehend, andererseits können Sie aus diesem Grund nur schwer die Frau für sich gewinnen, die Ihnen wirklich etwas bedeutet, für die Sie Ihr flatterhaftes Wesen zügeln würden.

In Ihnen stecken nämlich – der Name Ihres Sternzeichens verrät das ja schon – (mindestens) zwei Seelen: Sie sehnen sich nach einer tiefen und reifen Beziehung; trotzdem müssen Sie geradezu zwanghaft nach anderen Frauen Ausschau halten, selbst wenn Ihre Liebste gerade neben Ihnen steht. Sie selbst sind einem Flirt niemals abgeneigt – aber wehe, Ihre (derzeitige) Geliebte leistet sich auch nur einen einzigen Seitenblick, geschweige denn einen noch so harmlosen Flirt, dann kann Ihre Eifersucht bis zur wütenden Raserei gehen.

So unwahrscheinlich es klingen mag: Sie sind durchaus auch treu – in Ihrem ganz eigenen Sinne selbstverständlich. Sie haben drei Freundinnen gleichzeitig? Kein Problem für Sie. Wenn Sie Ihre Zeit mit der jeweiligen Dame verbringen, sind Sie in diesem Moment, in diesen Minuten und Stunden (vielleicht sogar mal ein Wochenende!) ausschließlich für sie da. Auch und gerade deshalb sind Sie bei den Frauen so beliebt: Jede erlebt für eine bestimmte Zeit ein außergewöhnliches Abenteuer und jede kann sich darin gefallen, Ihr Herz zumindest für den Moment erobert zu haben.

Probleme gibt es allerdings, wenn eine Ihrer Freundinnen auf die Idee kommt, Sie in eine feste und ausschließliche Beziehung oder gar in die Ehe zwingen zu wollen. Da machen Sie schnell einen Rückzieher – es sei denn, sie versteht es, Ihr Interesse wachzuhalten. Das funktioniert einfacher, als mancher von sich eingenommene Zwillingsmann denkt. Rätsel ziehen den Zwilling geradezu magisch an. Wenn eine Frau es also fertig bringt, unnahbar und geheimnisvoll zu erscheinen, wenn sie ihre Gefühle nicht gleich durchblicken lässt, sondern sich Ihnen immer ein wenig entzieht, wenn sie nie zu erkennen gibt, was sie eigentlich vorhat und plant – dann werden Sie ihr wahrscheinlich verfallen.

Viele Zwillingsmänner gehen deshalb aus Unerfahrenheit schon sehr frühzeitig eine Ehe ein. Meist ist diese Jugendsünde jedoch zum Scheitern verurteilt: Bei keinem anderen Sternzeichen ist die Scheidungsrate so hoch wie bei den Zwillingen – und diese Statistik gilt für beide Geschlechter.

So liebt die Zwillingsfrau

Sie sind eine Zwillingsfrau? Dann kann man Ihnen nur gratulieren! Und natürlich Ihren Partnern. Sie sind amüsant und voller Charme und bezaubern damit unzählige Männer. Ihr meist quirliges Wesen, Ihr Frohsinn lässt Sie in jeder Gesellschaft brillieren. Ihre geistreiche Art und Ihre Intelligenz sorgen dafür, dass Sie sich von Ihrem Partner keine Versorgung erwarten, sondern im Berufsleben wie auch privat am liebsten auf eigenen Füßen stehen. Kinder und Familie sind bei Ihnen deshalb nicht schon von vornherein eingeplant. In Ihrem Leben spielt die Liebe – oder besser: die Liebelei – eine große Rolle. Bei Ihnen funkt's recht häufig, Sie lassen nichts „anbrennen" und sind immer auf der Suche nach einem Mann, der mit Ihnen mithalten kann, der Ihrem Charakter standhält und alles mitmacht – vor allem all Ihre Launen. Denn auch in Ihnen wohnen zwei Seelen und der Wechsel dazwischen geht oft übergangslos.

Quirlig und voller Charme bezaubert die Zwillingsfrau unzählige Männer, bevor sie sich fest bindet.

Wenn Sie mit einem Mann eine feste Beziehung oder gar eine Ehe eingehen, sollte er sich über eines im Klaren sein: ohne Abwechslung geht's bei Ihnen nicht. Und wenn er Ihnen nur Langeweile, abendliches Fernsehen mit der Tüte Kartoffelchips statt aufregendem Nachtleben zu bieten hat, werden Sie es nicht lange bei ihm aushalten und sich aufs Neue auf die Suche nach dem „Mr. Right" machen ...

Schon als Teenager neigen Sie dazu, möglichst viel auszuprobieren – auch im sexuellen Bereich. Das ändert sich auch später nicht: Sie sind eine raffinierte Geliebte, die mit vielen Ideen und Phantasien das Liebesspiel jedes Mal zu einem Erlebnis für den Partner macht. Klappt's dabei nicht so, wie Sie sich das vorstellen oder erträumen, trennen Sie sich rigoros: Mit Stümpern verschwenden Sie keine Zeit. Sie wissen: Bei Ihrem Charme kommt sicher etwas Neues und Besseres nach. Irgendwann auch – so hoffen Sie – der „Mann Ihres Lebens", der Sie mit allen Ihren Marotten liebt und versteht.

Was das Zusammenleben mit Ihnen außerdem schwierig macht, ist Ihre Eifersucht. Hier reagieren Sie genauso wie Herr Zwilling. Ihnen ist jeder Flirt erlaubt, Ihrem Partner aber nicht. Aus diesem Lebensstil entstehen natürlich Probleme. Probleme jedoch mögen weder Herr noch Frau Zwilling. Denen gehen beide nach Möglichkeit aus dem Weg. Wie der Zwillingsmann gehen Sie Streitigkeiten am liebsten aus dem Weg. Meist ahnen Sie schon im Voraus, was auf Sie zukommt und dann verschwinden Sie am liebsten von der Bildfläche. Wenn sich ein Problem gar nicht mehr umgehen lässt, setzen Sie eine Begabung ein, die Sie fast allen anderen Sternzeichen voraus haben: Ihre Redegewandtheit. Keiner kann sich so gut herausreden, so überzeugend argumentieren wie Sie. Kommt es zur Trennung von Ihrem Liebsten, so trifft Sie das nur kurze Zeit. Sie wissen ja: Auch andere Mütter haben noch aparte Söhne ...

Oft werden Sie deshalb als herzlos, kalt und gefühlsarm bezeichnet. Sentimentalität ist für Sie eben ein Fremdwort. Warum sich grämen, wenn jemand Sie nicht mehr ertragen kann? Ändern können Sie eh nichts daran – dann müssten Sie selbst sich schließlich gewaltig ändern. Und das wollen Sie nicht. Sie glauben nämlich, mit Ihrer Lebensphilosophie bestens durchzukommen. Dem ersten Anschein nach scheint dies auch so zu sein. Nur wenn Sie mal ein bisschen in sich hineinhören, nicht nur nach Äußerlichkeiten entscheiden, erkennen Sie: auch Sie spüren die Sehnsucht nach einer engen Beziehung.

Zwilling

Der Zwilling im Beruf und Geschäftsleben

Schon in der Schule …

… wird sich die Sprachbegabung des Zwillings zeigen: Nicht nur in Fremdsprachen hat er meist gute Noten, er ist auch redegewandt. Wenn nicht stupides Auswendiglernen im Vordergrund eines Schulfachs steht, hat kein Zwillingskind Probleme mit guten Noten für seine Leistungen. Wehe aber, wenn ein Lehrer den Unterricht nicht spannend gestaltet, wenn er keine Abwechslung in die Schulstunde zu bringen vermag: Sofort werden die Mitarbeit und die Aufmerksamkeit eines Zwillings erlahmen, und damit sind schlechte Noten im Zeugnis schon fast die logische Folge. Damit verbaut er sich natürlich viele Chancen im späteren Berufsleben.

Die berufliche Entwicklung des Zwillings – und das ist unbedingt ein Muss – sollte seinen Verstand und seinen Einfallsreichtum fordern. Ihr Mangel an Beharrlichkeit hat viele Zwillinge schon um eine Stellung und damit die Karriere gebracht. Ruhm, Reichtum und Geld sind ihm jedoch sehr wichtig, deshalb wird er immer versuchen, sich wieder aufzuraffen, etwas auf die Beine zu stellen, um sich doch etwas aufzubauen. In jedem Beruf, den der Zwilling ausübt, muss seine persönliche Freiheit gewährleistet sein.

Einen methodischen Weg zum Erfolg kann man ihm nicht empfehlen. Er muss lernen – und schon seine Eltern und Lehrer sollten ihm dies nach Möglichkeit nahe bringen –, dass nur Konsequenz und Ausdauer ihm berufliche Erfolge garantieren können.

Geduld ist ebenfalls keine angeborene Zwillingstugend; die muss er genauso mühsam erlernen. Es ist unter Umständen schon schwierig für den Zwilling, eine Ausbildung zu Ende zu bringen und für den Beruf fundierte Kenntnisse zu erwerben. Das Durchhalten bis zu einem Abschluss gelingt ihm nur mit Mühe, und dabei ist es egal, ob das eine Gesellen- oder die Meisterprüfung, das Staatsexamen oder eine Ausbildung als Kaufmann ist. Viel lieber würde er gleich nach der Schule auf die Jobs umsteigen, die ihm Spaß machen, die seine Kreativität fordern – und die schnelles Geld bringen.

Der Zwilling und sein Job

Eines muss man dem Zwilling zugestehen: Er hat enorme Überzeugungskraft. Seine Redegewandtheit macht's ihm möglich, anderen seine Überzeugungen beinahe „aufzuschwatzen". Die richtige Idee zum richtigen Zeitpunkt hat schon vielen Zwillingen großen Erfolg und damit das große Geld gebracht. Die Organisation seiner fabelhaften Einfälle nimmt er nur anfangs in die eigene Hand, später überlässt er das Ganze lieber anderen. Auf diese Weise haben Zwillinge schon große Firmen und Konzerne geschaffen. Sie können ihre Mitarbeiter begeistern und mitreißen, sie zu phantastischen Höchstleistungen bewegen.

Die Führungsqualitäten sind beim Zwilling aber nicht immer stark ausgeprägt. Als Chef versteht er es nicht in jedem Fall, mit seinen Untergebenen „pfleglich" umzugehen. Es fehlt ihm manchmal an Herzlichkeit, die für Motivation und ein ausgeglichenes Betriebsklima zu sorgen vermag.

Mit Gleichgestellten versteht er sich dagegen fast ohne Ausnahme. Probleme im Geschäftsleben scheint er im Voraus zu ahnen. Krisen überwindet er mit seinem Selbstbewusstsein; dauern sie jedoch über einen längeren Zeitraum an, so resigniert er, gibt die ganze Angelegenheit unter Umständen auf. Kritik verträgt der Zwilling nur schwer. Sie beunruhigt ihn, macht ihn unsicher in seinen Entscheidungen. Und das kann ein Zwilling nicht brauchen. Auf ungebetene Ratschläge reagiert er ungehalten.

Berufe mit Karrierechancen

Für einen Zwilling, der nicht auf die große Karriere aus ist, wäre zum Beispiel der Beruf des Reisenden optimal: Er kann andere überzeugen, ist geistig beweglich, kann verhandeln. Natürlich muss er seinen Unterhalt nicht unbedingt als kleiner Vertreter verdienen. Reisender und „Vertreter" kann man ja auf sehr hoher Ebene sein: etwa als Einkäufer eines großen Konzerns, als Chefverkäufer eines Weltunternehmens.

Viele Zwillinge machen ihre Begabung und ihre Talente zum Beruf: Als Schauspieler können sie nicht nur auf der Bühne, sondern auch in Film und Fernsehen Riesenerfolge feiern. Ihre künstlerische Ader setzt möglicherweise schriftstellerische Talente frei. Hier könnte der Zwilling seine vielschichtige und vielfältige Persönlichkeit voll ausleben. Gut vorstellen kann man sich den Zwilling auch in einer Werbeagentur, beim Rundfunk, in einer Zeitungs- oder Zeitschriftenredaktion oder in einem Buchverlag – kurz gesagt in allen Berufen in denen Kreativität und Überzeugungskraft des Einzelnen gefragt sind. In technischen Berufen fühlt sich der Zwilling ebenfalls wohl: Flugzeugbau oder Elektronik sind für ihn geeignet, ebenso Berufe, die mathematische Begabung voraussetzen. Da er sehr sensible und einfühlsame Hände hat, könnte man den Zwilling auch als Chirurg im Operationssaal, als Zahnarzt oder als Uhrmacher antreffen.

„Normale" Handwerksberufe füllen ihn beruflich nicht aus. Ansonsten gibt es kaum eine Sparte, in der es ein Zwilling nicht zu beruflichen Erfolgen bringen könnte.

Der Zwilling im Arbeitsalltag

Der Zwilling ist ein sehr korrekter und gewissenhafter Mitarbeiter. In seinem Arbeitszeugnis würde vermerkt: „Er erfüllte alle ihm gestellten Aufgaben stets zur vollsten Zufriedenheit" – also eine glatte Eins. Zugleich ist er ein konstruktiv und kritisch denkender Mitarbeiter. Dabei ist er freundlich und heiter. Er ist der festen Überzeugung: Arbeit darf nicht nur, sondern muss Spaß machen. Ist das nicht gegeben, wird er nur schwer zu guten Leistungen fähig sein. Seine Rastlosigkeit sollte er in den Griff bekommen. Und auch den zweiten großen Fehler in seinem Berufsleben: die Unpünktlichkeit. Ein Zwilling muss ständig motiviert werden. Geht ihm eine Arbeit nicht so von der Hand, wird es ihm schnell langweilig.

Die Finanzen des Zwillings

Als Zwilling haben Sie gern viel Geld und geben gern viel aus. In der Regel aber nur für nützliche Dinge. Flitterkram ist Ihre Sache nicht. Zwillinge sind nicht raffgierig, aber als echte Merkurkinder wissen sie, dass Geld zwar nicht glücklich macht, aber sehr beruhigt. Ihr Anlageverhalten ist ausgesprochen widersprüchlich und hat schon manchen Fondsmanager zur Verzweiflung gebracht. Gerade haben Sie sich entschieden in Bausparverträge einzuzahlen, um sich den Traum vom eigenen Heim zu erfüllen, aber schon im nächsten Moment kann Ihr Temperament mit Ihnen durchgehen und Sie zu Spekulationen mit riskanten Futures verführen – oder Sie spielen sogar Lotto.

Der Zwilling in Urlaub und Freizeit

Urlaubsorte, Ferienziele

Bevorzugte Urlaubsgebiete des Zwillings sind Nordamerika, Israel, Südfrankreich, England und auch exotische Länder. Auch Reisen nach Ägypten reizen ihn. Für Städtereisen bevorzugt er London, Cordoba oder San Francisco. Er interessiert sich sehr für andere Kulturen. Und die will er nicht nur als Tourist sehen, nicht nur bei einer kurzen Stippvisite, sondern möglichst ausgiebig. Am liebsten würde er gleich ein paar Wochen im Lande leben, und dann natürlich nicht im Hotel oder in einer schicken Ferienanlage, sondern bei Einheimischen – auch im Busch oder im Zelt, im Iglu oder in einem Kral.

Sport

Ob Wasserski an einem See, ob Surfen oder Segeln, ob Tenniskurs oder Squash – Hauptsache es handelt sich um eine schnelle Sportart, die auch schnelle Reaktionen erfordert. Dann erst fühlt sich der Zwilling richtig wohl. Damen dieses Sternzeichens werden sich bei Aerobic und Jazzdance so richtig austoben. Mögliche Gefahren einer Sportart existieren für den Zwilling nicht. Sie erhöhen nur den Reiz des Ganzen. Bungeespringen? Drachenfliegen? Skibob? Motocross? Rennboote? Mountainbiking? Für einen Zwilling sind das nur sportliche Herausforderungen. Abfahrtsskilauf findet er ganz toll – allerdings am liebsten auf den schwarz gekennzeichneten Pisten.

Hobby

Selbst bei seinen Steckenpferden wird der Zwilling kaum die Ruhe suchen. Wenn er nicht seine sportlichen Aktivitäten als einzige Hobbys hat, sucht er auch die geistige Herausforderung. Die Schriftstellerei könnte ihm da genauso liegen wie ein Spezialgebiet aus seinem Beruf, in dem er sich immer weiter fortbildet. Gerne setzt er seine Redegewandtheit ein, etwa, indem er sein enormes Wissen in Vorträgen an der Volkshochschule, im Gemeindehaus oder sozialen Einrichtungen kundtut.

Familienleben

So richtig leidenschaftliche Familienmenschen sind Zwillinge nicht. Man kann sich kaum vorstellen, dass sich Eltern und Kinder gemütlich um den Abendbrottisch scharen. Nicht, dass Zwillinge etwas gegen Kinder einzuwenden hätten. Aber sie werden ihr Leben nicht völlig nach ihnen ausrichten. Zwillingsfrauen sind zwar gute Mütter, werden aber bloß in den allerseltensten Fällen „nur" Hausfrauen sein. Solange die Kinder noch klein sind, man mit ihnen „nichts anfangen" kann, wird der Zwillingsvater sich schnell gelangweilt fühlen. Erst so im Alter von drei, vier Jahren „entdeckt" er seine Sprösslinge – und dann ist er bereit, viel Zeit mit ihnen zu verbringen. Manchmal ist er ein strenger Vater, besonders wenn die lieben Kleinen mal wieder nicht aufräumen wollen – Zwillinge sind ordnungsliebende Menschen.

Als Ehemann ist der Zwilling sehr treu, denn wenn er sich einmal für die Ehe entscheidet, hat er seine „wilde Zeit" meist schon hinter sich. Bei der Zwillingsfrau sieht es ähnlich aus. Doch trotz des Eherings werden beide hin und wieder einen Blick auf andere Sternzeichen riskieren – vor allem Herr Zwilling wird sich das nicht nehmen lassen. Und dieses Spielchen sollte man ihm gönnen – denn damit vergibt sich seine Ehefrau doch nichts …

Kulinarisches

In Küche und Keller ist der Zwilling ein absoluter Genießer. Mit allem, was exotisch aussieht und schmeckt, kann man ihn locken, egal, ob süße oder scharfe Speisen, ob Rezepte aus der heimischen Küche oder aus fernen Ländern. Gut gewürzt, herzhaft darf es auf jeden Fall sein. Bei der Zwillingsfrau braucht man sich nicht darüber zu wundern, dass ihre Küche perfekt eingerichtet ist: Sie hat ein Faible für den technischen Fortschritt im Haushalt, und die Küche ist für sie der optimale Ort, um alle möglichen Elektroneuheiten ausprobieren zu können.

Bei den Getränken ist der Zwilling nicht wählerisch. Cocktails liebt er von süß bis sauer in allen Variationen. Und er mixt sie auch gerne selbst. Im Freundeskreis ist er dafür bekannt, alle möglichen bunten Drinks zu kreieren.

Er kann es nicht leiden, wenn er ständig dieselben Gerichte vorgesetzt bekommt oder wenn etwas fade und zu mild schmeckt. Auch hier ist ihm stets Abwechslung wichtig – wie immer im Zwillingsleben.

Garderobe

In der Kleidung zeigt der Zwilling, was eigentlich in ihm steckt. Seine modischen Extravaganzen fallen auf, seine Garderobe ist alles andere als brav und bieder. Beim Zwillingsmann kommt es zudem noch auf Qualität an; Chic und Eleganz lässt er sich viel kosten. Aber er kann auch aus den billigsten Klamotten von der Stange noch etwas machen, das den Pfiff von Designer-Produkten hat. Auch die Zwillingsfrau liebt teure Kleidung und gute Stoffe. Die besten und teuersten Modeschöpfer sind ihr gerade gut genug – wenn sie es sich leisten kann. Da Zwillinge selten der leidigen Pfunde zuviel auf den Hüften haben, können sie sich meist die schicksten Modelle von der Stange kaufen. Je nach der Rolle, die sie spielen wollen, werden sie sich kleiden. Das kann bei ihrer Vielfalt manchmal ganz schön ins Geld gehen ...

Düfte und Make-up

Zwillingsfrauen bevorzugen einen spritzig-leichten Citrusduft, in dem sie sich und ihre schillernde Persönlichkeit entfalten können. Ein einziges Parfum reicht da natürlich nicht aus. Sie wechseln das Parfüm nicht gerade stündlich, aber sicher wenigstens ein- bis zweimal täglich. Je nach Laune werden sie einen anderen Duft wählen: mal gewagt, mal frivol. Lavendel und Lorbeer, Minze und Zitrone, Sandelholz und Narde, Immortelle und Vetiver sind die Grundsubstanzen, aus denen man einen Duft für Herrn und Frau Zwilling mischen kann.

Der Zwillingsmann tendiert ebenfalls zu den Citrusdüften. Schwere Aromen mag er nicht – sie setzen seine Energien nicht so gut in Szene.

Beim Make-up kommt es wieder ganz darauf an, welche ihrer zahlreichen Persönlichkeiten die Zwillingsfrau herausstellen will. Von dezent bis bunt, von fast ungeschminkt bis verrucht ist alles drin. Ohne Make-up wird man sie so gut wie nie antreffen – vielleicht mal zu Hause oder beim schnellen Gang zum Bäcker. Aber ihrem Selbstbewusstsein macht es auch nichts aus, wenn man sie ungeschminkt sieht.

Sind Sie ein echter Zwillingsmann?

	Ja	Nein
1. Kann man Sie schnell für etwas begeistern?	3	0
2. Können Sie sich vorstellen, Ihren Lebensabend mit Reisen zu verbringen?	4	1
3. Können Sie sich auf andere Menschen und neue Situationen gut einstellen?	4	2
4. Sind Sie auf jeder Party der Mittelpunkt?	2	0
5. Haben Sie viel Menschenkenntnis?	3	1
6. Haben Sie Probleme damit, einen Fehler einzugestehen?	0	3
7. Fallen Sie anderen Menschen manchmal auf die Nerven?	3	1
8. Sagt man Ihnen nach, Sie seien launisch?	4	2
9. Ist Ihre Lieblingsfarbe eher Gelb oder Grau als Rot oder Violett?	2	1
10. Fühlen Sie sich von allem Neuen angezogen?	3	1

Auswertung:

Bis zu 12 Punkte Sie sind beileibe kein echter Zwilling, sondern gelten bei Ihren Freunden eher als phlegmatisch. Alleine, auf der Couch vor dem Fernseher, fühlen Sie sich beinahe am wohlsten. Wer Sie dabei nicht stört, dem sind Sie gewogen.

13 bis 24 Punkte machen Sie zwar weitgehend zum Zwilling, vor allem dank Ihrer schnellen Auffassungsgabe und Ihrem Unabhängigkeitsdrang. Aber ganz perfekt sind Sie nicht: Dazu stehen Sie zu ungern im Mittelpunkt. Dies macht Sie aber eigentlich ganz sympathisch.

25 und mehr Punkte zeigen deutlich an: Sie sind ein echter Zwilling. Sie betrachten das ganze Leben als ein Spiel – und vor allem natürlich die Liebe. Manchmal rutscht Ihnen ein unbedachtes Wort heraus, dann landen Sie im Fettnäpfchen. Aber Ihr Charme macht das wieder wett.

Sind Sie eine echte Zwillingsfrau?

	Ja	Nein
1. Schließen Sie schnell Kontakt mit anderen Menschen?	3	2
2. Flirten Sie zwar gern, sind aber nicht an tieferen Beziehungen interessiert?	4	1
3. Packen Sie vieles gleichzeitig an, führen aber kaum etwas bis zum Ende?	3	1
4. Stehen Sie gern im Mittelpunkt?	4	1
5. Machen Sie gerne jeden neuen Modegag mit?	2	0
6. Finden Sie Klatsch und Tratsch ganz lustig?	3	2
7. Lieben Sie Tanz – ganz gleich, ob Disco oder den „Tanz in den Mai"?	3	1
8. Finden Sie es toll, wenn es jemand geschafft hat, an die Spitze zu kommen?	2	1
9. Wirken Sie auf Ihre Mitmenschen manchmal etwas oberflächlich?	3	0
10. Sind Sie ein Morgenmuffel?	1	4

Auswertung:

Bis zu 12 Punkte — Es ist kaum zu glauben, dass Sie im Sternzeichen Zwilling geboren sind. Denn Sie sind eher eine Eigenbrötlerin, neigen zum Grübeln. Positiv ist jedoch auf jeden Fall Ihr Sinn für Häuslichkeit.

13 bis 24 Punkte — machen Sie in Bezug auf Geselligkeit, auf Lebenslust und Redseligkeit beinahe zur echten Zwillingsfrau. Aber Sie können sich auch gänzlich zurückziehen, einfach mal vor sich hin träumen: Eigenschaften, die Ihnen auch besseren Zugang zu einer echten Partnerschaft ermöglichen.

25 und mehr Punkte — Sie sind wirklich eine typische Zwillingsfrau: Sie lieben schicke Klamotten, sind geschäftig, stets vergnügt und optimistisch. Und Sie brauchen ständig neue Anreize – auch in der Liebe. Nicht ganz einfach für Ihren Partner – aber mit ein wenig Glück finden Sie Ihren Traumprinzen fürs Leben.

22. Juni – 22. Juli

Im Zeichen
des Krebses

So kommen die Krebsfrau/ der Krebsmann am besten klar

Als Krebs haben Sie es nicht verlernt, alles aus dem Bauch heraus zu beurteilen, also eher mit Gefühl und nicht mit kalt berechnender Logik wie heutzutage die meisten Menschen. Sie erreichen trotzdem stets Ihre Ziele – wenn vielleicht auch manchmal auf Umwegen. Zum Beispiel in der Liebe: Am Krebsmann schätzen die Frauen die humorvolle Ausstrahlung und die gefühlvolle Sinnlichkeit. Sie blicken schwärmerisch in die Welt, hin und wieder vielleicht etwas unsicher. Aber genau das zieht viele an – vor allem jene Frauen, in denen mütterliche Gefühle schlummern und die für den „ewigen Jungen" schwärmen.

Als Krebsdame sind Sie beliebt, weil Sie eine ganz besonders romantische Ader haben. Ihre Anmut und Liebenswürdigkeit ziehen die meisten Männer magisch an. Und mit Magie wissen Sie auch umzugehen: Ihr Planet ist schließlich der Mond – und welcher Mann kann dem Zauber einer romantischen Mondnacht widerstehen, wenn Sie an seiner Seite sind. Dennoch werden Sie selten auf Anhieb den Richtigen finden. Trotz aller Romantik lassen Sie nicht davon ab, von Ihrem Partner Treue zu erwarten. Sie flirten gern, und so mancher Hallodri meint, bei Ihnen leichtes Spiel zu haben. Doch Sie wissen bei einem Mann recht schnell, woran Sie sind. Und dann haben Sie keine Hemmungen, sich nach einem anderen umzuschauen. Passiert Ihnen allerdings umgekehrt das gleiche Spiel, sind Sie sauer. Zurückweisungen verkraften Sie nur schwer.

Der Krebsmann ist bei Freunden und Bekannten beliebt. Obwohl Sie eher ein Einzelgänger sind, haben Sie einen gar nicht so kleinen Bekanntenkreis. Sie suchen in der Gruppe Halt, weil Sie wissen, dass Sie als unscheinbarer Einzelkämpfer in vielerlei Hinsicht etwas verpassen. Beliebt sind Sie vor allem wegen Ihrer Bereitschaft, allen und jedem mit Hilfe zur Seite zu stehen.

Nicht nur in der Krebsfrau schlummern „mütterliche" Gefühle, auch der Krebsmann will Bewährtes erhalten und Gefährdetes behüten.

Unwiderstehlicher Charme

Herr Krebs ist ebenso wie Frau Krebs voller Charme. Ihnen kann niemand widerstehen. Ob im Liebesleben, bei Freunden und Bekannten oder gar im Beruf: Sie sind immer höflich und strahlen von innen heraus. Und damit erreichen Sie beinahe alles. Selbstverständlich auch bei Ihrer Angebeteten. Sie schenken ihr Aufmerksamkeit und Komplimente. Sie behandeln jede Frau so, als sei sie die Liebe Ihres Lebens.

Dabei dulden Sie keinen Nebenbuhler. Ihre Eifersucht nimmt manchmal Formen an, die Ihre Liebste an Othello erinnern. Als Liebesbeweis genügen Ihnen nicht nur Worte, Sie wollen Taten sehen. Sie sind allerdings auch bereit, in dieser Beziehung ebenfalls eine ganze Menge einzubringen. Kaum eine Aufmerksamkeit, die Ihnen nicht einfällt; kleine Geschenke sind für Sie eine Selbstverständlichkeit: Sie sind einer der wenigen Männer, die den Hochzeitstag gewiss nicht vergessen. Aber Sie sind auch sauer, wenn Ihre Liebste nicht an Ihr ganz spezielles Lied denkt oder es gar versäumt, an Ihrem „Kennenlerntag" ein ganz besonderes Dinner für zwei einzuplanen.

Das Äußere

Das charmante Wesen der Krebsgeborenen sieht man manchmal schon an ihrem Äußeren. Krebsmänner haben oftmals ein rundes, volles Gesicht. Und ihre Freundlichkeit ist ihren Augen sofort anzusehen. Krebsfrauen präsentieren sich in ihrer natürlichen Anmut so überzeugend als Vollblutweib, dass sich jede nähere Beschreibung erübrigt.

Sehr viel Wert legen Sie auf Ihr Image. Da muss alles stimmen. Sie gelten als freigebiger Mensch, sind allerdings oft von Sorgen belastet. Denn alles geht Ihnen nahe, oft allzu nahe. So neigen Sie häufig zu pessimistischen Gedanken. Kritik kann in Ihnen eine übertriebene Reaktion hervorrufen. Sie vertragen es einfach nicht, wenn man an Ihnen herumkrittelt, vor allem dann nicht, wenn dies ungerechtfertigt geschieht. Dann zeigen Sie ziemlich schlechte Laune. Denn unter Ihrem äußeren Panzer sind Sie sehr empfindsam und sehr verletzbar. Auch aus diesem Grunde gehen Sie jedem Kummer gern aus dem Weg.

Man wird von Ihnen kaum einen Rat bekommen, wenn Sie in einem Streit – etwa unter Freunden – schlichtend eingreifen sollen. Sie müssen erst alles abwägen. Sie überdenken lange und zögerlich jede Entscheidung, lassen sich dabei von tausenderlei Kleinigkeiten beeinflussen. Stets haben Sie auch die Folgen Ihrer Entscheidungen im Auge – und weil diese oft schwerwiegend sein können, zögern Sie Ihr Urteil in vielen Fällen hinaus. Sie holen zahllose Meinungen zu einem Thema ein – und für den Moment sind Sie unfähig, eine Entscheidung zu treffen. So manches Mal hat sich dann alles von selbst erledigt ...

Frau Krebs weiß ihre weiblichen Kniffe anzuwenden. Sie sind sehr phantasievoll, Sie lieben Geheimnisse über alles. Und Sie wissen: das macht Sie so anziehend, nicht nur für das andere Geschlecht, sondern für fast jeden anderen Menschen. Im Zeichen des Mondes wechseln Ihre Emotionen mitunter zwischen höchstem Glück und tiefster Niedergeschlagenheit. Sie brauchen dann etwas Zeit, – da bietet sich vielleicht ein langer Spaziergang in einer Mondnacht an –, um zu sich selbst zu kommen. Dann jedoch haben Sie Ihr Gefühlsleben wieder „in der Reihe": Waren Sie vorher zickig und störrisch, so sind Sie nun wieder sanft und einfühlsam.

Der konservative Krebs

Die 12 positivsten Eigenschaften, die Krebsen nachgesagt werden.

Krebse sind
hilfsbereit
gutmütig
uneigennützig
freigebig
vorsichtig
zärtlich
sensibel
tolerant
selbstlos
besonnen
familiär
häuslich

Als Krebs fühlen Sie sich der Vergangenheit sehr verbunden. Neuerungen schätzen Sie nicht unbedingt. Sie wissen: das Althergebrachte hat sich bewährt – warum sollte man es also abschaffen? Oft träumen Sie von früheren Zeiten. Davon zeugt auch Ihre Einrichtung. Sie haben ein Faible für alte Möbel, für Erinnerungsstücke aller Art. In Ihrem Lebensstil macht sich bemerkbar, dass Ihnen Ihre Familie über alles geht. Dort fühlen Sie sich am wohlsten. Ausschweifende Partys sind nicht so sehr Ihr Ding. Auch als Krebsfrau leben Sie gerne in Erinnerung und Vergangenheit. Wenn Sie keinen Partner haben, sondern als Single allein in Ihrer kleinen Wohnung leben, wird man dort vieles vorfinden, was andere für Nippes und Schnickschnack halten; Stücke, an denen Sie hängen, die mit Erinnerungen behaftet sind. Sie können sich auch immer noch genau daran erinnern, woher dieses oder jenes Teil stammt. Und Sie erzählen mindestens eine Begebenheit oder Anekdote dazu.

Krebse beiderlei Geschlechts leiden oftmals unter einer wahren Sammelwut. Ob Briefmarken, Senfgläser, Bierdeckel, Wimpel oder auch ganz ausgefallene Dinge: Sie scheinen fast besessen von Ihrem Hobby. Wenn Sie es sich finanziell leisten können, verlagern Sie Ihre Leidenschaft auf edlere Objekte: Meißner Porzellan, alte Gläser, Gemälde, Statuen, antike Möbel und Teppiche. Auch der Garten kann zu Ihrem Hobby werden: buddeln, anpflanzen, hegen und pflegen – das kommt Ihrem Naturell entgegen.

Im Beruf sind Krebse trotz aller Zurückhaltung meist sehr erfolgreich und sie zeigen durchaus Ehrgeiz. Sie müssen jedoch nicht an erster Stelle in einer Firma stehen – Sie wirken lieber im Hintergrund. Selbst wenn man's Ihnen kaum zutraut, Sie können enorm viel Ausdauer zeigen.

Wenn eine Sache interessant ist und Ihnen als Krebsfrau etwas bedeutet, setzen Sie sich bedingungslos dafür ein. Wenn Sie von Ihrem Job und Ihren Aufgaben überzeugt sind, machen Sie selbst beim Gehalt Abstriche. Sie haben eine Neigung zu kreativen Berufen, sind für Kunst empfänglich. Da Sie sehr verständnisvoll sind, eignen Sie sich auch für alle Pflegeberufe. Oft sind Krebse ausgezeichnete Köche. Aus einem alltäglichen Essen können Sie ein Meisterwerk zaubern. Von süßen Speisen lassen Sie sich anlocken. Aber auch außergewöhnliche Mahlzeiten lassen Sie nicht stehen. Sie lieben es gut gewürzt und probieren gerne exotische Gerichte aus. Fertigkost kommt für Sie nicht in Frage. In Sachen Drinks lassen Sie sich nur schwer festlegen. Harte Sachen – Whisky, Gin, Wodka – kommen Ihnen aber selten ins Glas.

Sport liegt dem Krebs absolut nicht. Wenn es denn sein muss, geben Sie sich allenfalls ruhigeren Sportarten hin; etwa dem Golfspiel, bei dem Sie gemächlich über den Platz schlendern können. Sie lassen um keinen Preis Hektik aufkommen und bevorzugen einen Spaziergang an der frischen Luft gegenüber dem Jogging am Straßenrand. Am liebsten ist Ihnen ein guter Mittelweg zwischen Fitness und einer guten, gesunden Ernährung.

Schon Kleinigkeiten schlagen dem Krebs auf den Magen. Ihre Vorliebe für gutes Essen – und oft auch zu scharfe Speisen – leistet das ihre dazu. Sie sind sehr anfällig für alle möglichen Magenbeschwerden. Dazu kommt noch, dass Sie ein bisschen zu Übergewicht neigen – kein Wunder, bei Ihrem Hang zu Delikatessen und feinem Essen. Das kann natürlich Ihre Gesundheit beeinträchtigen. Vermeiden Sie jede Aufregung und übermäßige nervliche Anspannungen! Das kann bei Ihnen zu großen Beschwerden führen.

Die 12 negativsten Eigenschaften, die Krebsen nachgesagt werden.

Krebse sind
berechnend
spießig
langsam
unterwürfig
pedantisch
empfindlich
egoistisch
unhöflich
feige
launisch
heuchlerisch
geltungssüchtig

Typisch Krebs

Welcher Krebs sind Sie?

Astrologisch sind natürlich nicht alle Krebse gleich geartet: Neben dem „Sonnenzeichen" – also dem Sternbild, in dem bei Geburt der „Planet" Sonne stand – ist auch der Aszendent von entscheidender Bedeutung. Oft ist der Aszendent nicht mit dem Sonnenzeichen identisch, wirkt sich auf den Charakter eines Menschen – besonders in dessen zweiter Lebenshälfte – jedoch ebenfalls stark aus. Die Sonne, so sagten die Astrologen der Antike – ist himmlisch, der Mond gefühlsbetont, der Aszendent weltlich.

Im Anhang finden Sie Tabellen, mit denen Sie Ihren Aszendenten leicht bestimmen können. Und so wird Ihre Krebspersönlichkeit von dem jeweiligen Aszendenten beeinflusst:

♈ **Aszendent Widder** kann Sie verunsichern. Ihre Pläne sind dann oft nicht zu verwirklichen. Sie reagieren überempfindlich; anderen gegenüber legen Sie die Messlatte höher. Aber Ihrer großen Liebe bleiben Sie treu.

♉ **Aszendent Stier** sorgt dafür, dass Sie ganz gewiss niemals auf dem Trockenen sitzen. Finanzielle Sicherheit geht Ihnen über alles. Sie neigen zwar zu konservativem Handeln, aber trotzdem steckt ein kleiner Revoluzzer in Ihnen.

♊ **Aszendent Zwillinge** macht Sie gegenüber Neuem aufgeschlossen, verstärkt aber Ihren Wankelmut in Liebesdingen. Sie wägen jedoch ab, was Sie tatsächlich in die Realität umsetzen und kommen so immer gut ans Ziel.

♋ **Aszendent Krebs** befähigt Sie zu ganz besonderer Fürsorglichkeit für Partner und Familie, die Ihr Lebensmittelpunkt ist. Ihr Fleiß ist sprichwörtlich, deshalb werden Sie im Job manchmal ausgenutzt.

♌ **Aszendent Löwe** lässt Sie immer voranschreiten. Nur, wenn's gute Manieren erfordern, gehen Sie einen (Krebs)-Schritt zurück. Manchmal wirken Sie etwas arrogant, doch diesen Makel macht Ihr Charme wett.

♍ **Aszendent Jungfrau** ist daran schuld, dass Sie sich oft völlig von der Welt zurückziehen möchten. Sie wirken verschlossen und lieben die Natur. Niemand sollte Sie unterschätzen, denn Sie können sich auch durchsetzen.

♎ **Aszendent Waage** macht Sie fröhlich und heiter, zuvorkommend und freundlich. Jedermann schätzt Sie und sucht Ihre Gesellschaft. Ihr Problem ist, dass Sie sich festlegen lassen. Das kann Ihre Karriere behindern.

♏ **Aszendent Skorpion** lässt Ihrer Phantasie Flügel wachsen, macht Sie aber auch launisch. Ihre Geheimniskrämerei bringt Ihre Mitmenschen manchmal zur Raserei – dabei wollen Sie sich doch nur absichern.

♐ **Aszendent Schütze** bringt noch mehr Wanderlust in Ihr Krebsleben. Depressive Stimmungen kennen Sie nicht. Sie finden schnell Freunde, doch häufig geraten Sie auch an falsche Freunde. (Michaela)

♑ **Aszendent Steinbock** lässt Sie oft misstrauisch handeln und eifersüchtig reagieren. Sie schwanken zwischen Gefühl und Verstand. Beruflich setzen Sie sich durch, und Ihre Finanzen sind immer in Ordnung.

♒ **Aszendent Wassermann** befördert Ihr Pflichtbewusstsein. Sie neigen aber zu vorschnellem Handeln – und das schadet Ihrer Karriere. Im Familienleben finden Sie Ihre wahre Erfüllung.

♓ **Aszendent Fische** befähigt Sie zu freundlichem Umgang mit Ihren Mitmenschen. Mit Ihrer Durchsetzungskraft ist kein Staat zu machen. Aber mit Förderern im Rücken werden Sie fast alles erreichen.

Was sonst noch zum Krebs gehört

Seit Jahrtausenden schon zeigt sich in der Astrologie, dass jedes Sternzeichen nicht nur „seinen" Planetenregenten hat, sondern dass man den einzelnen Tierkreiszeichen eine ganze Reihe von Dingen zuordnen kann. Ob das Farben, Pflanzen oder Mineralien sind, die Ihnen als Krebs ganz besonders liegen.

◆ Ihr Element ist das Wasser, und als Krebs sind Sie das erste Wasserzeichen im astrologischen Jahreszyklus. Man könnte Sie eher als zurückhaltend, passiv, abwartend und empfänglich für Signale von außen kennzeichnen. Aber einmal Empfangenes wird von Ihnen sorgsam behütet.

◆ Als Krebs lieben Sie die Farben Weiß und Silber; Sie begeistern sich aber ganz allgemein für silbrig schimmernde Farben, auch für grünliche Töne. Deshalb werden Sie nun nicht gleich im Aluminium-Look herumlaufen. Aber ganz gleich, ob Sie

Krebsfrau oder Krebsmann sind: an Ihrem Outfit wird man sicherlich stets wenigstens ein weißes oder silbernes Accessoire finden.

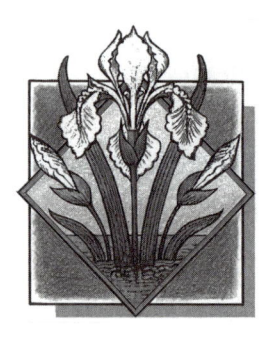

◆ Unter den Pflanzen die Sie ganz besonders lieben, sind Klee und Liguster, aber auch Gurke, Melone und Kohl. Wer auf seine Linie achten will, kann sich vor allem an das oben genannte Gemüse halten: Es ist gesund und verursacht garantiert keine Figurprobleme. Der Krebs ist sensibel wie eine Mimose – und genau diese zählt auch zu Ihren Lieblingsblumen. Da Sie aus dem Element Wasser stammen, haben auch Seerosen oder Sumpfschwertlilien eine besondere Anziehungskraft. Stiefmütterchen und Veilchen, die eher im Verborgenen blühen, mögen Sie ebenfalls.
Der Rosmarin gilt als Heilkraut der Krebsgeborenen: Er wirkt ausgleichend auf das Nervensystem. Salbei ist ebenfalls dem Krebs zugeordnet – er lässt sich bestens bei Magenverstimmungen verwenden.

◆ Ihre Glückssteine sind Smaragd und Opal, Bergkristall und Perlen. Ihr Metall ist das Silber. Kein Problem also, wenn Ihnen Ihr Partner ein wertvolles Geschenk machen will: Bergkristalle sind auch schmuck an Männern, Opale ebenfalls. Und jede Krebsdame wird Ihnen vehement bestätigen: Perlen bedeuten ganz gewiss keine Tränen, sondern sind zauberhafte Schmuckstücke. Nach oben ist preislich keinerlei Grenze gesetzt ...
Schmuck aus Opal und Bergkristall, ihren Glückssteinen, tragen Krebse besonders gern. Und Perlen! Das kann natürlich für den Partner einer Krebsfrau ganz schön ins Geld gehen. Bei Schmuckstücken spielt die Erinnerung eine große Rolle. Krebse müssen nicht um jeden Preis die wertvollsten Pretiosen tragen. Ein kleines Armkettchen aus ihrem Metall, dem Silber, gilt für sie ebenso viel wie für andere Sternzeichen vielleicht Platin und 24-karätiges Gold. Viel wichtiger ist's doch, dass er oder sie den Schmuck mit etwas ganz Persönlichem verbinden kann. Selten sieht man Krebse überladen mit Schmuck: Ausgewählte Einzelstücke entsprechen viel eher ihrem Stil.

Der Krebs und die Liebe

So liebt der Krebsmann

In Gefühlen können Sie als Krebs regelrecht baden. Das ist natürlich gerade in der Liebe von Vorteil: Sie lassen sich mit Haut und Haar in eine neue romantische Liebesbeziehung fallen. Selbst wenn Sie nicht sofort die Partnerin fürs Leben finden, sondern erst einmal ausprobieren, was sich so an Mädchen auf der „Spielwiese" tummelt – auf eines können Ihre Freundinnen immer bauen: auf Ihre Treue. Sie sind so einfühlsam, dass Sie jeder Frau das Gefühl zu vermitteln verstehen: „Du bist die einzige in meinem Leben!" Und das stimmt für den Moment auch. Sie sind dieser einen wirklich treu. Bis Sie merken, dass Ihre derzeitige Geliebte nicht die Prinzessin ist, die Sie eigentlich haben wollen. Die müsste nämlich nicht nur reizend und lieb und romantisch sein, sondern sollte auch all die guten Eigenschaften haben, die Sie an Ihrer Mutter so sehr schätzen. Solch ein Wunderwesen von Frau werden Sie nur schwer finden. Und so müssen Sie sich irgendwann entschließen, einen Kompromiss einzugehen oder aber als Single durchs Leben zu wandeln.

Krebse sind außerdem äußerst verschwiegen. Ihre Liebste ist zufällig verheiratet oder in festen Händen, wenn Sie sich kennen lernen? Kein Problem! Bei Ihnen sind Geheimnisse gut aufgehoben. Das gilt auch für Ihr Seelenleben. Wie's in Ihnen drinnen aussieht, geht erst einmal keinen etwas an. Sie neigen nämlich zu Eifersucht. So beherrscht Sie sonst sind – wenn Ihre Freundin Sie hintergeht, können Sie zum rasenden Othello werden.

Sind Sie tief verletzt, verstehen Sie es nur in seltensten Fällen, Ihre eigenen seelischen Probleme guten Freunden preiszugeben. Sie ziehen sich lieber in Ihren Panzer zurück und schweigen leidend vor sich hin. Sie können Menschen sehr gut einschätzen. Sie verlassen sich dabei auf Ihr Gefühl. Bei Frauen allerdings lässt es Sie manchmal im Stich, vor allem in jungen Jahren, wenn Sie sich noch so viel von der Liebe erwarten und hochgesteckten Idealen nacheifern.

Jeder Krebs versteht es, Frauen zu begeistern – nicht nur durch seine gefühlvolle Art und sein humorvoll-herzliches Wesen. Wer Sie so nimmt, wie Sie sind, wer nicht an Ihnen herumkritisiert, der wird Ihr Herz schnell erobern. Dazu gehört auch,

Der Krebsmann ist ein diskreter und zärtlicher Liebhaber. Aber er kann auch vor Eifersucht rasend werden.

dass man Sie mit all Ihren Höhen und Tiefen akzeptiert, die Sie in Ihrem Gefühlsleben durchmachen. Da braucht's von Seiten Ihrer Partnerin viel Einfühlungsvermögen.

Sie werden Ihre Liebste mit Komplimenten und Geschenken verwöhnen. Sie gehören zu den Männern, die keinen Gedenktag vergessen. Kaum eine Frau kann Ihrer liebenswerten Art widerstehen – und warum sollte sie auch? Wenn Sie sich verlieben, tragen Sie Ihre Freundin auf Händen ins Glück. Und später als Partner in der Ehe, werden Sie ein treu sorgender Gatte sein.

Probleme versuchen Sie so lange zu umgehen, bis Sie ihnen beim besten Willen nicht länger ausweichen können. Dann aber wollen Sie zu einer raschen Lösung zu kommen, weil Sie nichts so sehr hassen wie ein Problem, das drohend vor Ihnen steht. Es ist fast unmöglich, mit Ihnen zu streiten. Sie werden sich stets eher zurückziehen, sich in Schweigen hüllen, als vorschnell einen Kommentar abzugeben oder ein hitziges Gespräch gar in einen Streit münden zu lassen. Ist dies unumgänglich, fällt Ihre Laune bis zum Tiefpunkt: Sie sind kaum ansprechbar.

Wenn es wirklich zum Äußersten kommt, dass also zwischen Ihnen und Ihrer Partnerin die Scheidung ansteht, leiden Sie danach noch lange Zeit, manchmal Jahre. Sie ziehen sich zurück wie in ein Schneckenhaus, und es wird jeder Frau schwer fallen, nach solch einer Enttäuschung wieder Ihr Vertrauen zu gewinnen.

So liebt die Krebsfrau

Auch Sie sind ausgesprochen gefühlsbetont und haben ein sehr feines Gefühl für Strömungen in Ihrer Umwelt – ob die von der Natur ausgehen oder von Ihren lieben und weniger lieben Mitmenschen. Viele – die meisten! – Dinge entscheiden Sie aus dem Bauch heraus. Manchmal überlegen Sie zu lange, erscheinen zu zögerlich. Sie handeln immer wohlüberlegt.

Als Krebsfrau lieben Sie es, Ihren Auserwählten nach allen Regeln der Kunst zu verführen. Sie tun dies aber nicht, um sich und anderen Ihre Unwiderstehlichkeit zu beweisen, sondern weil einfach der Selene-Anteil des beherrschenden Mondes mit Ihnen durchgeht. Sie lassen Ihre Verführungskünste nicht wegen flüchtiger Abenteuer spielen, sondern allein der Liebe wegen.

Krebsfrauen verspüren oft ein starkes Anlehnungsbedürfnis; Konflikte mit unsensiblen Partnern, die dafür kein Gespür haben, sind vorprogrammiert. Denn auf Zurückweisungen reagieren Krebsfrauen sehr empfindlich. Dabei haben Sie durchaus

→ Kampf um sie

Die Krebsfrau liebt es, ihren Auserwählten nach allen Regeln der Liebeskunst zu verführen. Sie reagiert aber auf Zurückweisungen sehr empfindlich.

Haare auf der Zunge und können Kritik austeilen; aber Sie haben Schwierigkeiten damit, Kritik an Ihrer eigenen Person einzustecken. Auf den „Balzruf" eines Mannes reagieren Sie anfangs eher scheu und zurückhaltend. Sie wollen erobert werden, der Mann, der Sie gewinnen will, muss Ihnen sein Interesse schon beweisen – und das am besten tagtäglich. Sie wollen nicht nur einmal angerufen werden, sondern ein paar Mal. Er darf Ihnen durchaus jeden Tag rote Rosen schicken oder Ihnen auf andere einfallsreiche Art und immer wieder seine Liebe bestätigen. Nur dann werden Sie sich erobern lassen. Das hat seinen Grund darin, dass Sie sich unsicher und ängstlich fühlen. Sie brauchen ständige Selbstbestätigung. Sind Sie jedoch einmal im Hafen der Ehe gelandet, wird man kaum eine zweite wie Sie finden.

In Ihrer Eifersucht allerdings sind Sie manchmal zügellos. Hinter der kleinsten Kleinigkeit vermuten Sie eine Rivalin – und das kann für Ihren Ehepartner zur Hölle werden. Sie müssen – und werden! – lernen, mit dieser unangenehmen Eigenschaft klarzukommen.

Mit Problemen können Sie ebenso wenig umgehen wie Ihr Sternzeichen-Partner. Durch Ihre zahlreichen Gefühlsschwankungen ist es schwierig, mit Ihnen zu streiten. Wenn es in einem ungünstigen Augenblick zum Krach kommt, werden Sie mit heftigsten Stimmungsumschwüngen zu kämpfen haben. Bei der kleinsten falschen Bemerkung brechen Sie dann in Tränen aus. Und bei Ihnen sind Tränen nicht die angeblich typischen Waffen der Frau, sondern Ausdruck Ihrer tief gehenden Erschütterung. Dennoch müssen Sie lernen, mit Auseinandersetzungen fertig zu werden. Und das schaffen Sie auch – keine Sorge!

Sie wollen stets nur das Beste für die Familie und Ihren Mann. Besonders hart trifft es Sie, wenn Sie bemerken, dass Ihr eigener Ehemann Sie hintergeht, wenn Sie feststellen, dass es nicht nur ein harmloser Flirt ist, den er sich erlaubt, weil es vielleicht in der Natur seines Sternzeichens liegt.

Eine Trennung von einem Partner, den Sie sehr geliebt haben, hängt Ihnen für sehr lange Zeit nach. Selbst wenn Sie in dieser Beziehung keine Erfüllung fanden, wenn sie von Streit und heftigen Auseinandersetzungen begleitet waren, werden Sie sich nur an die schönen Zeiten erinnern und an diese wehmütig zurückdenken. Es kann sogar passieren, dass Sie Ihren Verflossenen, der Ihnen doch so viel Herzeleid zufügte, immer noch – zu dessen Vorteil – mit dem neuen Mann in Ihrem Leben vergleichen. Dass jeder neue Partner es da schwer hat, ist klar …

Krebs

Der Krebs in Beruf und Geschäftsleben

Wenn ein Krebs zur Schule geht …

… kann der Unterricht noch so spannend und originell ablaufen – wenn der Krebs seinen Tagträumen nachhängt, ist alles „für die Katz". Brennender Ehrgeiz um gute Noten und einen guten Schulabschluss kennt er nicht. Und so dauert es etwas länger, bis der Krebs es in seinem Berufsleben zu etwas bringt.

Als Jugendlicher eifert ein Krebs oft hohen Idealen nach, will diese verwirklicht wissen und ist bereit, sich dafür gegen Tod und Teufel einzusetzen. Rebellion gegen all jene ist angesagt, die anders und damit konservativer denken. Diese Phase kann ein paar Jährchen andauern.

Es ist kein Wunder, dass es danach mitunter Probleme damit gibt, sich wieder ein- und unterzuordnen. Die „Revoluzzerzeit" und der Hang zu Träumereien hindern den Krebs unter Umständen daran, so früh wie manch anderes Sternzeichen einen Beruf zu ergreifen und vor allem daran, sofort auf der Karriereleiter nach oben zu klettern.

Bei all seinen Entscheidungen zögert er sehr lange. Also auch bei der Berufswahl, bei der Suche nach einer Lehrstelle, nach einem Arbeitsplatz. Hat er sich zu etwas entschlossen, ist er sehr gewissenhaft und gibt sein Bestes, um das Ziel zu erreichen. An Ideen mangelt es dem Krebs fast nie. Allerdings macht ihm die Ausführung seiner Pläne manchmal Schwierigkeiten. Jegliches Problem, das bei der Durchführung einer Aufgabe entstehen könnte, geht er wieder und wieder durch. Er wird alles so lange durchleuchten, bis ein wirklich narrensicheres System gefunden ist, das ihn zur Lösung führt. Diese gewissenhafte Arbeitsweise macht den Krebs zwar langsam und bedächtig, aber dafür wird man ihm in der Ausübung seines Berufes nur selten einen unbedachten Fehler nachweisen können.

Der Krebs und sein Job

Erst relativ spät gelingt es dem Krebs, eine gut dotierte Stellung innezuhaben. Andere sitzen schon mit 25 oder 30 in der Chefetage. Er strebt nicht nach so schnellem Erfolg – ein krisenfester Job ist ihm wichtiger. Er versucht nicht, sich mit seinen beruflichen Leistungen in den Vordergrund zu stellen. Das heißt natürlich nicht, dass er in seinem Beruf nicht absolut sattelfest ist. Wahrscheinlich könnte er durch sein Wissen und sein fachliches Können zahllose Mitbewerber aus dem Felde schlagen. Und wenn er ein wenig ehrgeiziger wäre, täte er das sicher auch. Doch einen Krebs drängt es nicht dazu, im Rampenlicht zu stehen.

Natürlich sind nicht alle Krebse ungeschliffene Diamanten, die erst nach der richtigen Bearbeitung glänzen und funkeln. Sie kennen Unsicherheit und Zweifel – ganz sicher sogar. Aber niemals wird ein Krebs seine innere Unsicherheit einem anderen zeigen. Selbst der Partner (bzw. die Partnerin) im Privatleben hat es schwer, ihn aus der Reserve zu locken, auch guten Freunden gelingt es kaum – um so weniger schaffen es die Kollegen am Arbeitsplatz.

Berufe mit Karrierechancen

Es ist nicht einfach, für den Krebs einen methodischen Weg zum Erfolg vorzuschlagen. Er sollte etwas mehr Wagemut entwickeln, als ihm in die Wiege gelegt wurde, vielleicht auch mal ein Risiko eingehen. Natürlich nicht, wenn es mit einem großen finanziellen Verlust verbunden sein könnte.

Für einen Krebs eignen sich viele Berufssparten. Da Geduld seine größte Tugend ist und weil dazu noch seine große Empfindsamkeit und Kreativität kommen, findet man so manchen Krebs, der schöpferisch tätig ist: als Maler, Musiker, Schriftsteller. Auch für die Bühne ist er geeignet. Auf den Brettern, die die Welt bedeuten, kann er seinen Gefühlsregungen freien Lauf lassen, doch wird er stets danach streben, eingebunden im Ensemble eines Schauspiel- oder Opernhauses zu wirken.

Ebenfalls gut vorstellen kann man sich den Krebs in Berufen, die mit Haus und Heim zu tun haben, etwa als Bauträger oder als Innenarchitekt. Das Planen, Schaffen, Gestalten und Einrichten von Wohnungen kommt seinen Anlagen sehr entgegen. Auch sein Hang zu Altem und Althergebrachtem könnte seinen Berufswunsch formen. Ob als Antiquitätenhändler, Philologe,

Bibliothekar oder in einer der Disziplinen, die sich mit Geschichte und Altertum befassen, wie Archäologie oder Mediävistik, kann er beruflichen Erfolg haben. Das Umfeld, in dem er arbeitet, sollte jedoch stets entspannt und ruhig sein. Seine verständnisvolle Art gegenüber anderen macht es ihm leicht, mit Kranken oder sozial Schwachen umzugehen. Ein Pflegeberuf, eine Stelle im sozialen Bereich wären also durchaus richtig.

Im Lehrerberuf können Krebse ihre Tugenden und persönlichen Neigungen ideal miteinander verbinden – Geduld und die Fähigkeit, überliefertes Wissen zu bewahren und zu vermitteln.

Der Krebs im Arbeitsalltag

Krebse arbeiten gerne als Angestellte. Abteilungsleiter, Manager oder gar selbstständige Unternehmer findet man nur selten in diesem Sternzeichen. Vielleicht auch deshalb, weil der Krebs überhaupt kein Talent dafür hat, sich in der Öffentlichkeit darzustellen. Er hält die Fäden lieber im Verborgenen in der Hand. Und dabei stört es ihn dann gar nicht, wenn andere nach einer gewissen Zeit merken, dass eigentlich er derjenige ist, der die wichtigen Entscheidungen in einer Firma trifft. Intrigen sind seine Sache ebenfalls nicht: Er kommt mit strebsamer Arbeit vielleicht später, aber genauso gut an sein Ziel.

Als Chef oder Vorgesetzter durchschaut der Krebs schon bei einem Einstellungsgespräch jeden neuen Mitarbeiter: Sein Einfühlungsvermögen hilft ihm dabei. Er erwartet gute Arbeit und den vollen Einsatz der Fähigkeiten seiner Angestellten, ist aber auch bereit, dies entsprechend zu honorieren.

Die Finanzen des Krebses

Alles im Berufsleben eines Krebses geschieht mit dem Blick aufs wachsende Bankkonto. Es ist ihm wichtig, dass seine Arbeit entsprechend vergütet wird. Drückt sich sein Boss länger um die längst fällige Gehaltserhöhung, wird er schnell merken, wie knallhart der sonst so sanft-sensible Krebs reagieren kann. Stimmt die Kohle nicht, kündigt er – und geht ohne Hemmungen zur Konkurrenz. In seinem Anlageverhalten betreibt der Krebs, was die Finanzmanager „Fondspicking" nennen. Er wechselt oft von einer Anlageform in eine andere, aber er folgt dabei seinen eigenen Überlegungen. Darin offenbart sich seine zugleich unbeständige und eigensinnige Natur.

Der Krebs in Urlaub und Freizeit

Urlaubsorte, Ferienziele

Bevorzugte Urlaubsgebiete für einen Krebs sind jene Gegenden auf dem Globus, die als ruhig gelten: Schottland oder auch Holland zum Beispiel. Vorstellen könnte man sich auch einen Urlaub auf dem Bauernhof in Niederbayern oder in einem verschwiegenen Alpental. Zwischen vielen Menschen, die billiges Vergnügen suchen, fühlt er sich nicht wohl. An Städten liegen ihm Amsterdam, Mailand, Bern oder Venedig. Natürlich nur zu Jahreszeiten, in denen sich dort nicht gerade Touristenströme durch die Straßen und Gassen, durch Museen und in Restaurants drängen.

Ganz sicher lässt kein Krebs im Urlaub ein Museum, eine Ausstellung oder eine Ausgrabungsstätte aus, wenn er sich schon mal in Gegenden befindet, die eine geschichtsträchtige Vergangenheit haben. Altes und Antikes zieht den Krebs an wie ein Magnet. Mit dem Hinweis auf alte Bauwerke oder Museen lockt man den Krebs auch in entferntere Gefilde …

Sport

Man kann sich einen typischen Krebs kaum im sportlichen Aktivurlaub vorstellen. Das äußerste der Gefühle sind lange und geruhsame Spaziergänge, vielleicht am Strand, bei denen er seinen Phantasien freien Lauf lassen, seinen Gedanken nachhängen kann. Ganz von selbst entstehen neue Ideen, an denen er tüftelt und „herumdenkt", bis sie – vielleicht einmal – spruchreif werden. Gerade eben könnte der Krebs sich noch mit ruhigeren Sportarten befreunden – und auch dies nur, wenn dabei kein Leistungsdruck entsteht: Golf oder Schwimmen vielleicht, ganz gewiss nicht Wellenreiten; und Segeln nur dann, wenn ein ruhiges Lüftchen weht.

Hobby

Sein Hauptsteckenpferd: Sammeln und noch einmal Sammeln. Er kann alles gebrauchen, hebt alles auf. Jede Kleinigkeit wird säuberlich sortiert und irgendwo deponiert. Irgendwann wird man's schon brauchen können. Der Krebs sammelt auch wertvolle Stücke, Briefmarken oder Münzen zum Beispiel. Er macht selbst vor größeren Wertobjekten nicht halt: Antiquitäten, wertvolle Gemälde, kunstvolle Gläser, altes Porzellan, „echte" Teppiche.

Auch im Garten fühlt der Krebs sich wohl. Er buddelt gerne im Erdreich, pflanzt und sät, hegt und pflegt – egal ob Blumen, Sträucher, Gemüse oder Obst. Die meisten Krebse haben einen grünen Daumen.

Familienleben

Am wohlsten fühlt sich der Krebs im Kreise seiner Familie. Krebsmänner sind zwar nicht unbedingt Muttersöhnchen und hängen an Mamas Schürzenbändel; aber sie werden immer gerne zu ihrer Mutter heimkehren. Als Ehepartner wird er häuslich sein. Er wird es schätzen, von seiner Frau verwöhnt zu werden. Im Gegenzug dafür wird er für alles sorgen, es wird immer alles da sein.

Krebse sind ihren Kindern gute Eltern. Die Sprösslinge werden meist konservativ erzogen, auf Benehmen legt man großen Wert. Aber gerade Krebsmütter sind manchmal sehr besitzergreifend. Ihre Kinder bleiben ein Leben lang „die Kleinen", selbst wenn sie schon über einen Meter neunzig groß und über 50 Jahre alt sind.

Kulinarisches

In der Küche machen sich männliche und weibliche Krebse Konkurrenz: Beide sind hervorragende Köche. Sie zaubern kulinarische Köstlichkeiten fast aus dem Nichts. Und sie legen dabei Wert auf Qualität: frische Zutaten, keine Fertiggerichte – Tiefkühlkost, natürlich nur beste Ware, darf es gerade noch sein. Für Krebse ist Kochen eine sinnliche Erfahrung: Die Arbeit stört sie dabei nicht. Sie pulen mit Hingabe Krebse aus dem Panzer oder Erbsen aus der Schote; sie lieben es, aufwendige Rezepte auszuprobieren. Er hat eine Vorliebe für exotische, fremdländische Speisen, die scharf gewürzt sein dürfen.

Cocktails verweigert kaum ein Krebs – es dürfen aber gerne die leichten Varianten sein. „Harte Sachen" mag er dagegen weniger. Dafür hat er eine Vorliebe für Desserts, für Pralinen und Kuchen. Kein Wunder, dass so mancher Krebs hin und wieder streng Diät halten muss, um sich die gute Figur zu erhalten.

Garderobe

Frau Krebs legt Wert auf teilweise sehr verspielte Kleidung, die ihrer romantischen Ader entgegenkommt. Und wenn sie dazu noch ein bisschen nostalgisch sind – um so besser. Vieles kauft sie auf dem Flohmarkt: bestickte Hemdchen oder handgeklöppelte Spitzen aus Omas Wäschetruhe. Sie verstehen es glänzend, ihr Äußeres dem jeweiligen Tag und Gefühl anzupassen.

Herr Krebs ist zwar mit der Mode auf dem neuesten Stand, trägt aber keine sportliche Kleidung. Er greift eher zum konservativen Outfit. Im Jogginganzug vor dem Fernseher oder zur Tankstelle? Das käme für einen Krebsmann niemals in Frage. Auch in der Freizeit wird er stets korrekt gekleidet sein.

Düfte und Make-up

Krebse neigen zu Stimmungsschwankungen. Und so kann's passieren, dass sie in einer bestimmten Laune in die Parfümerie gehen – und gar nicht merken, dass der ausgewählte Duft nicht zu ihrer Persönlichkeit passt. Es sollten eigentlich immer weiche Blumendüfte oder eine Zusammensetzung aus fruchtigen „grünen" Essenzen sein. Sie erinnern an sommerliche Gräser und bunte Wiesen. Geranie, Hyazinthe und Jasmin stehen der Krebsfrau gut. Herr Krebs umgibt sich gern mit Düften von Zitrone, Neroli und Rose. Der zarte Duft von Zimt verleiht Krebsen beiderlei Geschlechts einen zusätzlichen Energieschub.

Die Krebsfrau mag manchmal fast wie das „Heimchen am Herde" wirken, doch spätestens beim Make-up zeigt sich: sie ist alles andere als das! Sie hat genügend Selbstbewusstsein, um ihre positiven Seiten durch perfektes Schminken herauszustellen. An ihrem Arbeitsplatz wird sie nicht ohne Make-up erscheinen. Auch hier immer dezent, niemals zu sehr aufgetragen. Das wäre nicht ihr Stil. Zu Hause und in der Freizeit dagegen verzichtet sie auf jegliches Make-up. Und sie verlangt von ihrem Ehemann oder Lebensgefährten, dass er dies akzeptiert: Er muss schließlich wissen, dass er auch ohne Schminke eine Traumfrau daheim hat.

Sind Sie ein echter Krebsmann?

	Ja	Nein
1. Sind Sie gerne der Mann, zu dem eine Frau aufschauen kann?	1	3
2. Sind Sie ein echter Frauenheld beim Erobern des anderen Geschlechts?	1	4
3. Lassen Sie sich eher vom Gefühl leiten als von rationalen Erwägungen?	3	1
4. Hängen Sie oft Tagträumen nach?	4	2
5. Haben Sie ein dickes Fell, lassen Sie sich nicht von Ärgernissen stören?	0	3
6. Werden Sie in Ihrer hilfsbereiten Art oft ausgenutzt?	3	1
7. Lieben Sie es, sich in Ihrem gemütlichen Zuhause aufzuhalten?	2	0
8. Leiden Sie oft unter Stimmungsschwankungen?	3	0
9. Bedeutet Ihnen eine Eigentumswohnung oder ein eigenes Haus viel?	4	2
10. Neigen Sie dazu, Ihr Geld für unnütze Dinge zu verschwenden?	1	4

Auswertung:

Bis zu 12 Punkte Sie sind gar nicht typisch für einen Krebs. Denn selbst wenn Sie in einer festen Partnerschaft oder gar einer Ehe leben – im Grunde Ihrer Seele sind Sie ein flotter Junggeselle geblieben. Familie bedeutet Ihnen nicht allzu viel.

13 bis 24 Punkte machen klar: Sie haben eine ganze Menge Krebseigenschaften. So sind Sie handwerklich geschickt, Ihre Hobbywerkstatt kann sich sehen lassen. Ihre Hilfsbereitschaft anderen gegenüber zeigt deutlich, dass Sie gute Krebsseiten mitbekommen haben.

25 und mehr Punkte zeigen: Sie sind ein typischer Krebsmann. Ihre Phantasie schlägt Purzelbäume … Freunden stehen Sie mit Rat und Tat zur Seite. Achten Sie aber darauf, sich nicht zu sehr ausnutzen zu lassen.

Sind Sie eine echte Krebsfrau?

	Ja	Nein
1. Kleiden Sie sich zu entsprechendem Anlass gerne besonders chic?	3	2
2. Könnten Sie sich ein Leben als Single vorstellen?	1	4
3. Sind Sie ein echter Globetrotter?	1	3
4. Bleibt am Monatsende vom Haushaltsgeld nichts mehr übrig?	2	4
5. Lieben Sie es, sich an einen Mann so richtig anzuschmiegen?	2	0
6. Mögen Sie romantisches Kerzenlicht und lyrische Atmosphäre?	3	0
7. Könnten Sie ohne Familie auskommen?	3	1
8. Heulen Sie Rotz und Wasser, wenn zum zehnten Mal Sissi läuft?	4	2
9. Könnte man Sie als dickhäutig und unempfindlich bezeichnen?	1	3
10. Beurteilen Sie (fast) jede Situation eher vom Gefühl her als mit Rationalität?	4	1

Auswertung:

Bis zu 12 Punkte Sie sind keine typische Krebsfrau. Sie wollen mit dem Kopf durch die Wand, geben häufig Ihren Launen nach und sind alles andere als eine anschmiegsame Partnerin. Ihre – oft kopfbestimmten – Ansprüche stehen stets im Vordergrund.

13 bis 24 Punkte zeigen, dass sie eine ganze Menge vom Krebs haben. Sie sind herzlich, und Ihren Sinn für Häuslichkeit und Familie weiß man überall zu schätzen. Trotzdem sind Sie recht widerstandsfähig und halten einer ganzen Menge Stress und Ärger stand.

25 und mehr Punkte zeigen, dass Sie eine typische Krebsfrau sind. Kein Mann kann sich eine bessere Partnerin wünschen: Sie sind häuslich, haben gerne eine große Familie um sich und können es sich gar nicht vorstellen, dass außerhalb Ihres gemütlichen Heimes eine böse Welt lauert …

23. Juli – 23. August

Im Zeichen
des Löwen

So kommen die Löwefrau/ der Löwemann am besten klar

Sie sind ein Löwe – und damit gelten Sie als das strahlendste aller Sternzeichen. Schon Ihr Äußeres lässt das vermuten. Ihre imposante Gestalt, Ihre aufrechte Haltung wirken selbstbewusst und souverän. Und Sie haben es nicht nötig, Ihr Licht unter den Scheffel zu stellen, auch wenn Ihnen manches andere Sternzeichen Hochmut und Arroganz vorwirft. Sie wissen doch: Neid ist die höchste Form der Anerkennung.

Zum Beispiel in der Liebe: Ihr Geburtstag liegt mitten im Sommer – die Erinnerung an Sie ist bei allen Ihren Freunden mit dieser heißen Zeit des Jahres verbunden. Sie wirken immer attraktiv auf andere Menschen, natürlich auch aufs jeweils andere Geschlecht. Sie sind ein(e) Draufgänger(in) und gehen – ganz im Sinne des Löwen – auf die Jagd nach der Liebe. Dennoch kann Ihnen keine(r) böse sein.

Um eine Frau kennen zu lernen, wird Herr Löwe seine ganze Persönlichkeit in die Waagschale werfen. Sie wollen eine Frau ganz oder gar nicht. Sie legen ihr alles zu Füßen, schweben mit ihr im siebten Himmel. Leider fallen Sie oft auf die falsche Partnerin herein. Ihnen fehlt ein gesundes Maß an Menschenkenntnis. Wer Sie bewundert, kommt bei Ihnen gut an. Erst ein paar schlechte Erfahrungen zeigen Ihnen: Schmeicheleien ersetzen keine Freundschaft.

Löwefrauen versuchen stets, ihren Partner glücklich zu machen. Ihr Humor steckt jeden an, und damit können Sie auch jeden gewinnen. Sie brauchen stetige Bewunderung – Ihr Selbstbewusstsein sollte also nicht durch ungerechtfertigte Kritik angekratzt werden. Dann können Sie ärgerlich und aufbrausend reagieren. Aber nur kurzfristig. Schnell strahlen Sie wieder, denn nachtragend sind Sie in keinem Fall. In der Liebe erwarten Sie einen vollkommenen Partner. Erobern kann man Sie mit vielem; der Wert ist dabei nicht unbedingt entscheidend: ein paar Blümchen tun es genauso wie romantische Geschenke.

Der Löwe, das strahlendste aller Sternzeichen, ist in jeder Beziehung eine imposante Erscheinung.

Stolz und Selbstbewusstsein

Man schwärmt von Ihnen, von Ihrer Aufrichtigkeit, Ihrer Impulsivität, Ihrer Vertrauenswürdigkeit in allen Angelegenheiten der Liebe. Das trägt natürlich zu Ihrem Selbstbewusstsein bei. Herr und Frau Löwe sind gleichermaßen beliebt und werden umschwärmt. Gerade diese Schwärmereien brauchen beide auch: Nichts hören Sie lieber als Komplimente und bewundernde Worte. Da Sie aber wirklich beide eindrucksvolle Persönlichkeiten sind, sind die Komplimente meist sogar ernst gemeint und nicht nur Schmeicheleien. Dennoch neigen Sie dazu, positive Äußerungen über Ihre Person überzubewerten. In Ihrer Aufrichtigkeit kommt Ihnen gar nicht in den Sinn, dass andere „böse" Menschen diese Ihre Schwäche ausnutzen könnten und Sie durch manchmal plumpe Komplimente in eine Richtung ziehen, die Sie gar nicht einschlagen wollen.

Das Äußere

Der Löwemann ist – genau wie seine Sternzeichenpartnerin – zum Herrschen geboren. Der Löwe ist der König der Tiere und genauso bewegen Sie sich auch unter Ihren Mitmenschen: wahrhaft königlich. Sie gehen nicht einfach nur, Sie schreiten aufrecht durchs Leben. Ihre Bewegungen verraten Kraft, aber auch Anmut, und stecken voller Power. Ihr Blick verrät Stolz und Leidenschaft. Selbst einen Auftritt auf großem Parkett überstehen Sie, ohne im geringsten peinlich zu wirken oder gar Peinlichkeit zu empfinden. Sie sprühen über vor Lebensfreude, sind gutherzig und voller Großmut.

Ihre Hilfsbereitschaft hat ebenfalls etwas wahrhaft Nobles. Niemand wird bei Ihnen vergebens um Rat nachsuchen. Oft gehen Sie hier in Ihrem Übereifer ein bisschen zu weit. So kommt es, dass Sie manchmal schon als Wichtigtuer gelten.

Ihre Lebensfreude ist durch fast nichts zu dämpfen. Ihr Leben baut sich darauf auf, für die Nachwelt etwas Bleibendes zu hinterlassen. Sie bitten ungern jemanden um Hilfe, das scheint Ihnen ein Zeichen der Schwäche zu sein. Haben Sie jedoch jemanden um Rat und Hilfe ersucht, so werden Sie ihm überschwänglich dafür danken und sich bei nächster Gelegenheit revanchieren.

Als Löwefrau handeln Sie nicht anders als Löwemänner. Sie sind eine geborene Führungsperson, die bei vielen Dingen die

Aufgaben an sich reißen, selbst erledigen und kontrollieren will. Meist schaffen Sie alles alleine, dann gebührt natürlich Ihnen auch der Lorbeerkranz. Sie neigen aber dazu, bei einem Projekt, bei dem Sie nur federführend, aber nicht gänzlich allein ausführend waren, ebenfalls am Ende alleine die Lorbeeren einzuheimsen. Das macht Ihnen hin und wieder Feinde.

Der herrschsüchtige Löwe

Die 12 positivsten Eigenschaften, die Löwen nachgesagt werden.

Löwen sind
offen
willensstark
ehrlich
arbeitsam
strebsam
großzügig
humorvoll
vertrauenswürdig
frohgemut
treu
gründlich
gerecht

Macht ist für Löwen keine Last – im Gegenteil: Sie können Macht wirklich genießen, weil sie meinen, Macht stünde ihnen einfach zu. Als strahlender Löwe wollen Sie häufig die Aufmerksamkeit auf sich lenken. Ihre Vorstellungen und Ansichten sind fest gefügt, aber nicht unumstößlich. Wer bessere Argumente bringt, den tolerieren Sie durchaus. Sie lassen sich überzeugen; selbst wenn Sie sich erst ein wenig wehren. Sie geben nach, wenn Ihr Ansehen, Ihr Ruf dabei nicht geschädigt werden.

Löwen sind in Bezug auf Kurzweil für alles zu haben. Partys oder Opernball, Theater oder Konzert, Wohltätigkeitsdiner oder großer Empfang beim Bundespräsidenten – Ihnen macht alles Spaß. Sie werden immer mit Würde im Mittelpunkt stehen.

Sie haben einen außergewöhnlich guten Geschmack, den Sie vor allem in Ihren eigenen vier Wänden ausleben. Sie verzichten lieber auf einen teuren Urlaub und investieren eher in Ihr luxuriöses Heim, wo sie sich gern mit edlen Objekten umgeben.

In der Arbeit sind Sie beständig: Was ein Löwe beginnt, beendet er auch. Und Sie setzen dazu all Ihre Energien gezielt und sinnvoll ein. Sie sind sehr ehrgeizig, es ist Ihnen wichtig, dass Sie Ihre Ziele tatsächlich erreichen. Haben Sie eine leitende Funktion in Ihrem Beruf inne, so wirken Sie hin und wieder etwas herrisch. Sie wissen eben, dass Sie vieles besser beherrschen als andere, und haben dann Mühe, dies Ihre Mitarbeiter nicht spüren zu lassen.

Ausgesuchte, kulinarische Köstlichkeiten liebt der Löwe. An nichts darf es fehlen. Nur das Beste ist gut genug für Sie. Sie wissen aber auch: Selbst wenn Löwen ein großes Maul haben, verachten sie kleine Leckereien nicht. Auf einen guten Barkeeper legt der Löwe ebenfalls viel Wert. Am liebsten mögen Sie Drinks auf Champagnerbasis. Löwefrauen stehen darin ihren Kollegen in nichts nach. Nur beste Qualität kommt bei Ihnen auf den Tisch. Alles sollte hübsch dekoriert sein, nicht einfach nur lieblos auf dem Teller liegen. Hausmannskost ist Ihre Sache nicht.

Herr Löwe hat meist viel für Sport übrig. Sie sind gerne aktiv, sollten jedoch aufpassen, dass Sie sich nicht zu sehr belasten und das Ganze übertreiben. Wer Löwen in der freien Wildbahn beobachtet, weiß: diese Raubkatzen können auch so richtig schön faulenzen. Dem Sternbild Löwe geht es nicht anders: Sie werden niemals vergessen, nach ausgiebigem Sport ausgiebig zu ruhen und zu entspannen.

Frau Löwe treibt ebenfalls gerne Sport. Sie lieben es, sich an der frischen Luft zu bewegen. Da kommt so manche Sportart in Frage, und Sie werden etliches probieren. Auch Sie wissen jedoch um die Ausgewogenheit von Konzentration und Sport auf der einen sowie Ruhe und Entspannung auf der anderen Seite.

Ihre Phantasie und Ihre Originalität lässt Sie oft ein Hobby im künstlerischen Bereich suchen. Mit Ihrer Überzeugungskraft und Ihrer Gabe, geschickt und mitreißend zu formulieren, sollten Sie eigentlich Vorträge halten oder Bücher schreiben. Sie haben zahlreiche gute Ideen, und Ihre Liebe zur Dramatik und zur Poesie läßt sich nicht verbergen.

Der Löwe ist meist mit einer guten Konstitution ausgestattet. In der Astromedizin werden Ihrem Sternzeichen Herz und Kreislauf zugeordnet. Gesundheitliche Probleme treten hier zuerst auf. Außer einer Herzkrankheit kann es zu Wirbelsäulen- oder Kehlkopfleiden kommen sowie zu Beschwerden in Schulter, Füßen oder Rücken. Diese Leiden äußern sich aber selten chronisch. Da Sie oft sehr ungeduldig sind – zum Beispiel im Straßenverkehr – sind Sie besonders unfallgefährdet. Hier sollten Sie Vorsicht walten lassen! Zuviel Ruhe und Trägheit oder lange Krankheiten können bei Ihnen Depressionen auslösen. Kummer und Sorgen schlagen sich auf Ihr Wohlbefinden. Es kann dann passieren, dass Sie sich eine Krankheit regelrecht einreden und ins Bett legen, obwohl Sie im Grunde kerngesund sind. Bedenken Sie auch, dass Ihre Gesundheit oft durch Ihr ausschweifendes Leben angegriffen werden kann. Viele Partys, stets reichlich zu essen und zu trinken: das tut auf Dauer niemandem gut.

Die 12 negativsten Eigenschaften, die Löwen nachgesagt werden.

Löwen sind
egoistisch
hoffärtig
belehrend
eigensinnig
leichtgläubig
konservativ
absolutistisch
rechthaberisch
redselig
schmeichlerisch
eifersüchtig
zynisch

Typisch Löwe

Welcher Löwe sind Sie?

Astrologisch gesehen sind natürlich nicht alle Löwen gleich geartet: Neben dem Sonnenzeichen, also dem Sternbild, in dem bei Ihrer Geburt der Planet Sonne stand, ist der Aszendent von entscheidender Bedeutung. Er ist meist nicht mit dem Sonnenzeichen identisch, wirkt sich jedoch auf den Charakter eines Menschen – besonders in dessen zweiter Lebenshälfte – stark aus.

Im Anhang finden Sie Tabellen, mit denen Sie Ihren Aszendenten leicht bestimmten können. Und so wird Ihre Löwepersönlichkeit beeinflusst:

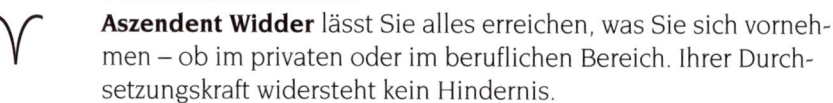

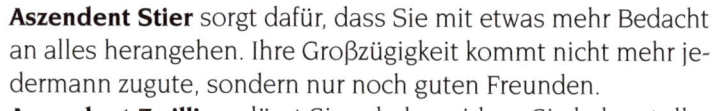

Aszendent Widder lässt Sie alles erreichen, was Sie sich vornehmen – ob im privaten oder im beruflichen Bereich. Ihrer Durchsetzungskraft widersteht kein Hindernis.

Aszendent Stier sorgt dafür, dass Sie mit etwas mehr Bedacht an alles herangehen. Ihre Großzügigkeit kommt nicht mehr jedermann zugute, sondern nur noch guten Freunden.

Aszendent Zwillinge lässt Sie ruhelos wirken. Sie haben tolle Pläne – an der Ausführung jedoch hapert's meist. Sie reisen viel, sind jedoch oft knapp bei Kasse. Im Job finden Sie meist einen Gönner, der Ihnen die Karriereleiter hält.

Aszendent Krebs versorgt Sie mit einem hervorragenden Gedächtnis. Er sorgt aber auch für launisches Verhalten und verstärkt Ihre Neigung, an andere strengere Maßstäbe als an sich selbst anzulegen.

Aszendent Löwe macht Sie wirklich zum König. Ihre imposante Erscheinung, Ihre Persönlichkeit fällt jedem sofort auf. Leider sind Sie manchmal etwas autoritär, Ihre Sinnenfreude gleicht das jedoch aus.

Aszendent Jungfrau ist daran schuld, dass Sie gerne an allem und jedem herummäkeln. Sie sind nicht so robust wie die anderen Löwetypen. Ihre Großzügigkeit ist eher gering – nicht nur in materiellen Dingen.

Aszendent Waage lässt Sie in höchste Chefetagen vorstoßen: Sie setzen sich durch und sind dazu noch geistig äußerst flexibel. Künstlerisches und handwerkliches Geschick sind Ihnen in die Wiege gelegt.

Aszendent Skorpion macht Ihr Selbstbewusstsein noch größer – Ihre charakterlichen Schwächen treten kaum zutage. Im Job sind Sie knallhart, im Familien- und Freundeskreis jedoch freundlich und hilfsbereit.

Aszendent Schütze schenkt Ihnen außerordentliche Lebenslust. Genussmittel können für Sie zur Gefahr werden. Sie suchen stets die Abwechslung und neigen zu Abenteuern.

Aszendent Steinbock macht Sie sparsam. Ihre Großzügigkeit kommt erst dann zum Vorschein, wenn Sie finanziell wirklich abgesichert sind. Berufliches Vorwärtskommen ist Ihnen sicher.

Aszendent Wassermann ist schuld daran, dass Sie eine besonders ausgeprägte Hilfsbereitschaft an den Tag legen. Sie nehmen sich selbst nicht wichtig – Ihre Ideen und Ihre Mitmenschen sind viel wichtiger.

Aszendent Fische lässt Sie unbeschwert durchs Leben gehen. Sie sind eine Spielernatur. Mit Geld gehen Sie ebenso sorglos um wie mit dem Glück. Deshalb kann's bei Ihnen schon mal zu Ebbe in der Kasse kommen.

Was sonst noch zum Löwen gehört

Jahrtausende der Astrologie haben gezeigt, dass jedes Sternzeichen nicht nur „seinen" Planetenregenten hat, sondern dass man den einzelnen Tierkreiszeichen eine ganze Reihe von Dingen zuordnen kann. Ob das nun Farben, Pflanzen oder Mineralien sind, die Ihnen als Löwe ganz besonders liegen. Gewiss erkennen Sie sich in so manchem wieder:

♦ Das Element des Löwen ist das Feuer, seine Kraft macht sich in Ihrem Charakter und Ihrer Persönlichkeit bemerkbar. Im positiven Bereich trägt es zu Ihrer „Feurigkeit" – auch in der Liebe – bei. Im negativen Bereich sorgt es für einen „Hitzkopf" in unangebrachten Situationen. Vom Feuer kommt sicher auch Ihre Vorliebe für

♦ die Farben Orange, Gelb-Orange bis hin zu Dunkelrot, aber auch Gold und Goldgelb. Das kann in der Mode sehr schick aussehen – wenn Sie auch optisch der richtige Typ dafür sind. Manchmal täte, vor allem bei einem Zuviel an Orange, vielleicht eine Farb- und Stilberatung gut.

◆ Die Pflanzen des Löwen sind Apfel, Reis, Mais, Weinreben, Oliven, Baldrian, Esche, Lorbeer und Weißdorn. Vor allem letzteres wirkt sich günstig aus, neigt der Löwe doch zu Beschwerden und Krankheiten im Bereich von Herz und Kreislauf. Weißdorn ist ein gutes Stärkungsmittel für diese Körperregionen. Ihre Jahreszeit ist der Sommer, und dazu passt Ihre ganz spezielle Blume: Was könnte Ihnen besser zu Gesicht stehen als die stolze, sich stets unserem Gestirn zuwendende Sonnenblume?

◆ Ihre Glückssteine sind Rubin, Bernstein, Tigerauge, Goldtopas und – passend zum königlichen Löwen – der Diamant. Als Löwefrau kann man sich also aus einer reichhaltigen Palette alles mögliche aussuchen. Sie sollten Ihrem schenkwütigen Partner allerdings mitteilen (und das gilt ebenso für Löwemänner!): Sie lieben wertvollen, funkelnden Schmuck. Da kommt dann allerdings nur der Diamant infrage.
Wer der Überzeugung ist, dass Edelsteine Heilkräfte besitzen, weiß: Rubine helfen bei Herzbeschwerden, Bernstein lindert Asthma und Bronchitis und stärkt die körpereigenen Abwehrkräfte. Und der Diamant schützt bei Vergiftungen, mildert Sehstörungen und stärkt die Konzentrationsfähigkeit.

◆ Zur Vorliebe für Geschmeide passt, dass Ihr Metall das Gold ist, Gold ist eben einfach das Metall der Könige, der magische Ursprung allen Reichtums. Diamant, Bernstein und Tigerauge sowie das gute Gold: damit ist ein Löwe in Bezug auf Schmuck rundum glücklich: Auch hier gilt wieder die Maxime von Oscar Wilde: „Ich habe einen ganz einfachen Geschmack – von allem nur das Beste!" Der Partner eines Löwen steht jedoch nicht unter dem Zwang, teuer und gut schenken zu müssen: Zwar freut sich jede(r) Löwe(in) über einen Brillantring, aber er oder sie ist nicht berechnend, macht nicht eine Partnerschaft von solchen Kostbarkeiten abhängig.

Der Löwe und die Liebe

So liebt der Löwemann

Jede Frau kann sich glücklich schätzen, wenn ihr die Liebe eines Löwemannes gehört. Seine weltgewandte Art, die Originalität, mit der er sie umwirbt, lassen fast jede Dame schwach werden. Was sie an ihm schnell zu schätzen lernt, ist sein Einsatz für vieles – ganz besonders natürlich für die Frau seiner Wahl.

Der Löwemann überzeugt durch seine weltgewandte Art. Wenn er liebt, ist er impulsiv und leidenschaftlich.

Wenn's beim Löwen einmal gefunkt hat, scheint er jegliche Vernunft auszuschalten. Logik und Verstand zählen dann nicht mehr. Und das liebt die Damenwelt so an ihm. Wer möchte schon gerne mit einem kühl kalkulierenden Rechner liiert sein, der einem tagtäglich aufs Neue vorträgt, wie viel er wann in sie investiert hat? Dem Löwen käme so etwas nie in den Sinn. Er lässt seine Phantasie spielen, um ihr jeden Wunsch von den Augen abzulesen. Da ist er unberechenbar, impulsiv und voller Ideen. Er merkt allerdings auch schnell, wenn sie nicht auf ihn fliegt. Dann ist er nicht sauer, sondern geht von neuem auf die Jagd nach seinem Glück.

Fast jeder Löwe hat eine ganz besondere Vorliebe für wirklich „tolle" Frauen. Sie kommen seinem Ideal am nächsten, mit ihnen kann er seine Auftritte in der Öffentlichkeit wahrhaft zelebrieren. Dabei besteht allerdings die Gefahr, dass Herr Löwe sich so manches Mal von Äußerlichkeiten blenden lässt. Er ist ein bezaubernder Liebhaber, der stets darauf achtet, dass seine Partnerin ebenso viel Vergnügen hat wie er selbst. Er bleibt immer Kavalier, selbst dann, wenn seine Partnerin mal nicht so will wie er, wenn sie seinen Wünschen sogar bewusst gegensteuert.

In einer Partnerschaft oder Ehe ist es natürlich nicht leicht, dem König der Tiere ständig um den Bart zu gehen. Findet er aber ihre Bewunderung, ihr Lob – dann wird er sanft wie ein Kätzchen. Seine Meinung hat zu gelten, davon ist er nur schwer abzubringen. Das gilt zumindest für all jene Löwen, die es in ihrer Jugend nicht gelernt haben, ihre Herrschsucht zu zügeln. Aber auch der selbstherrlichste Löwe ist bereit, von seinem Standpunkt abzugehen, wenn man ihm mit guten, das heißt besseren Argumenten kommt. Dann grollt er vielleicht noch ein bisschen, doch mit etwas Charme kann ihm jede Frau einreden, dass eigentlich er der Gewinner ist.

Weil der Löwe gern recht behält, können sich Zwistigkeiten über Stunden ausdehnen. Und es kann lautstark werden: Er neigt zu wahrem „Löwengebrüll". Da sollte seine Partnerin lieber nachgeben und ihren Kopf mit Diplomatie durchsetzen.

Ganz allgemein wird sich ein Löwe mit Problemen und Differenzen spontan auseinandersetzen. Er hält nichts von Heimlichkeiten, von Hinter-dem Rücken-Handeln. Stets stellt er sich dem Problem; wenn daraus sogar eine entscheidende Auseinandersetzung wird, vielleicht ein Kampf – auch gut. Kaum ein Löwe wird den Schwanz einziehen und klein beigeben. Wird er jedoch hintergangen, kann er nicht offen über alles sprechen, so steht er wirklich auf verlorenem Posten. Mit Falschheit und Intrigen kann er nicht umgehen – gerade in der Liebe nicht.

Muss der Löwe entdecken, dass seine Angebetete nicht mehr ausschließlich ihn anhimmelt, kann er ihr dies fast nie vergeben, auch wenn er ansonsten nicht nachtragend ist. Ganz ohne Eifersucht ist der Löwemann kein Mann. Vor allem dann nicht, wenn er bemerkt, dass seine Partnerin bewundernde Blicke von anderen Männern einholt – schließlich will er der Einzige sein. Kommt es zur Trennung, so wird er versuchen, sich ganz aus der Beziehung zu lösen. Er wird es kaum schaffen, friedlich zu gehen, ohne deutlich seine tiefe Enttäuschung kundzutun.

So liebt die Löwefrau

Bei Frau Löwe funkt's immer dann, wenn sie auf einen Herrn trifft, der ihre königliche Haltung und ihr sonniges Wesen zu schätzen weiß. Löwefrauen möchten umworben werden. Sie lieben Männer, die es verstehen, ihnen noch so richtig altmodisch den Hof zu machen. Er sollte ein weltmännisches Auftreten haben, und sie durchschaut schnell, wann so etwas nur aufgesetzt ist. Ihr sind ein dickes Bankkonto und ein toller Schlitten egal. Jungs, die ihre Sakkos mit Kreditkarten auspolstern, werden von ihr nicht ernst genommen. Die Hauptsache ist, ihr Favorit strahlt Eleganz und Vornehmheit aus.

In der Liebe handelt die Löwefrau oft beinahe aggressiv. Ihre strahlende Persönlichkeit kann sie eben niemals verleugnen, und sie ist der Ansicht, eine gewisse Anbetung stünde ihr zu. Trotzdem wirkt sie auf die meisten Männer ausgeglichen, gelassen und zurückhaltend. Bei dem einen jedoch, bei dem es richtig funkt, in dem sie den Mann ihres Lebens zu erkennen glaubt, wird sie sich hingebungsvoll verhalten.

Die Löwefrau legt Wert darauf, dass ihr Partner ihr majestätisches Wesen auch zu schätzen weiß. Blender durchschaut sie schnell.

Schätzen wird man an der Löwefrau ihr Selbstbewusstsein und ihre Lebensfreude. Anderen Menschen gegenüber zeigt sie große Hilfsbereitschaft, sie ist gutherzig und großmütig und absolut vertrauenswürdig: Gute Freunde können ihr vieles anvertrauen. Mit großen Taten kann sie beeindrucken, allerdings nur dann, wenn diese Taten wirklich ernst gemeint sind. Sie schätzt Ehrlichkeit, auch wenn sie Komplimente und schöne Worte genießen kann. Sie sind ja nur eine Bestätigung dessen, was sie eh schon weiß: dass sie einen herausragenden Charakter hat und eine Person ist, die man einfach nicht übersehen kann. Eine Frau eben, die ihr Leben, ihre Liebe, ihren Beruf und alles Drumherum mit Charme zu meistern versteht.

Trotz ihrer eigenen großen Persönlichkeit schafft Frau Löwe es, in ihrem Partner das Gefühl zu erwecken, er sei das Wichtigste in ihrem Leben. Treue ist dabei selbstverständlich.

Natürlich kommt es auch in der Beziehung mit einer Löwin zu Problemen. Dem steht sie zwar nicht gelassen gegenüber, aber sie tobt auch nicht sofort los. Sie wird eher versuchen, Meinungsverschiedenheiten möglichst rasch und in ruhiger Atmosphäre zu lösen. Niemals greift sie dabei zu so genannter weiblicher List, das liegt ihr nicht. Sie handelt immer geradeheraus.

Bei größeren Streitigkeiten ist Frau Löwe bereit, irgendwann den Glauben an ihre Unfehlbarkeit aufzugeben. Das fällt ihr zwar schwer, sie sieht jedoch durchaus ihren Fehler ein – wenn es denn ihr Fehler war. Böse ist sie deshalb nicht, dazu ist sie zu gerechtigkeitsliebend. Sie vergibt sich übrigens nichts – im Gegensatz zum männlichen Löwen –, auch mal nachzugeben, wenn die Schuld eindeutig auf der anderen Seite liegt. Nur dann fällt ihr das schwer, wenn sie entdecken muss, dass ihr Mann sie nicht (mehr) als die einzige Frau in seinem Leben betrachtet. Darin sind sie ihren männlichen Sternbildgenossen sehr ähnlich. Löwefrauen sind sich manchmal ihrer selbst und ihres Partners zu sicher. Sie können sich überhaupt nicht vorstellen, dass es neben ihnen eine andere geben könnte. Rivalinnen kommen in ihrem Denken einfach nicht vor. Umso schwerer trifft es sie natürlich, wenn ihr Partner fremdgeht. Oder wenn es gar zur Trennung kommen sollte.

Obwohl: Eine stolze Löwin macht dann kein Theater, führt kein Eifersuchtsdrama auf. Die Trennung von einem geliebten Menschen nimmt sie hin. Sie weint niemandem nach, braucht aber lange, um sich von diesem Schlag gegen ihr Selbstbewusstsein zu erholen.

Der Löwe in Beruf und Geschäftsleben

Wenn ein Löwe zur Schule geht ...

... hat er meist schon seine ersten Erfolgserlebnisse. Schon als Kleinkind im Familienkreis war das so, später dann im Kindergarten, in der Schule, während der Berufsausbildung. Und dass sie irgendwann einmal wirklich top sind, dass sie als Prominenter „enden", daran zweifelt ja nun kaum einer. Löwen müssen für die Schule – im Gegensatz zu manch anderem Sternzeichen – nicht unbedingt wahnsinnig büffeln und arbeiten. Manches fällt ihnen in den Schoß. Durch ihre beeindruckende Art, ihren Charakter, ihre unbestrittene Integrität gehen sie ihren Weg bis an die Spitze beinahe unangefochten. Doch es zieht sich meist einige Jährchen hin, bis sie ganz oben sind. Selbst wenn kaum einer es wagt, ihnen Einhalt zu gebieten. Dafür gäbe es nämlich keinen Grund: Löwen haben eine gute Basis des Wissens und der Begabungen, die sie für ihren Job brauchen.

In jungen Jahren, am Anfang der Karriere, muss der Löwe einiges einstecken. Lehrjahre sind eben keine Herrenjahre, wie der Volksmund zu sagen pflegt. Manches passt dem Löwen überhaupt nicht in den Kram; aber mit wahrhaft majestätischem Selbstwertgefühl weiß er es hinzunehmen und zu dulden. Dank seiner eisernen Entschlossenheit schafft er es auch unter ungünstigen Vorzeichen, sich weiter nach oben zu arbeiten. Verbaut man ihm den Bildungsweg oder hat er in einer Firma keine Karrierechancen, steht dem Weg an die Spitze etwas im Wege, so wird er sich eher nach einer anderen Stelle umschauen, als in aussichtsloser Position zu verharren.

Meist schafft es der Löwe, ein perfektes Gleichgewicht zwischen Temperament und Überlegung zu halten. Sein Auftreten schon als Schüler, später als Auszubildender oder Student, wirkt meist überzeugend. Seine Lehrer und Mentoren kommen alsbald zu der Überzeugung, dass aus diesem Löwen mal was wird. So findet er Förderer. Denn welcher Professor möchte sich später nicht seiner erfolgreichsten Studenten rühmen?

Der Löwe und sein Job

In seinem Beruf empfiehlt sich der Löwe bald für leitende Positionen – und wenn's nur als Chef einer Miniabteilung ist. Er scheint stets der einzige richtige Mann zu sein – und das gilt natürlich auch für Frau Löwe.

Kommt es zu Unstimmigkeiten in einer Firma, ist der Löwe selten kompromissbereit, vor allem dann nicht, wenn er als leitender Angestellter „von oben" bedrängt wird. Für ihn gilt dann oft: Alles oder nichts, hopp oder topp! Er wechselt lieber die Firma, als einen faulen Kompromiss einzugehen.

Als Vorgesetzter ist der Löwe ein echter Boss, der andere nicht unbedingt gelten lässt und sie eher unterbuttert. Er weiß, dass ihm in seinem Job kaum jemand etwas vormachen kann. Er weiß auch, dass er vieles besser und perfekter beherrscht als seine Untergebenen. So macht es ihm Mühe, andere schalten und walten zu lassen, und dabei noch zuzugeben, dass es auf jedem Gebiet neuere Entwicklungen geben könnte, die ihm nicht mehr ganz so eingängig sind. Wenn er wirklich mal eine Aufgabe weitergibt, versucht er die Lorbeeren deshalb allein einzuheimsen.

Berufe mit Karrierechancen

In vielen beruflichen Sparten ist der Löwe zu außerordentlichen Fähigkeiten imstande. Ausdauer und Energie zeichnen ihn ebenso aus wie ein ausgeprägtes Organisationstalent. Stets wird er sich voll für eine ihm gestellte Aufgabe einsetzen, um in ihn gesetzte Erwartungen und seine Versprechungen halten zu können. Seine schauspielerische Begabung bietet ihm Möglichkeiten in der Unterhaltungsindustrie: Theater ebenso wie Film und Fernsehen, als Darsteller ebenso wie hinter der Bühne oder Kamera. Man kann sich den Löwen auch gut als Talentsucher vorstellen. Da er selbst beste darstellerische Qualitäten hat, erkennt er auf einen Blick, ob jemand wirklich begabt ist. Seine künstlerischen Fähigkeiten könnte er – da er durchaus auch einen Blick und ein „Händchen" für schönes Wohnen hat – als Innenarchitekt oder Designer ausleben.

Selbst das „schmutzige" Geschäft der Politik könnte für den Löwen infrage kommen. Hier bietet sich ein weites Spielfeld für fast all seine Talente. Es muss ja nicht gleich Landtag oder Bundestag sein. Es gibt genug politische Ämter in anderen Bereichen, zum Beispiel bei Gewerkschaften, bei Umweltorganisationen, bei Verbänden und Vereinen. Sein Organisationstalent macht's möglich, dass er nicht nur in einem kleinen Betrieb, sondern in jedem weltweit operierenden Unternehmen eingesetzt werden kann. Sein Handeln ist immer kühn und wagemutig. Eine Stellung mit einem Titel ist dem Löwen wichtiger als mehr Geld auf seinem Konto. Er sollte in seinem Beruf seine schwungvolle Persönlichkeit und sein einnehmendes Wesen voll einsetzen können.

Man kann ihn sich auch gut als Pädagogen vorstellen, denn er gibt sein Wissen ja gerne weiter. Auch Berufe, die mit Reisen zu tun haben, reizen einen Löwen. Vielleicht wird er Schriftsteller oder Journalist in diesem Metier.

Der Löwe im Arbeitsalltag

Seine offene und aufrichtige Art, mit der er so manchem Mitarbeiter seine Meinung sagt, wirkt manchmal beinahe taktlos, selbst wenn's gar nicht so gemeint ist. Wer einen Löwen als Chef hat, kann sich aber trotzdem glücklich schätzen. Sein Streben nach Fairness und Gerechtigkeit ist fast einzigartig, und ganz besonders in leitender Stellung kommt das zum Vorschein.

Der Löwe ist kein Arbeitstier, das sich mit gesenktem Kopf durchbüffelt, aber er arbeitet ausgesprochen gern. Dass er sich dabei nicht mit Kleinigkeiten aufhält, versteht sich von selbst. Dabei gehen besonders Löwefrauen überlegt zu Werke und verstehen es, in jeder noch so komplizierten Aufgabe eine Chance zum beruflichen Vorwärtskommen zu erkennen.

Die Finanzen des Löwen

Es widerspricht nicht seinem Karrierestreben, dass ein Löwe durchaus geduldig auf seine Beförderung warten oder auf sie hinarbeiten kann. Diese Zeit nutzt er nämlich, um sich im privaten Bereich finanziell abzusichern. Mit 30 oder 40 kann er dann vielleicht schon über ein Vermögen verfügen. Im Bereich der Geldanlage ist der Löwe sehr konservativ, da scheut er jedes unüberlegte Risiko und jede impulsive Handlung. Er geht aber bei seiner Anlagestrategie sehr bewusst vor, ignoriert sowohl kurzfristige Gewinnaussichten als auch „langweilige" Anlagen mit bescheidenen Erträgen. Er investiert beispielsweise auf dem Aktienmarkt in deutsche und europäische Standardwerte, die ihm auf lange Sicht die besten Renditen versprechen.

Der Löwe in Urlaub und Freizeit

Urlaubsorte, Ferienziele

Als Ferienziel bevorzugen Sie vor allem Frankreich und Italien, hin und wieder auch Rumänien. Löwen sind Genießer und fühlen sich gerne „wie Gott in Frankreich". Lokale der Spitzenklasse, feinste Küche ziehen sie magisch an. Löwen reisen überhaupt gerne. Man kann sie überall auf der Welt finden – doch sie fallen dabei gewiss nicht unangenehm auf. Denn so sehr der Löwe gerne im Mittelpunkt jeder Gesellschaft ist, so wenig wird er sich als typischer Tourist aufführen. Sie benehmen sich im Ausland dezent, wollen Land und Leute kennen lernen. Mit der Kultur eines Volkes beschäftigen Sie sich sehr intensiv. Als Städtereisen kommen für Sie das „ewige Rom", das „goldene Prag", aber auch Chicago oder Koblenz in Frage. Stets interessieren Sie die geschichtlichen Hintergründe des Ganzen, nicht nur die vordergründig zur Schau gestellten Sehenswürdigkeiten.

Sport

In Urlaub und Freizeit sucht der Löwe sich einen Sport, der ihn zwar fordert, der ihn aber nicht unbedingt zu Höchstleistungen antreibt. Sie vergessen dabei niemals, sich der Entspannung hinzugeben. Sie lieben Radtouren? Dann wird am Wegesrand bestimmt eine nette Einkehr gehalten. Sie wandern gerne? Dann nicht unbedingt in den Bergen, sondern vielleicht eher auf eine Tour durch die Reben am Rhein entlang – immer mit der Option auf eine zünftige Winzervesper. Im Urlaub sind Sie durchaus bereit, auch mal eine ganz neue Sportart auszuprobieren, vor allem dann, wenn Sie Ihre Ferien verbringen, wo unterschiedliche Sportmöglichkeiten geboten werden. Mancher Löwe ist Autodidakt und bringt sich „seinen" Sport selbst bei. Sie wollen sich eben stets beweisen, was für ein toller Kerl oder was für eine Spitzenfrau Sie sind. Um so besser, wenn Sie dann am Urlaubsort bei völlig Fremden mit Ihren Künsten Eindruck schinden können. Tanzen gehört übrigens zu den Aktivitäten, die ein Löwe ganz besonders bevorzugt, kann er doch hierbei körperliche Betätigung aufs Beste mit gesellschaftlichem Auftreten verknüpfen.

Hobby

Man könnte ein Sprichwort abwandeln: „Der Löwe im Haus erspart den Handwerker." In technischen Dingen, bei Reparaturen im Haus, ist mancher Löwe wirklich ein As. Egal, ob ein Motor auseinander zu nehmen ist, ob er Möbel zusammenleimen soll, ob er tropfende Wasserhähne abdichtet oder tapeziert, malert oder schreinert. Schlimm wird's nur, wenn mal was nicht auf Anhieb klappt. Dann kann der Löwe zornig werden. Wütend versetzt er dem zu reparierenden Teil einen Tritt. Beim sprichwörtlichen Löwenglück allerdings wird ein kaputter Motor nach dem Fußtritt wahrscheinlich wieder anspringen. Ganz klar, dass in fast jedem Haushalt, in dem ein Löwemann lebt, ein Hobbykeller vorhanden ist. Auch Löwedamen sind handwerklich geschickt und sich gewiss nicht zu fein, die Wohnung selbst zu tapezieren oder zu malern.

Familienleben

Die Familie eines Löwen ist selten sehr groß. Als Vater sind Sie sehr warmherzig und lassen es bei Ihren Sprösslingen durchaus nicht an der nötigen Geduld und Warmherzigkeit fehlen – im Gegenteil. Herr Löwe neigt dazu, sich in der Familie als Pascha aufzuspielen. Alles soll so stattfinden und ausgeführt werden, wie er es anordnet, sonst wird er zornig und grollt. Dann ist er auch nicht bereit, auf andere Rücksicht zu nehmen, auf deren Stimmungen und Neigungen.

Löwemütter sind eher streng. Sie gehen mit ihren Kindern kameradschaftlich um, sind aber immer darauf bedacht, dass sich die Kleinen gut benehmen und den Großen gehorchen. Mutter zu sein und mit dem Beruf zu vereinbaren, ist für die Löwin kein Problem. Und wenn sie nicht gerade einen Löwen zum Mann hat, kann es gut sein, dass sie mehr Geld nach Hause bringt als er.

Kulinarisches

Löwen sind Genussmenschen – und eine gute Küche gehört da selbstverständlich dazu. Sie gehen höchst ungern in die Betriebskantine oder zum Currywurst-Stand. Lieber essen Sie gar nichts oder bringen Ihr Essen von zu Hause mit. In billigen Kneipen mit 08/15-Küche findet man Sie nur im äußersten Notfall. Hingegen kennen Sie die Speisekarte Ihres Lieblingsrestaurants

– meist ist es ja mehr als nur eins – von A bis Z. Alles haben Sie schon mal probiert, egal ob herzhaft, orientalisch oder exotisch gewürzt. Sie essen am liebsten in großer, geselliger Runde – gleichgültig, ob in Familie, mit Freunden oder Bekannten, ob im Restaurant oder zu Hause. Alles wird stets nur vom Feinsten sein. Auch bei Weinen kann man Ihnen mit Billigem nicht kommen. Wenn auf der Weinkarte gar nichts nach Ihrem Gusto zu finden ist, lassen Sie eben Champagner auffahren. Die Löwefrau kann sich als hervorragende Köchin entpuppen. Sie zaubert aus einfachsten Zutaten ein opulentes Mahl, das allein für die Augen schon eine Wohltat ist. Das Auge isst mit, wie die Löwefrau weiß. Was aber nicht bedeutet, dass Gaumen und Magen nicht auch auf ihre Kosten kämen.

Garderobe

Eleganz ist für den Löwen ein Muss – und das gilt für beide Geschlechter. Als Löwefrau werden Sie für jede Gelegenheit das passende Outfit haben. Sie bevorzugen zwar sportliche Kleidung, aber das bitte klassisch-leger. Sie werden zum Opernbesuch niemals in Jeans kommen, sondern eher ein neues Abendkleid kaufen. Stets sind Sie nach der neuesten Mode gekleidet, aber Sie machen keine Verrücktheiten mit. Sie werden immer alles perfekt kombinieren, damit Sie nach außen ein harmonisches Bild abgeben. Gelegentlich verfallen einige Löwen – und hier manchmal die Herren! – einem eher auffälligen Stil. Aber sonst stehen Löwemänner auf Eleganz, nicht nur in der Öffentlichkeit, sondern ebenso daheim. Sie gehören zu den Männern, die einen seidenen Hausmantel ihr Eigen nennen.

Düfte und Make-up

Blumig-elegant – so lassen sich am besten die Parfums umschreiben, die einem Löwen gefallen. Ein etwas kühler Gesamtcharakter stößt auch bei der Löwedame auf Gefallen. Weiche, pudrig-balsamische, holzige und erotische Nuancen erfreuen die Nase des Löwemannes. Für Kosmetik und Schönheit gibt Frau Löwe viel Geld aus. Sie verbringen viele Stunden vor dem Spiegel. Löwinnen halten sehr viel von Körperpflege, auch hier sind Sie ein Luxusgeschöpf. Herr Löwe steht Ihnen da nicht nach. Einen gepflegteren Mann als ihn wird man selten finden.

Sind Sie ein echter Löwemann?

	Ja	Nein
1. Machen Schwierigkeiten Sie erst recht stark und energisch?	2	1
2. Finden Sie es schön, wenn sich Ihre Partnerin chic anzieht und schminkt?	4	1
3. Macht es Ihnen Spaß, viel Geld zu verdienen und immer der Richtige am rechten Platz zu sein?	3	2
4. Lieben Sie es, auf einer Party im Mittelpunkt zu stehen?	3	1
5. Liegen Sie ungern auf der faulen Haut?	3	0
6. Lehnen Sie es ab, sich rücksichtslos mit dem Ellenbogen durchzusetzen?	1	3
7. Neigen Sie dazu, sich besonders darzustellen?	4	1
8. Setzen Sie sich mit aller Kraft für etwas ein, wovon Sie überzeugt sind?	3	0
9. Sollte Ihre Partnerin sich eher unterordnen?	4	1
10. Zeigen Sie Ihren Mitmenschen, wenn Sie keinen Draht zu Ihnen haben?	2	1

Auswertung:

Bis zu 12 Punkte lassen wirklich daran zweifeln, dass Sie ein echter Löwe sind. Denn Ruhm und Anerkennung lassen Sie völlig kalt, selbst ein gut gepolstertes Bankkonto empfinden Sie fast als Belastung.

13 bis 24 Punkte hätte auch so mancher große Staatsmann erreicht, der im Zeichen des Löwen geboren wurde. Sie haben gerne die Kontrolle über alles und jeden – in der Familie genauso wie im Job. Auf der anderen Seite sind Sie zu gemäßigt – und damit völlig löwenuntypisch.

25 und mehr Punkte sind Sie ein echter Löwemann. Ihr Temperament, Ihre Unternehmungslust und Ihre Willenskraft sowie Ihr Sinn für Schönheit und Luxus sprechen Bände. Das Gute daran: Sie können sich das luxuriöse Leben auch leisten und lassen Ihre Mitmenschen gerne daran teilhaben.

Sind Sie eine echte Löwefrau?

	Ja	Nein
1. Sind Sie gerne damenhaft und chic gekleidet?	3	1
2. Könnten Sie sich vorstellen, für jemanden ein „guter Kumpel" zu sein?	1	3
3. Fühlen Sie sich unsicher, wenn Sie auf andere Menschen treffen?	0	2
4. Könnte man Sie ein „Mauerblümchen" nennen?	0	4
5. Können Sie vergeben und vergessen, wenn Sie Ihren Partner bei einem Seitensprung erwischt haben?	3	1
6. Geben Sie bei einem Streit auch mal nach, obwohl Sie im Recht sind?	2	3
7. Legen Sie bei Ihrem Mann oder Partner Wert auf ein gepflegtes Äußeres?	4	2
8. Haben Sie sich erst in späteren Jahren zum ersten Mal so richtig verliebt?	1	2
9. Haben Sie sich als Kind und Jugendliche oft mit Ihren Eltern gestritten?	3	1
10. Schieben Sie Unangenehmes auf die lange Bank?	1	4

Auswertung:

Bis zu 12 Punkte machen ganz deutlich: Bei Ihrer Bescheidenheit und Zurückhaltung sind Sie keine typische Löwefrau. Sie fühlen sich nur dann wohl, wenn Sie in der Masse untertauchen können.

13 bis 24 Punkte machen Sie in vielem schon zur echten Löwin: Sie sind selbstbewusst – manchmal fast überheblich. Ihr Partner wird Ihre Leidenschaftlichkeit schätzen – gerade deshalb, weil Sie auch duldsam und geduldig sein können.

25 und mehr Punkte zeigen ganz klar: Sie sind eine Löwin, wie man sie sich vorstellt. Temperamentvoll, aber dennoch ganz Dame; nicht bescheiden, dabei aber tüchtig und erfolgreich. Als „Nur-Hausfrau" wird man Sie höchst selten antreffen – und wenn Sie Familie haben, werden Sie eine Haushälterin anstellen, die Ihnen die Arbeiten abnimmt.

24. August – 23. September

Im Zeichen
der Jungfrau

So kommen die Jungfraudame/der Jungfraumann am besten klar

Als Jungfrau gehören Sie zu den vielbeneideten Menschen, die für alles und jeden Interesse zeigen. Ihre Logik und Ihr messerscharfer Verstand sind sozusagen Legende. Außerdem haben Sie ein ganz besonderes Händchen für Finanzen und werden deshalb kaum Probleme damit haben, schon in jungen Jahren zu Wohlstand zu kommen. Kümmern Sie sich nicht darum, wenn andere behaupten, das läge nur an Ihrer übersteigerten Sparsamkeit und sogar an Ihrem Geiz. Sie wissen: Reichtum ist keine Sünde!

In der Liebe zeigt sich die Jungfrau häufig etwas spröde. Sie wissen zwar genau, was Sie wollen; aber dabei bleibt das Einfühlungsvermögen für andere – auch fürs andere Geschlecht – manchmal auf der Strecke. Bei Ihnen steht der Verstand oft über dem Gefühl, deshalb fällt es Ihnen schwer, sich einfach fallen zu lassen, einem anderen Menschen völlig zu vertrauen. Sie sehnen sich jedoch nach Liebe, nach einer Partnerschaft, in der Sie ohne Misstrauen ein gemeinsames Leben aufbauen können.

Natürlich ist ein gesundes Misstrauen in allen Lebenslagen angebracht. Schließlich sollen Sie nicht blauäugig-naiv auf jeden leichtlebigen Playboy oder jedes geldgierige Betthäschen hereinfallen. Aber keine Sorge! Jungfrauen können an sich arbeiten. Sie sind hochintelligent und machen keinen Fehler zweimal. Wenn Sie also vielleicht schon in frühester Jugend jemand auf Ihr allzu intellektuelles Verhalten hinweist, sind Sie durchaus in der Lage, sich zu ändern. Zwar werden Sie niemals überschwänglich und völlig ohne Arg auf andere Menschen zugehen, aber sie werden lernen, dass man nicht auf Offenheit hoffen darf, wenn man sich selbst nicht für neue Bekanntschaften und Freundschaften öffnet.

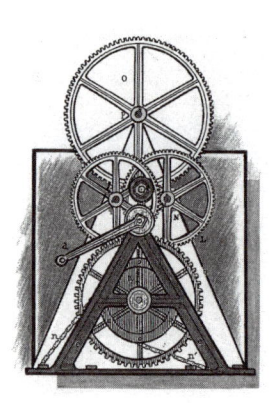

Die Jungfrau – ein Erdzeichen – besticht durch Logik und messerscharfen Verstand, auch wenn die unter diesem Zeichen Geborenen nicht ausschließlich in wissenschaftlichen Berufen Karriere machen.

Herz und Verstand

Wie jeder andere Mensch brauchen Herr und Frau Jungfrau den Kontakt zu anderen. Selbst wenn Ihr Hirn Alarmstufe Rot ausruft, wenn Sie gerade eben eine engere Bindung mit Ihrem Gegenüber eingehen wollen: Hören Sie auch einmal auf Ihr Herz. Haben Sie jedoch erst die Frau Ihres Herzens – oder Ihren Traumprinzen – gefunden, so sind Sie an Treue kaum zu überbieten. Selbst wenn sie kein leidenschaftlich-romantischer Liebhaber sind, sondern eher ein unterkühltes Wesen zeigen, im Flirten sind Sie ein wahrer Meister. Herr Jungfrau kann gut reden, ist dabei offen und ehrlich. Und so manche Frau zieht genau das an – vor allem, wenn sie bereits einige Enttäuschungen hinter sich hat.

Als Dame dieses Sternzeichens zögern Sie bei neuen Bekanntschaften zunächst. Sie haben es schwer, sich einfach so und immer wieder zu verlieben. Ihr Flirten wirkt oft sehr unterkühlt. Ihre Vorstellungen von dem Mann Ihres Lebens haben Sie genau im Kopf. Einen perfekten Partner gibt es jedoch nicht – Sie werden immer einen Kompromiss eingehen müssen.

Das Äußere

Jungfraugeborene kann man meist schon an ihrem Äußeren erkennen. Viele Jungfraumänner haben eine hohe, gut entwickelte Stirn. Ihre Figur ist schlank, teilweise mit hängenden Schultern. Sie wissen, was Sie wert sind und wie viel Verstand Sie haben. Ihre Miene verrät deshalb Selbstsicherheit, ohne dass Sie arrogant wirken. Sie fügen sich unauffällig in jede Gesellschaft ein, bekommen jedoch alles mit, was Sie interessiert. Sie mögen es durchaus, gelegentlich mal im Mittelpunkt zu stehen; doch Sie sind auch damit zufrieden, nur zu beobachten und genau hinzuhören. Als Jungfraumann sind Sie immer gepflegt. Oftmals tragen Sie einen Bart – der wuchert dann aber nicht wild im Gesicht, sondern ist gut gestutzt und ausrasiert. Ein ungepflegt aussehender Dreitagebart ist nichts für Sie, ebenso wie Machogesten Ihrem Charakter fern liegen.

Weibliche Jungfrauen sind meist attraktiv, aber sehr verschlossen. Man(n) kann Sie gewiss nicht auf den ersten Blick durchschauen. Ihr forschend-nüchterner Blick ist typisch für Sie, ebenso Ihre Höflichkeit und Zuverlässigkeit.

Das jugendlich-strahlende Aussehen, mit dem Sie den Männern den Kopf verdrehen, bleibt Ihnen lange erhalten. Denn Ihre Schönheit ist ein Produkt vor allem Ihrer inneren Haltung, und Ihre Erotik ist zwar kopfgeboren, bleibt aber nicht auf diese Körperregion beschränkt. Sie sind immer schick, aber niemals zu auffällig gekleidet. Auf Partys spielen Jungfrauen nicht unbedingt die Hauptrolle. Sie hören gerne bei Gesprächen zu – nicht, weil Sie ordinäre Neugier zeigen, sondern weil Sie Ihr Wissen erweitern wollen.

Die wissbegierige Jungfrau

Die 12 positivsten Eigenschaften, die Jungfrauen nachgesagt werden.

Jungfrauen sind
strebsam
selbstsicher
ideenreich
willensstark
tolerant
warmherzig
sparsam
kommunikativ
einfühlsam
uneigennützig
pflichtbewusst
hilfsbereit

Als Jungfraumann sind Sie ein eher nüchterner, vielseitig interessierter Mensch. Ihre Ehrlichkeit zeichnet Sie aus. Ihre offene Kritik lässt Sie respekteinflößend wirken. Sie erkennen die Schwächen anderer sofort, können Ihre Meinung darüber nicht zurückhalten und wirken dann hin und wieder fast beleidigend. Sie halten mit Ihrer Ansicht eben nicht hinterm Berg; das macht Sie manchmal einsam. Kritik an Ihrer eigenen Person stecken Sie nicht einfach weg. Sie haben schon daran zu knabbern, wenn man Ihnen mit Vorwürfen kommt. Sind diese jedoch berechtigt, so antworten Sie logisch und versuchen, Ihr Gegenüber vom Gegenteil zu überzeugen.

Weibliche Jungfrauen gelten als sehr anpassungsfähige Wesen mit viel Geist. Ihr Wissensdurst könnte manchmal als Neugier ausgelegt werden – wären Sie nicht so bescheiden und würden Sie nicht das Vertrauen Ihrer Mitmenschen in fast allen Bereichen des Lebens genießen. Im Grunde sind Sie schüchtern, zurückhaltend und fühlen sich oft allein gelassen. Allerdings gilt dies nur im Privatleben. Im Beruf haben Sie bei Ihrer besonderen Leistungsfähigkeit keine Zeit, über so etwas überhaupt nachzugrübeln.

Ordnung ist für Sie eines der obersten Lebensprinzipien, und das wird man in Ihrer Wohnung oder Ihrem Haus schnell merken: Die Wohnung einer Jungfrau ist sehr überlegt eingerichtet. Sie verbringen viel Zeit damit, Möbel auszusuchen und zu kaufen.

Ihre Ordnungsliebe und Sparsamkeit kann Ihren Partner, aber auch Familie und Bekannte manchmal ganz schön nerven. In Ruhe nach dem Essen am Tisch sitzen zu bleiben, nicht sofort das Geschirr abzuräumen, sondern mit Freunden beim Gespräch zusammen zu sitzen – das schafft kaum eine Jungfrau.

Ihr Alltagsleben spielt sich meist in geregelten Bahnen ab. Wehe, wenn der althergebrachte und bewährte Ablauf einmal gestört wird. Ihre (über)große Vorliebe für Ordnung und Pünktlichkeit kann zu Pedanterie ausarten. Das zeigt sich auch in Ihrer Arbeit. Stets streben Sie nach Perfektion. Alles muss rationell und methodisch vor sich gehen. Ihre Überzeugung, dass gute Organisation die halbe Miete ist und somit zum Erfolg führen muss, lässt sich auf Ihr ganzes Leben übertragen.

Jungfrauen neigen manchmal dazu, anderen ihre eigenen Überzeugungen aufdrücken zu wollen. Aber selbst wenn Ihnen als Jungfrau mal was total gegen den Strich geht: Versuchen Sie lieber nicht mit Verboten oder gar fanatisch-missionarischem Eifer zu überzeugen, sondern durch Ihr Vorbild.

Zur Lebensfreude gehört selbstverständlich nicht nur die Arbeit, sondern auch Hobbys. Jungfrauen haben ein Faible für die Natur – Gartenarbeit könnte also eines Ihrer Steckenpferde sein. Ihnen liegt es, unter freiem Himmel zu werkeln und zu wirken. Besonders Damen dieses Sternzeichens haben häufig eine gute Hand für Pflanzen und Blumen. Ihr „grüner Daumen" lässt Topfpflanzen selbst in ungeeigneten Wohnlagen gedeihen. Außerdem sind Sie sehr interessiert an Literatur und Musik. So manche Jungfrau macht als Laienschauspieler in einer Theatergruppe Furore. Da können Sie nämlich zumindest einen Teil Ihrer Gefühle ohne Anspannung verarbeiten.

Zum Sport fühlen sich Jungfrauen nur in der Jugend hingezogen. Später dann werden sie meist faul. Dabei wäre gerade das wichtig für Sie: Sie sollten mit Eifer gesunde Fitness anstreben.

Jungfrauen sind in Bezug auf Gesundheitspflege besonders eitel. Sie sind bestrebt, stets und überall vollkommen zu sein. Ihr Körper und dessen Fitness gehören da einfach dazu. In der Astromedizin entsprechen dem Sternzeichen Jungfrau Darm, Galle und Leber. Jegliches Anzeichen einer Krankheit in dieser Körperregion werden Sie deshalb besonders kritisch und ängstlich unter die Lupe nehmen. Ständiges Grübeln und Suche nach Symptomen jedoch führt auf Dauer zu eingebildeten Krankheiten. Jungfrauen neigen dazu, beim kleinsten Zipperlein sofort zur bestens gefüllten Hausapotheke zu greifen. Finden Sie da nicht die rechte Arznei, wird sofort der Hausarzt alarmiert. Ihre Devise: Vorbeugen ist besser als heilen. Und so werden Sie lieber einmal zu oft den Notarzt rufen.

Die 12 negativsten Eigenschaften, die Jungfrauen nachgesagt werden.

Jungfrauen sind
rechthaberisch
eingebildet
pedantisch
wankelmütig
taktlos
unausgeglichen
aufdringlich
geizig
herzlos
arrogant
herrschsüchtig
egoistisch

Typisch Jungfrau

Welche Jungfrau sind Sie?

Astrologisch sind natürlich nicht alle Jungfrauen gleich: Neben dem „Sonnenzeichen" – also dem Sternbild, in dem bei Geburt der „Planet" Sonne stand – ist der Aszendent von entscheidender Bedeutung. Er ist oft nicht mit dem Sonnenzeichen identisch, wirkt sich jedoch auf den Charakter eines Menschen – besonders in dessen zweiter Lebenshälfte – ebenfalls stark aus. Die Sonne – so sagten die Astrologen der Antike – ist himmlisch, der Mond gefühlsbetont, der Aszendent weltlich. Im Anhang finden Sie Tabellen, mit denen Sie Ihren Aszendenten leicht bestimmen können. Und so wird Ihre Jungfraupersönlichkeit beeinflusst:

Aszendent Widder lässt Sie voll Leidenschaft und Ungeduld auf Ihre Ziele losgehen. Das steht im krassen Gegensatz zu Ihrer Vernunft – und deshalb sind Sie innerlich manchmal hin- und hergerissen.

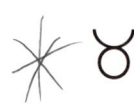

Aszendent Stier macht's möglich, dass Sie als sonst eher sparsame Jungfrau hin und wieder Spaß am Genießen entdecken. Sie sind nicht mehr überkritisch, sondern lassen auch die Ansichten anderer gelten.

Aszendent Zwillinge lässt Sie Höchstleistungen vollbringen. Sie stehen ständig unter Strom – das tut Ihrer Gesundheit nicht gut. Sie gelten als liebens- und begehrenswert, haben aber wenig Neigung zu einer festen Bindung.

Aszendent Krebs macht Sie häuslich. Ihr Tatendrang ist ungebrochen, tobt sich aber eher in den (eigenen) vier Wänden aus. Sie sind sehr begabt, trotzdem neigen Sie dazu, Ihre eigene Person gering zu schätzen.

Aszendent Löwe gibt Ihnen Selbstsicherheit bis hin zu überheblichem Verhalten. Ihre Hilfsbereitschaft kann in Berechnung umschlagen. Dennoch sind Sie großzügig und in Ihrem Freundeskreis beliebt.

Aszendent Jungfrau verstärkt Ihre sowieso schon vorhandenen Eigenschaften – gute wie schlechte. Oft wirken Sie ein wenig voreingenommen; diese Charakterschwäche überwinden Sie aber schnell.

♎ **Aszendent Waage** lässt Sie zu einem kunstsinnigen, sensiblen Menschen werden, dem es allerdings etwas an Tatkraft mangelt. Sie erreichen Ihre Ziele erst spät, häufig nicht vor dem 40. Lebensjahr.

♏ **Aszendent Skorpion** ist manchmal die Ursache, dass Ihre Intelligenz in Zynismus umschlägt. Eiskalt kämpfen Sie um Ihren Erfolg. Nur die Liebe mildert diesen Charakterzug.

♐ **Aszendent Schütze** macht Sie zu einem wahren Temperamentsbündel. Sie sind gerne unterwegs und großzügiger als andere Jungfrauen – fast ein bisschen leichtsinnig – auch in der Liebe, deshalb bleiben Sie oft Single.

♑ **Aszendent Steinbock** lässt Ihren Jungfrauehrgeiz voll zum Ausbruch kommen. Dennoch gehen Sie nicht „über Leichen". Sie leisten viel und wollen dafür den entsprechenden Lohn.

♒ **Aszendent Wassermann** lässt Sie übersprudeln vor Temperament. Sie haben eine Begabung, manche Dinge vorauszuahnen. Das ist im Job und in der Liebe nicht nur ganz schön praktisch, sondern auch aufregend.

♓ **Aszendent Fische** sorgt dafür, dass Ihre handwerkliche Begabung bestens zur Geltung kommt. Was Ihnen an Durchsetzungskraft fehlt, ersetzen Sie durch Arbeitseifer. Ihre Harmoniesucht steht Ihnen dabei allerdings manchmal im Wege.

Was sonst noch zur Jungfrau gehört

Jahrtausende der Astrologie haben gezeigt, dass jedes Sternzeichen nicht nur „seinen" Planetenregenten hat, sondern dass man den einzelnen Tierkreiszeichen eine ganze Reihe von Dingen zuordnen kann. Ob das Farben, Pflanzen oder Mineralien sind, die Ihnen als Jungfrau besonders liegen. Gewiss erkennen Sie sich in so manchem wieder:

◆ Das Element der Jungfrau ist die Erde, und das merkt man Ihrem Charakter manchmal an: Sie sind nicht unbedacht, gehen alles nur dann an, wenn sie sich ausreichend informiert und alle Unwägbarkeiten ausgeschaltet haben. Sie bewegen sich also stets auf dem „Erd"boden der Tatsachen.

◆ Ihre Farben sind eher dunkel und erdverbunden. Sie mögen Blau und Braun, aber auch Orange und eventuell Gelb. Hauptsache, es sind klare Farben, keine Mischtöne. Sie widersprechen damit dem Himmelsspektrum, den vielartigen

Blautönen, aber auch den unscharfen Konturen des Abendrots.

- Die Pflanzen der Jungfrau sind Kastanie, Myrte, Ginster und Fenchel, Ihre Blumen Lavendel und Gänseblümchen. Jungfrauen mit Balkon können zwar nicht unbedingt einen Kastanienbaum pflanzen, aber Ginster, Lavendel und Gänseblümchen kann man auch auf dem Großstadtbalkon selbst ziehen. Genauso wie eine Gewürzpflanze, die man Ihnen als Jungfrau zuordnet: Petersilie ist eine typische Pflanze Ihres Sternzeichens.

- Ihre Glückssteine sind Amethyst, Bernstein und Karneol, auch Topas, Jaspis oder Nephrit. Alles keine Edelsteine, die Ihren Partner ein Vermögen kosten, falls er oder sie Ihnen Schmuck schenken möchte. Auch als Jungfraumann kann man zum Beispiel Amethyst oder Topas gut tragen – vielleicht in einem schlicht gefassten Ring im Karbouchonschliff. Als typisches Jungfraumetall gilt übrigens Messing – kein Edelmetall und auch für Schmuck kaum zu verwenden. Aber vielleicht haben Sie in Ihrer Wohnung den einen oder anderen kunsthandwerklichen Gegenstand aus Messing stehen.
  Sie sind sicher, dass Edelsteine Heilkraft besitzen? Dann trägt die Jungfrau Jade für Vitalität und Gesundheit. Der Azurit hilft gegen die allzu große Nüchternheit Ihres Sternzeichens, der Hämatit ist gut gegen Enttäuschungen und der Karneol für eine regelmäßige Verdauung. Sie wissen ja: Jungfrauen sind anfällig im Bereich von Darm, Galle und Leber.

- Als Accessoires trägt Herr Jungfrau gerne Krawatten in blauen Farbnuancen mit kleinem Muster. Jungfraudamen wählen passend zu ihrer Kleidung Kleinigkeiten aus, die genau das Tüpfelchen aufs „i" sind. So sind beide im Aussehen immer perfekt – wenn auch nicht unbedingt pfiffig oder originell. Ihr Motto lautet: Weniger ist mehr. Das gilt natürlich auch für Schmuck. Keine Jungfrau wird überladen mit Schmuck oder Accessoires öffentlich in Erscheinung treten.

Die Jungfrau und die Liebe

So liebt der Jungfraumann

An einem Jungfraumann schätzt eine Frau vor allem, dass er eine äußerst gepflegte Erscheinung ist. Er benimmt sich stets korrekt, ist gut gekleidet und ganz gewiss kein Schlamper, der sich gehen lässt. Dazu kommt, dass Jungfraumänner als sehr praktisch gelten. Sie sind handwerklich begabt und sich auch nicht zu schade, in Haus und Heim selbst anzupacken. Ihre Hilfsbereitschaft ist bemerkenswert. Sie sind aufrichtig und kritisch. Auch ihrer Partnerin gegenüber: Wer keine Kritik einstecken kann, ist bei einer Jungfrau fehl am Platze. Dennoch ist sie auch fair – und zwar bis zum dicken Ende. Frauen, die einen Jungfraumann ausnutzen wollen, ihn bis aufs letzte Hemd ausziehen möchten, werden – zumindest in seiner Jugend – damit vielleicht Erfolg haben. Denn keine Jungfrau kann sich vorstellen, dass jemand so falsches Spiel mit ihr treibt. Doch keine Sorge: Alle Jungfrauen lernen aus ihren Fehlern – und begehen kaum einen ein zweites Mal. Sie stellen gerade in einer Liebesbeziehung hohe Ansprüche. Deshalb finden sie nur schwer eine Partnerin. Sie warten lieber ab, prüfen kritisch – und nicht nur einmal. Da kann's einem Jungfraumann schon passieren, dass die Dame seines Herzens mittlerweile nicht mehr auf ihn wartet, wenn er sich denn endlich für sie entschieden hat.

Jungfraumänner kann man mit wenigen Grundprinzipien beeindrucken. Der Jungfraumann schätzt Wahrheit, Pünktlichkeit und Sparsamkeit. Die Frau seines Herzens muss diese drei Tugenden wenigstens im Ansatz vorweisen können. Schlampige Kleidung ist ihm ein Gräuel. Punk-Look kommt bei ihm nicht an. Auf „Verstand unterm Pony" legt er großen Wert, ein geistloses Dummchen wäre sicher keine Ehepartnerin für Herrn Jungfrau.

Kein Jungfraumann wird von einem Bettchen ins nächste hüpfen. Dafür ist er einfach nicht der Typ. Er flirtet zwar gerne, aber es bleibt zunächst beim Augenkontakt, beim (harmlosen!) Wortgeplänkel. Jungfrauen warten, bis die richtige Frau für sie kommt. Das kann manchmal dauern, aber lieber prüft er ewiglich, als dass er sich kopfüber in eine Beziehung oder gar Ehe stürzt. Mit Romantik weiß er sowieso nichts anzufangen. Viel lieber ist's ihm, eine Frau überzeugt ihn mit Geist und durch ihr

Der Jungfraumann wird sich niemals gehen lassen, sondern sich auch beim Liebeswerben stets korrekt verhalten und seinen anspruchsvollen Geschmack beweisen.

Handeln. Statt mit ausgefallenen Ideen um seine Angebetete zu werben, wird er eher stillschweigend ihr Auto reparieren oder die Wohnung neu tapezieren. Bei seiner Partnerin sucht der Jungfraumann zwar wie jeder Mensch Liebe und Geborgenheit, aber eher aus praktischen denn aus romantischen Erwägungen heraus. Wie viele Ehen wurden schon auf rosaroten Wolken geschlossen und endeten unsanft im grauen Alltag!

Mit einem Jungfraumann wird das so gut wie nie passieren. Er erwartet Ehrlichkeit und Offenheit in einer Beziehung. Mit weniger wird er sich nicht zufrieden geben. Mit viel Geduld lockt man ihn aus der Reserve und wird feststellen: Wenn er seine große Liebe gefunden hat, wird er alles für sie tun. Selbst wenn die Flamme seiner Liebe nicht hell auflodert, wird seine Liebste sich an ihr stetig und zuverlässig über Jahre wärmen können.

Probleme und Sorgen sieht er als geistige Herausforderung an. Er versucht alles verstandesmäßig zu lösen. Heikel wird das immer dann, wenn es um Gefühlsprobleme geht. Wer das nicht mitmachen will, muss die Konsequenzen ziehen.

Wenn eine Frau ihn dann verlässt, wird's für immer sein: Trennungen auf Probe gibt's bei ihm nicht. Er findet: Was vorbei ist, lässt sich auch nicht mehr kitten.

So liebt die Jungfraudame

Die weibliche Jungfrau ist in vielem ihrem männlichen Sternzeichenpartner sehr ähnlich. Männer schätzen ihre Gutherzigkeit und ihre Vertrauenswürdigkeit. Sie ist eine starke und entschlossene Frau, die bestens auf sich selbst aufpassen kann. Dabei wirkt sie überhaupt nicht maskulin: Jungfrauen vertreten ihre Meinung auf eine sehr feminine Art und Weise. Auch das macht sie so besonders anziehend für jeden Mann.

Jungfrauen lassen sich von Sauberkeit und Ordnung beeindrucken. Ein schlampiger Mann hat bei ihr keinerlei Chance. Sie legt großen Wert auf gepflegtes Äußeres, auf gute Manieren und eine ansehnliche Kleidung. Wichtigster Punkt auch bei ihr: die Pünktlichkeit. Keine Jungfraudame wird auch nur zehn Minuten bei einer Verabredung auf ihn warten. Charme versprühende Playboys sind ihr ein Gräuel – sie bevorzugt solide „Hausmannskost". Jeder Mann sollte ihr gegenüber eher unter- als übertreiben. Man muss sie nicht auf Rosen betten; sie würde nur nach dem Sinn fragen (und ihn nicht finden). Romantik liegt ihr nicht – sie ist für handfestere Genüsse; eine Vorstellung im

Eine Jungfraudame wird zu einer Verabredung niemals zu spät kommen. Sie erwartet diese Korrektheit natürlich auch von ihrem Partner.

Theater, ein Konzertbesuch und ein gutes Buch können sie schon eher sinnlich stimmen.

Jede Jungfrau stellt sich im Traum den Partner fürs Leben vor. Sie will natürlich ihren Prinzen finden, den idealen Mann. Sie weiß aber auch, dass der sicher noch nicht geboren ist. So ist sie kompromissbereit. Eine Jungfrau sucht nach der wahren Liebe. Sie geht jedoch mit Verstand auf die Suche und betrachtet die ganze Angelegenheit sehr leidenschaftslos. Genau wägt sie die Vor- und Nachteile einer Beziehung mit einem bestimmten Herrn ab. Und wenn die positiven Seiten überwiegen, wird sie ihn zu überzeugen versuchen. Klingt unromantisch – ist aber aller Erfahrung nach haltbarer als eine Beziehung, die nach der ersten Verliebtheit in eine Ehe mündet. Jungfrauen finden: Wenn alles andere stimmt, wird die Liebe schon nachkommen.

Wenn die Jungfrau den Mann ihrer Träume nicht so ganz gefunden hat und in ihrer Ehe einen Kompromiss eingegangen ist, wird sie versuchen, ihren Mann zu ihrem Ideal umzuerziehen. Dabei kommt ihr ihre diplomatische Begabung zugute.

Probleme geht die Jungfrau logisch und bedacht an. Mit Verstand und Sinn für Gerechtigkeit gibt es immer eine Lösung, meint sie. Sie schiebt kein Problem vor sich her. Lieber geht sie gleich in die Vollen und stürzt sich kopfüber auch in einen Riesenkrach – mit der Option, dass alles schnell ausgestanden ist.

Selten gibt eine Jungfrau zu, im Unrecht zu sein. Sie verteidigt sich und ihr vermeintliches Recht mit allen Mitteln. Meist schafft sie's, sich durchzusetzen. Kaum ein Mann kann ihr Paroli bieten. Wenn sie ihren Kopf gar nicht durchsetzen kann und ihr die Auseinandersetzungen zu viel werden, kann es sein, dass sie sich zurückzieht und erst einmal schmollt. Ein geschickter Partner weiß dann, was zu tun ist: Umschmeichelt man die Jungfrau ein wenig, wird sie sich wieder freundlich zeigen.

Eifersucht kennt auch eine weibliche Jungfrau nicht. Sie setzt stets Treue voraus. Das gehört für sie zu einer Beziehung. Sie könnte es wahrscheinlich nicht fassen, wenn ihr Partner fremdginge: So etwas passiert anderen, aber doch nicht ihr! Wenn's aber doch geschieht und sie erkennen muss, dass ihre Traumehe eben doch nicht so vollkommen ist, kann es durchaus sein, dass sie selbst für eine Trennung sorgt. Sie wird nicht lange um einen Mann kämpfen. Selbstzweifel kennt sie kaum. Wer sie nicht so nimmt, wie sie ist, soll's eben bleiben lassen. Sie weiß: Sie kommt im Leben sehr gut allein zurecht …

Jungfrau

Die Jungfrau im Beruf und Geschäftsleben

Wenn eine Jungfrau zur Schule geht ...

... steht ihr ihre altkluge Wesensart manchmal im Wege. Welcher Lehrer lässt sich schon gern korrigieren; noch dazu, wenn die kleine Jungfrau dabei einen Gesichtsausdruck hat, der zu erkennen gibt, dass sie den ganzen Berufsstand eigentlich für überflüssig hält. Aber was kann die Jungfrau denn dafür, dass sie das Wort „Commerzbank" eher schreiben konnte als „Mama" und „Papa"? Wo doch das gelbe Logo genau dem Kinderzimmer gegenüber an dem stattlichen Gebäude prangt und schon das Vorschulkind gereizt hat, statt Mama und Papa lieber das Bankgebäude abzumalen.

In der Schule werden Jungfrauen – oft zu Unrecht – als Streber verflüstert. Das liegt daran, dass sie sich am meisten über ihre eigenen Schusselfehler ärgern, die sie gemacht haben, obwohl sie es besser wussten. Hat der Lehrer ihnen im Diktat etwas angestrichen, fallen sie selbst wegen eines fehlenden Kommas ins Koma. Das ist vielleicht etwas übertrieben dargestellt, umreißt aber einen Wesenszug der Jungfrauen, der sich mit der Dauer der Schulzeit immer mehr zu einem unschätzbaren Vorteil entwickelt: Sie lernen schneller aus ihren eigenen Fehlern als aus vorgegebenen Lehrsätzen. Wenn sich Fehler schon nicht vermeiden lassen, dann sollen es wenigstens immer neue, interessante sein.

Die Jungfrau und ihr Job

Jungfrauen erreichen ihre Ziele unter anderem auch dadurch, dass sie selbstkritisch sind. Sie streben im Beruf keine Machtpositionen an. Natürlich wollen sie auf der Karriereleiter nach oben klettern, natürlich wollen sie nicht ihr Leben als kleiner Angestellter verbringen. Aber sie wollen nicht unbedingt an die höchste Position aufsteigen. Eine Jungfrau kann mit ideellen Werten nichts anfangen. Sie muss die Ergebnisse ihres Schaffens vor sich sehen, alles muss greifbar vorhanden sein.

Als Chef ist eine Jungfrau immer korrekt. Sie erwartet von ihren Untergebenen fehlerlose Arbeit, genau dasselbe also, was sie selbst leistet. Kommt eine Jungfrau zu Ruhm und Erfolg, wird sie ihr Team daran teilhaben lassen. Niemals wird sie die Lorbeeren für sich alleine einheimsen, sondern mit allen beteiligten Kollegen teilen. Fairness gehört zu den großen Stärken einer Jungfrau. Intrigen sind ihr völlig fremd, und zwar nicht nur im Berufsleben.

Niemand gesteht gerne eigene Fehler ein – ganz besonders eine Jungfrau nicht. Das hindert sie aber nicht daran, andere zu kritisieren, bei anderen manchmal auch lautstark auf Mängel und Fehler hinzuweisen. Ein wenig Diplomatie täte gut – und dazu ist die Jungfrau durchaus in der Lage. Das ist eine der Methoden, die sicher zum Erfolg führen. Konstruktive Kritik, vielleicht sogar in lobende Worte verpackt, wird Kollegen und Untergebene eher zu Höchstleistungen anspornen als dauerndes Mäkeln. Daran sollten Jungfrauchefs denken!

Berufe mit Karrierechancen

Mit ihrem Intellekt und ihrem Fleiß kann die Jungfrau fast jeden Beruf ausüben, den sie möchte. Durch ihre Freundlichkeit und ihr Mitgefühl eignet sie sich gut für Aufgaben im pflegenden und sozialen Bereich. Ihre praktische Begabung macht sie geeignet für die Ausbildung und Erziehung bei Behinderten.

Jungfrauen lieben eher geistige als körperliche Arbeit. Sie brauchen Abwechslung – eine monotone Tätigkeit ist absolut nichts für sie. Mit ihrem analytischen Verstand könnte man sie sich gut als Spezialisten für statistische Arbeiten, als Techniker oder Ingenieur vorstellen. Jungfrauen reagieren nicht sehr emotional. Deshalb kommen sie im Bereich der Justiz und Justizverwaltung bestens zurecht. Ob als Staatsanwalt, als Richter oder als Rechtsanwalt mit eigener Kanzlei – eine Jungfrau wird stets sachlich arbeiten.

Ebenfalls erstrebenswert sind alle Berufe, die mit der Verwaltung von Geldern zu tun haben: Banker, Broker, Devisenhändler, alles am Finanzmarkt und in der Finanzplanung. Auch beim Erstellen von Einsparungsplänen sollte so manche Regierung in Kommune, Land und Bund darauf bedacht sein mit dem betreffenden Projekt eine Jungfrau zu betrauen; ihr rechnerisches Kalkül wird sicher für das bestmögliche Ergebnis sorgen.

Naturwissenschaftliche Berufe liegen jeder Jungfrau besonders gut. Das kann Mathematik ebenso sein wie Chemie und Physik, wie Biologie und Medizin mit allen artverwandten Berufen. Durch ihre Genauigkeit ist sie auch bestens für das Verarbeiten von Informationen, etwa im Softwarebereich, geeignet. Auch in geisteswissenschaftlichen Berufen sind Jungfrauen gut aufgehoben. Sie neigen zwar nicht zu philosophischen Höhenflügen, aber was ihnen an Fantasie und Kreativität fehlt, ersetzen sie durch Systematik.

Was ihnen gar nicht liegt sind Berufe, in denen sie mit Kunden umgehen müssen. Jungfrauen können zwar auf Menschen zugehen, neigen aber dazu, sich mit ihrem Wissen und ihrem Verstand zu „produzieren". Das fällt bei ihren Mitmenschen meist nicht auf fruchtbaren Boden.

Die Jungfrau im Arbeitsalltag

Jungfrauen stehen stets zwischen zwei Polen: ihrem Temperament und der ihnen angeborenen Fähigkeit zur genauen Überlegung. Einerseits können sie sich schwarz ärgern über Dummheit und Unordnung, andererseits sind sie aber sehr freundliche Menschen. Einerseits regt nichts sie so auf wie Unpünktlichkeit, andererseits wissen sie: Sind andere unpünktlich, wirken sie selbst mit ihrer Überpünktlichkeit positiv auf Vorgesetzte.

Nachteilig kann sich der Hang fast jeder Jungfrau zu Haarspaltereien auswirken. Ihre Genauigkeit wird dann zur Pedanterie. Ordnung geht ihr eben über alles – jedes Chaos ist eine echte Herausforderung. Das Tolle: Jungfrauen schaffen es meist, selbst größte Katastrophen wieder ins Lot zu bringen …

Die Finanzen der Jungfrau

Ihre Sparsamkeit kann fast zu Geiz ausarten, wenn sie wissen, was sie anstreben. Bausparvertrag, Geldanlage, Zinsertrag. Man kann sicher sein: Hat jemand mit 30 schon ein eigenes Haus, eine eigene Wohnung, dazu noch Sparvertrag und Barvermögen, wird's sicher eine Jungfrau sein. Jungfrauen sind die Systematiker unter den Geldanlegern. Unbeirrt von den Werbekampagnen der Banken und den Tipps windiger Anlageberater sichern sie sich zunächst eine gehörige Liquiditätsreserve, legen dann in europäischen Blue Chips an und versorgen sich beizeiten mit Immobilienvermögen. Erst in einem Alter, da andere schon vorsichtig werden, investieren sie in interessante Nebenmärkte und lassen sich mit Futures ein, weil kalkuliertes Risiko einfach zu einer systematischen Vermögensanlage dazugehört.

Die Jungfrau in Urlaub und Freizeit

Urlaubsorte, Ferienziele

Wird der Haupturlaub geplant, kommen für die Jungfrau vor allem Griechenland und die Türkei als Ferienziel in Frage. Dabei schlägt man zwei Fliegen mit einer Klappe: Entspannen ist hier genauso möglich wie ein bisschen Bildung zu schnuppern. Jungfrauen sind wissbegierig und bleiben ihr ganzes Leben lang neugierig auf andere Kulturen. Auch die Schweiz ist für Jungfrauen übrigens interessant als Ferienziel. Für die heißgeliebten Kurzreisen kommen vor allem Städtetouren in Betracht. Paris steht ebenso auf dem Programm wie Heidelberg, Prag, Basel oder Kairo.

Sport

Man kann nicht direkt sagen, dass Jungfrauen faul sind. In jungen Jahren können sie sich durchaus zu sportlichen Aktivitäten aufraffen. Da sind sogar Wettkämpfe drin, und so manche Jungfrau verdient sich ihre Lorbeeren in der Arena bei Leichtathletik – und mitunter sogar bei Kampfsportarten. Je älter die Jungfrau allerdings wird, um so mehr verliert sich ihr Streben nach körperlichen Höchstleistungen im Sport. Herr Jungfrau und sein weibliches Gegenstück lassen's lieber langsam angehen: ein bisschen Schwimmen im Sommer, ein wenig Schnorcheln im Urlaub.

Hobby

Ihr Steckenpferd werden die meisten Jungfrauen meist auf dem intellektuellen Sektor suchen. Sie sind Verstandesmenschen, und sie werden ihren Spaß an logischen und intellektuellen Vergnügungen niemals verleugnen können. Den „Trend zum Zweitbuch" kennt keine Jungfrau – eher legt sie sich schon eine ganze Bibliothek zu. Vielleicht nicht immer die anspruchsvollste Lektüre, aber ganz gewiss auch keine Groschenromane. Zweites großes Hobby vieler Jungfrauen ist die Musik: Sie bevorzugen Klassik, stehen aber auch der so genannten Unterhaltungsmusik nicht ablehnend gegenüber. Konzert- und Theaterbesuche oder literarische Zirkel und Lesungen runden das Ganze ab.

Nicht vergessen darf man, dass viele Jungfrauen sich mit Hingabe der Gartenarbeit und ihren Pflanzen widmen.

Familienleben

Einen vergammelten Haushalt bei einer Jungfrau? Das ist einfach nicht vorstellbar! Sie wird – auch wenn sie ein Mann ist – ihren Haushalt ordentlich und pedantisch führen und gewiss alles straff durchorganisiert haben. Ordnung ist für die Jungfrau nämlich nicht nur das halbe, sondern wirklich das ganze Leben. Schmutz oder herumliegende Sachen werden sofort entfernt. Das wirkt sich natürlich aufs Familienleben aus. Denn dass solch ein Saubermann/frau-Verhalten auch ganz schön nerven kann, leuchtet wohl ebenfalls jedem ein, der kein Jungfraugeborener ist.

Als Vater ist die Jungfrau ebenfalls sehr gewissenhaft. Sie handelt stets verantwortungsbewusst und benimmt sich ihren Kindern gegenüber tadellos, verlangt aber auch von ihren Sprösslingen, dass sie beste Manieren an den Tag legen. Disziplin ist wichtig und wird stets eingehalten.

Jungfraumütter sehen das Ganze zwar vielleicht nicht ganz so eng, sind aber trotzdem streng, allerdings auch gerecht: Sie erziehen ihre Kinder liebevoll, aber mit Schliff.

Kulinarisches

Jungfrauen können nicht sehr viel anfangen mit einem siebengängigen Menü, einem Festessen mit allem Drum und Dran, mit Fasan, Filet und Champagner. So etwas lockt sie nicht. Jungfrauen leben und essen sehr gesund. Schmackhaftes Gemüse und appetitlich angerichtete Salate sind eher nach ihrem Gusto. Fleisch muss nicht unbedingt sein und wenn, dann nur in kleinen Portionen. Ein riesiges, blutiges T-Bone-Steak wird sich kaum eine Jungfrau auf ihrem Teller wünschen.

Stets achten Jungfrauen auf ein genaues Maß aller Zutaten. Zu viele Beilagen wie Nudeln, Kartoffeln, Reis kommen nicht auf den Tisch, und ebenso ausgewogen werden Fett, Kohlenhydrate, Eiweiß und Vitamine serviert. So manche Jungfrau ist ein regelrechter Gesundheitsfanatiker, deshalb kommen auch keine exotisch-scharfen Gewürze an die Speisen. Lieber hebt man den

Eigengeschmack der Gerichte hervor, würzt also nur mild und vor allem kaum mit Salz, eher mit Kräutern. Die meisten Jungfrauen haben keinen rechten Spaß am Kochen und Essen. Eine schön gedeckte Tafel halten sie für Luxus.

Garderobe

Jungfrauen achten sehr auf ihre Kleidung. Natürlich sind sie immer sauber und ordentlich. Ungepflegt würde eine Jungfrau – und das gilt für Männlein und Weiblein gleichermaßen – niemals herumlaufen – in der Öffentlichkeit ebenso wenig wie zu Hause im stillen Kämmerlein.

Jungfrauen lieben unaufdringlich modische Kleidung in gedeckten Farben. Dunkelblau, Grau, Schwarz oder Braun finden sie für sich ideal. Herr Jungfrau und seine Sternzeichenpartnerin erscheinen meist klassisch schick. Um ihr gepflegtes Aussehen und nicht zuletzt ihre Reinlichkeit zu unterstreichen, kommt bei ihrer Kleidung oft auch die Farbe Weiß in Frage.

Düfte und Make-up

Spezielle ätherische Öle – nur ein paar Tropfen auf die Duftlampe – machen der Jungfrau manches im Leben leichter. Lavendel unterstützt ihre Präzision, Myrte gleicht ihren Charakter aus, Zitrone gibt Festigkeit, Zimt bringt ihr mehr Feuer und Leidenschaft und Bergamotte sorgt für Sonne in ihrem Gemüt. Iris unterstützt ihre schöpferische Kraft, Weihrauch löst all ihre Ängste auf. Und Jasmin baut jungfrautypisches Misstrauen leichter ab.

„Nur keine schwülstigen Düfte!" könnte die Jungfraudame in der Parfümerie ausrufen. Herb-frische Parfümkreationen sind eher ihre Sache. Ihre natürliche Ausstrahlung wird durch einen sportlichen und dezenten Duft unterstrichen. „Grün" mit dem Aroma von Gräsern und Wald belebt auch den Jungfraumann. Blumig-holzige Noten lassen sich für beide zu typischen Parfüms zusammenstellen.

Körperpflege und -hygiene gehen jeder Jungfrau über alles. Die tägliche Dusche (mindestens einmal!) ist eine Selbstverständlichkeit. Unter Jungfrauen gibt's kein Muffeln, kein Ungewaschensein. Und weil auch eine Jungfraudame immer gepflegt aussehen will, wird sie so gut wie nie aufs Make-up verzichten. Sie schminkt sich aber stets dezent. Und dabei behält sie immer im Hinterkopf: Gute Gesundheit ist das beste Make-up.

Sind Sie ein echter Jungfraumann?

	Ja	Nein
1. Kommen Sie in der Liebe schnell über eine Enttäuschung hinweg?	1	④
2. Stört Sie, bei aller Liebe, an Ihrer Partnerin immer noch eine Kleinigkeit?	3 ②	1
3. Machen Sie sich das Leben manchmal schwerer als nötig?	④	3
4. Sind Sie gesundheitlich immer stabil und auf der Höhe?	1 ③	4
5. Wenn Sie heiraten, soll Ihre Ehe dann halten, bis dass der Tod Sie scheidet?	3 ②	0
6. Können Sie sich immer richtig in Szene setzen?	1	③
7. Schaffen Sie es leicht, die Aufmerksamkeit anderer auf sich zu ziehen?	1 ②	3
8. Gehen Sie gerne sofort aufs Ganze?	0 ①	2
9. Ist Ihnen ein sehr ausgeprägtes Pflichtbewusstsein zu eigen?	④	2
10. Reizt Sie in bestimmten Situationen das Risiko?	①	2

Auswertung: ε 26

Bis zu 12 Punkte kann man Sie nicht als „typischen" Jungfraumann einordnen. Sie stehen viel zu gerne im Mittelpunkt! Ihre Tüchtigkeit ist zwar in aller Munde – aber Sie genießen es auch, dass alle Sie bewundern.

13 bis 24 Punkte zeigen, dass Sie zumindest teilweise ein echter Jungfraumann sind. Ihr Arbeitseifer, Ihr Fleiß und Ihre Bescheidenheit werden allgemein anerkannt. Untypisch ist nur, dass Sie sich so ungern in den eigenen vier Wänden aufhalten.

25 und mehr Punkte ist klar: Sie sind ein Jungfraumann bis auf den Grund! Ihre Gewissenhaftigkeit, Ihr Pflichtbewusstsein und Ihre Verlässlichkeit sowie Ihre Ordnungsliebe machen Sie zu einem typischen Vertreter dieses Sternzeichens.

Sind Sie eine echte Jungfraudame?

	Ja	Nein
1. Suchen Sie einen Ehemann, für den materielle Absicherung wichtig ist?	3	1
2. Setzen Sie „weibliche Listen" ein, um einen Mann zu umgarnen?	1	3
3. Streiten Sie sich gerne, und geben Sie ungern zu, dass Sie im Unrecht sind?	2	1
4. Sind Sie als ausgesprochen fleißig bekannt?	3	1
5. Ist Ihr Schreibtisch oder Ihr Arbeitsplatz immer pedantisch aufgeräumt?	4	0
6. Beurteilen Sie Freunde und Kollegen nach sehr strengen Maßstäben?	4	1
7. Glauben Sie, dass Sie sich in Ihren Traummann auf den ersten Blick verlieben werden?	2	4
8. Sind Sicherheit und Wohlstand für Sie lebenswichtig?	4	1
9. Haben Sie Angst vor der Zukunft?	1	0
10. Wenn Sie verliebt sind, schalten Sie Ihren Verstand dann aus?	2	4

Auswertung:

Bis zu 12 Punkte   Sie legen nicht sehr viel Wert auf Ordnung – im Gegenteil. Und deshalb können Sie keine „echte" Jungfrau sein. Denn Sie gehen nicht nur an die Liebe manchmal leichtsinnig heran. Überprüfen Sie in den Aszendententabellen, welches Sternzeichen Sie so beeinflusst.

13 bis 24 Punkte   deuten an, dass Sie eine ganze Menge von einer typischen Jungfrau haben: Fleiß, Ordnungssinn, Pflichtbewusstsein. Lediglich Ihr Durchsetzungsvermögen fällt ein bisschen sehr aus dem Rahmen …

25 und mehr Punkte   ist sonnenklar: Sie sind eine echte Jungfraudame! Ob Intelligenz, Strebsamkeit, Tüchtigkeit oder Ordnungsliebe – nichts fehlt. Ihr Streben nach Sicherheit und Wohlstand ist sehr ausgeprägt.

24. September – 23. Oktober

Im Zeichen
der Waage

So kommen die Waagefrau/ der Waagemann am besten klar

Sie gehören als Waage zu den vielbeneideten Menschen, die in ihrer Umgebung – im Freundes- und Bekanntenkreis ebenso wie im beruflichen Umfeld – für gute Stimmung sorgen. Von Problemen und Konflikten hören Sie nicht so gern, denen weichen Sie lieber aus. Ihre Liebenswürdigkeit lässt's einfach nicht zu, dass Sie mit Streit und Krach leben. Manchmal wirft man Ihnen vor, Sie seien geradezu süchtig nach Harmonie. Hören Sie nicht auf diese Neider.

Zum Beispiel in der Liebe: Waagemänner verstehen es, in ihrer liebenswürdigen, charmant-freundlichen Art jede Frau zu erobern. Sie könnten an jedem Finger zehn haben, wenn Sie wollten. Aber Sie wollen ja gar nicht – zumindest nicht gleichzeitig. Was die Damen an Ihnen schätzen ist vor allem Ihre Großzügigkeit. Und Ihre Fähigkeit zuzuhören: Sie werden immer das Gefühl vermitteln, die Geschichte, die Sie gerade hören, würde Sie brennend interessieren. Einem Waagemann darf man jedoch nicht zu impulsiv begegnen und ihn auf gar keinen Fall bedrängen. Das können Sie nicht leiden – auch deshalb, weil Sie niemals Ihre Angebetete zu etwas drängen würden, was sie nicht selbst wollte.

Das Lachen der Waagefrau und ihre Fröhlichkeit stecken fast jeden an. In Sachen Liebe können Sie total den Kopf verlieren: Nach Vernunft und Logik fragen Sie dann nicht mehr, Ihr sonst so klares Denken setzt aus. Sie sind verliebt und damit zu allen Verrücktheiten fähig. Genau das macht Sie so anziehend für viele Männer. Als Waagedame sind Sie ein gefragter Gast bei allen Festen. Ihr Witz macht Sie zu einer gesuchten Gesprächspartnerin. Natürlich sind Sie aber auch ernsten Gesprächen nicht abgeneigt – Sie fühlen sich in jeder Gesellschaft wohl. Sie wissen sich bei allen Gelegenheiten richtig zu benehmen und erwarten das auch von Ihrem Partner.

Unter dem Zeichen der Waage – einem Luftzeichen – Geborene gelten als äußerst harmoniebedürftig, doch es gehört schließlich nicht zu den schlechtesten Eigenschaften, lange zu wägen, bevor man handelt.

Das launische Wesen

So nett Sie als Waagemann sein können – Sie zeigen hin und wieder ganz andere Seiten. Sie können sehr launisch sein und sogar streitsüchtig. Ihre Eifersucht kennt manchmal kaum Grenzen, obwohl Sie sich's durchaus herausnehmen, anderen Mädchen nachzuschauen – und nicht selten sogar nachzusteigen. Ihr Grollen ist indes nicht von langer Dauer, und da Sie ein einsichtiger Mensch sind, suchen Sie bald wieder einen Ausgleich der gereizten Stimmungslage herzustellen.

Frau Waage gilt als heiteres und geselliges Wesen. Auch wenn Sie sich manchmal – ohne Rücksicht auf Ihre Mitwelt – Ihren Launen hingeben, gewinnen Sie doch schnell die Sympathien Ihrer Arbeitskollegen und Freunde. Sie können selbst Außenstehende so schnell für sich einnehmen, dass sie sich akzeptiert und einbezogen fühlen. Sie haben vielseitige Begabungen – vor allem aber sind Sie ein diplomatisches Genie. Manchmal wirken Sie ein wenig leichtfertig, denn in der Liebe gehen Sie mit sehr wachem Auge durch die Gegend. Selten lassen Sie eine Gelegenheit zum Flirt aus.

Das Äußere

Viele Waagen kann man an ihrem Äußeren und ihrer Ausstrahlung erkennen. Sie sind nicht nur in Geist und Charakter ausgleichend, sondern haben meist gleichmäßige Gesichtszüge, die ergänzt werden von einer guten, sportlichen Figur. Waagemänner wirken oft nicht betont maskulin, eher manchmal ein bisschen weich. Ihre fröhliche Ausstrahlung zeigt auf den ersten Blick: Sie sind ein freundlicher Mensch, der alle Sympathien gewinnen will.

Waagedamen zeichnen sich durch ebenmäßige, harmonische Gesichtszüge aus. An Ihnen fällt sofort das Lächeln auf – ein Lächeln, das nicht nur Ihre Mundwinkel umspielt, sondern Ihre Augen strahlen lässt. Ihre Figur ist wohlproportioniert, insgesamt aber gut durchtrainiert. Ihr graziöser Gang verrät natürliche Anmut. Oft sind Fotomodelle unter diesem Sternzeichen geboren. Ihr Aussehen ist Ihnen sehr wichtig und immer perfekt, Sie würden nie im Gammellook durch die Gegend laufen.

Beide Waagen stehen dem Leben und all seinen Fährnissen aufgeschlossen gegenüber. Sie sind sicher, dass man die meisten Probleme spielerisch lösen kann – wenn sie sich denn überhaupt als Problem erweisen. Konkret zu etwas Stellung zu beziehen ist allerdings Ihre Sache nicht: Sie wollen nämlich beliebt sein und geliebt werden. Deshalb setzen Sie sich nur ungern in die Nesseln, indem Sie bei Streitigkeiten Partei ergreifen. Sie versuchen lieber zu schlichten, beide Seiten zu verstehen und zu einem Kompromiss zu kommen. Wie durch ein Wunder gelingt es Ihnen oftmals, völlig gegensätzlich argumentierende Streithähne zu einigen.

Sie setzen viel daran, im Mittelpunkt zu stehen. Wenn Sie als Schlichter zu Ehren kommen, ist Ihnen das gerade recht: Haben Sie es dann doch geschafft, dass man auf Sie aufmerksam wurde. Sie sind kein temperamentvoller, dafür aber ein sehr empfindsamer Mensch. Auch deshalb ist Ihnen Streit zuwider. Aber Sie werden eine Auseinandersetzung nicht scheuen, wenn es die einzige Möglichkeit wäre, wieder in Ruhe gelassen zu werden. Sie werden dabei immer versuchen, eine eher friedliche Lösung zu finden – selbst wenn es Ihnen schwer fällt, konkrete Entscheidungen zu treffen.

Die schwankende Waage

Die 12 positivsten Eigenschaften, die Waagen nachgesagt werden.

Waagen sind
verständnisvoll
ausgleichend
elegant
liberal
warmherzig
feinfühlig
intelligent
charmant
hilfsbereit
humorvoll
gutmütig
liebenswert

Das Symbol der Waage bezeichnet Ihren Charakter und Ihr Wesen ziemlich genau: Sie schwanken ständig zwischen positiven und negativen Gefühlen und müssen diese in der Waagschale halten. Manchmal nimmt Sie das ganz schön mit; dann neigen Sie kurzzeitig ein wenig zu Depressionen. Doch die werden schnell wieder ausgeglichen: Bald danach hat Ihre Laune wieder den Höchstpunkt erreicht. Das ständige Wechselbad der Gefühle, auch Ihre „Pflicht", stets ausgleichend auf andere zu wirken, lässt Sie anderen sehr unentschlossen erscheinen. Sie wollen aber niemals gedrängt werden – genauso, wie Sie bei Ihren Mitmenschen geduldig auf eine Entscheidung warten, verlangen Sie für sich selbst auch genügend Zeit. Und das kann manchmal dauern …

Der Lebensstil einer Waage ist für einen Außenstehenden oft nicht zu verstehen. Werden Sie mit Problemen konfrontiert, ziehen Sie sich häufig zurück und warten ab. Sie lassen sich treiben, nichts interessiert Sie, Sie leben einfach in den Tag hinein. Kein Wunder, dass in Ihrer Wohnung Unordnung herrscht, dass Sie am Arbeitsplatz nicht gerade rauschende Erfolge feiern. Ihre Batterie ist einfach leer, denn Ihre Energiereserven sind nicht groß. Sie werden erst „auftanken", wenn eine Seite Ihrer ganz persönlichen Waagschale zu tief hängt. Wird der Druck von außen zu groß, raffen Sie sich plötzlich auf: Dann gelingt es Ihnen auf einen Schlag, energisch zu handeln. Sie denken nicht mehr lange nach, wägen nicht mehr stundenlang Für und Wider ab, sondern entscheiden fast automatisch.

Gesellschaftliches Leben ist für jede Waage wichtig. Waagemänner lieben es, auf Partys zu brillieren und dabei eine schöne Frau an ihrer Seite zu haben. Als Gastgeber sind Sie sehr zuvorkommend und freigebig. Sie veranstalten gerne Festlichkeiten. Alles wird genauestens geplant, alles muss seine Richtigkeit haben. Ihr Geschmack ist – wie der einer Waagefrau – immer kultiviert, Ihr Benehmen immer hervorragend und den Gegebenheiten angepasst. Als Waage schätzen Sie die Kunst, die schönen Dinge. Ihr Heim ist meist komfortabel ausgestattet – je mehr Luxus, umso besser fühlen Sie sich und umso glücklicher werden Sie sein. Je nach Gehalt oder Einkommen leisten sich manche Waagen einige Extravaganzen. Nichts davon wirkt jedoch aufdringlich. Sie vermischen im Wohnbereich geschickt Altes mit Neuem, Antikes mit Modernem. Ihr eleganter Geschmack und Ihr Sinn für Farben und Formen lassen auf diesem Gebiet keinen Fauxpas zu. Waagemenschen legen großen Wert auf Äußerlichkeiten. Nicht, weil sie oberflächliche Menschen sind, sondern weil sie all ihren Sinnen Schönes gönnen. Also wird's bei einer Waage immer optisch ansprechend zugehen – auch bei Tisch. In Ihrer Küche ist gewiss alles farblich aufeinander abgestimmt – und das gilt selbst für die Speisen, die Sie Ihrer Familie oder Ihren Gästen vorsetzen.

Um die „Waagschale im Gewicht zu halten", wären für Sie ausgleichende Sportarten angebracht. Selbst hier suchen Sie die Gesellschaft. Sie sind kein Einzelkämpfer, sondern sporteln gerne in der Gruppe.

Waagen wirken sehr gesund, ihr Teint ist oft dunkel, gebräunt. Doch Vorsicht: Die Gesundheit mancher Waage wird durch Kleinigkeiten angegriffen – auch psychische Belastungen spielen dabei eine große Rolle. In der Astromedizin werden Ihnen als Waage Nieren, Blase und Haut zugeordnet.

Als Hobby suchen Waagen sich meist ein Steckenpferd, das ihren geistigen Ansprüchen Genüge tut. Waagemänner sind meist große Bücherfreunde. Waagefrauen sind nicht nur Leseratten, sondern auch handwerklich nicht ungeschickt. Beim Schneidern Ihrer Garderobe können Sie dies Talent besonders gut unter Beweis stellen.

Die 12 negativsten Eigenschaften, die Waagen nachgesagt werden.

Waagen sind
launisch
nachgiebig
einfältig
überheblich
phlegmatisch
charakterlos
langweilig
hochnäsig
unberechenbar
kleinlich
verschlagen
vorlaut

Typisch Waage

Welche Waage sind Sie?

Astrologisch sind natürlich nicht alle Waagen gleich: Neben dem „Sonnenzeichen" – also dem Sternbild, in dem bei Geburt der „Planet" Sonne stand, ist der Aszendent von entscheidender Bedeutung. Er ist meist nicht mit dem Sonnenzeichen identisch, wirkt sich jedoch auf den Charakter eines Menschen – besonders in dessen zweiter Lebenshälfte – ebenfalls stark aus. Die Sonne – so sagten die Astrologen der Antike – ist himmlisch, der Mond gefühlsbetont, der Aszendent weltlich. Im Anhang finden Sie Tabellen, mit denen Sie Ihren Aszendenten leicht bestimmen können. Und so wird Ihre Waagepersönlichkeit beeinflusst:

Aszendent Widder verleiht Ihnen Widerstandskraft. Sie sind ein wenig renitenter als „normale" Waagen, und das führt zu manchem Widerspruch in Ihrem Wesen.

Aszendent Stier gibt Ihnen ein wenig von der Beharrlichkeit ab, die dieses Sternzeichen auszeichnet. Ihr Sinn für Schönes ist sehr ausgeprägt – da spielt die Venus ihre Kraft doppelt aus.

Aszendent Zwillinge lässt Sie überschäumen vor Tatendrang. Voller Lebenslust gehen Sie Ihre Aufgaben an und setzen Ihre Pläne in die Realität um. Ihr sagenhaftes Glück in der Liebe lässt Sie jedoch manchmal zur Untreue neigen.

Aszendent Krebs könnte Sie schwach und labil erscheinen lassen. Dazu kommen oft noch Launen und unbeherrschtes Verhalten. Ehrgeiz kennen Sie kaum. Aber dennoch sind Sie wegen Ihres Verständnisses für Mitmenschen beliebt.

Aszendent Löwe macht Sie zu einem ausgesprochen großzügigen Menschen. Sie haben viele Gönner, auch wenn Sie mit Ihrer herrischen Art zunächst manchen abschrecken. Sie erreichen höchste Ziele – beruflich und in der Liebe.

Aszendent Jungfrau sorgt für geregelte Finanzen und Ordnung in Ihrem Leben. Allerdings sind Sie manchmal ein wenig unentschlossen. Sie haben wenige, dafür aber sehr gute Freunde und entschließen sich erst spät nach reiflicher Überlegung zur Ehe.

Aszendent Waage verstärkt natürlich Ihre Sehnsucht nach Harmonie. Für jeden wollen Sie Gerechtigkeit erreichen, das lässt Sie oft unentschlossen wirken. Im Job erreichen Sie viel – aber Sie machen sich dabei ungern die Hände schmutzig.

Aszendent Skorpion macht Sie zu Temperaments-, ja Zornesausbrüchen geneigt – ganz waageuntypisch. Ihre Wahrheitsliebe lässt Sie manchmal beinahe beleidigend wirken.

Aszendent Schütze sorgt dafür, dass sie einen großen Freundeskreis um sich scharen. Ihr zuvorkommender Charme lässt Sie zahlreiche Förderer finden, die Ihren beruflichen Erfolg garantieren.

Aszendent Steinbock sorgt dafür, dass Sie mit dem nötigen Ernst an alle Probleme herangehen. Sie sind strebsam und schaffen sich oft schon in jungen Jahren ein großes Vermögen.

Aszendent Wassermann macht Sie besonders hilfsbereit und gütig. Trotzdem lassen Sie sich im Job nicht ausnützen, sondern setzen sich und Ihre Ideale durch.

Aszendent Fische hilft Ihnen dabei, dass Sie mit sich und Ihrer Umwelt in Harmonie und Frieden leben. Sie sind sehr redegewandt und haben tolle Ideen.

Was sonst noch zur Waage gehört

Jahrtausende der Astrologie haben gezeigt, dass jedes Sternzeichen nicht nur „seinen" Planetenregenten hat, sondern dass man den einzelnen Tierkreiszeichen eine ganze Reihe von Dingen zuordnen kann. Ob das Farben, Pflanzen oder Mineralien sind, die Ihnen als Jungfrau besonders liegen. Gewiss erkennen Sie sich in so manchem wieder:

- Der Waage ist als Element die Luft zugeordnet. Scheinbar schwerelos füllt sie den Raum, unfähig, die beiden Waagschalen in die eine oder andere Richtung zu lenken – nur dem Ausgleich wird „Gewicht verliehen". Dem leichtesten der vier klassischen Elemente entspricht

- die Farbe Blau mit all ihren Schattierungen: strahlendes Himmelblau ebenso wie Türkis oder Dunkelblau. Hauptsache, das Blau wirkt klar und nicht verwässert oder fahl. Auch Grüntöne und Kupfer und sogar Karmin kommen in der Farbpalette der Waage vor.

- Die Pflanzen der Waage sind Goldrute, Erdbeeren, Bananen, Pflaumen und Spargel. An zarten Blumen schätzen Sie das schlichte Gänseblümchen, strahlende Astern und gelbe Dotterblumen von der Wiese. Sauerampfer gegen Hautverunreini-

Waage

gungen und Feigenwurz, das die Blutgerinnung hemmt, sind die klassischen Heilkräuter, die mit der Waage in Verbindung gebracht werden. Esche und Zypresse gelten als typische Waagebäume, die wie Mandel- und Feigenbaum zugleich dem – ebenfalls von der Venus beherrschten – Stier zugeordnet werden.

◆ Ihre Glückssteine sind Rosenquarz, Achat, Aquamarin, Jaspis, Peridot, Saphir. Wer seine/n Liebste/n also mit Schmuck beschenken will, findet reiche Auswahl beim Juwelier …
Sie glauben an die Heilkraft der Edelsteine? Dann sollten Sie wissen, dass Rosenquarz gegen Kopfschmerzen und Augenermüdung wirkt. Achate sind seit alters her ein Schwangerschaftsschutz für Mutter und Kind, Aquamarin stärkt das Immunsystem. Jaspis hilft bei Verdauungsproblemen und der Saphir gleicht Ihr Nervenkostüm aus. Als typisches Waagemetall gilt das Kupfer.

◆ Zubehör und Accessoires wählt die Waage genau passend zur Kleidung aus. Alles muss harmonieren: Material und Farbe, Stil und gesellschaftlicher Anlass. Schmuck sollte nicht zu auffällig sein. Zwar legen Waagen durchaus Wert darauf, Gold und Juwelen zu tragen die wertvoll sind und am besten auch noch ein Zertifikat haben. Aber sie würden niemals in der Öffentlichkeit mit wertvollen Kleinodien angeben. Das Gleiche gilt für Accessoires: Qualität spielt sicher eine große Rolle. Waagen gehören aber nicht zu den Sternzeichen, die darauf bestehen, dass an gar nicht so diskreter Stelle das Markenzeichen oder Firmenlogo des Designers zu lesen ist. Für gute Ware gibt eine Waage auch mal viel Geld aus.

Die Waage und die Liebe

So liebt der Waagemann

Als Waagemann sind Sie ein geschätzter Partner für alle Gelegenheiten, bei denen es nicht gleich um die Dauer „bis dass der Tod euch scheidet" geht. Frauen schätzen Ihre Gutmütigkeit, Ihren friedlichen Charakter. Das Symbol Ihres Sternzeichens zeigt ziemlich genau an, wie Sie die Liebe handhaben: Sie schwanken von einer zur anderen, entscheiden sich höchst ungern für eine einzige Partnerin.

Genauso schwankt die Waagschale bei Ihren Gefühlen oft zwischen himmelhoch jauchzend und zu Tode betrübt. So mancher Waagemann stürzt sich deshalb schon in jungen Jahren in eine Ehe, vielleicht in der Hoffnung, er würde dort auf Dauer Frieden und Harmonie finden. Leider geht das oft schief – und so ist eine Scheidung gewissermaßen vorprogrammiert. Läuft ein Waagemann in etwas reiferem Alter im Hafen der Ehe ein – vielleicht zum zweiten- oder gar dritten Mal – so kann man sicher sein: Zahlreiche Affären sind der Hochzeit vorausgegangen, er hat sich wirklich ausgetobt. Umso eher wird eine Beziehung halten, die er in reiferem Alter eingeht.

Der Waagemann ist ein sehr liebevoller Partner. Er kann sich gar nicht vorstellen, dass seine Ehefrau oder Partnerin fremdgehen könnte. Er betet seine Auserwählte an, versucht mit allen Mitteln, sie zu verwöhnen. Kleine Geschenke ohne bestimmten Anlass gehören genauso zu seinem Repertoire wie spontane Fahrten ins Blaue, aber auch die überraschende Erfüllung langersehnter Wünsche, die er seiner Partnerin im wahrsten Sinne des Wortes von den Augen abgelesen hat. Er wird seine Geliebte auf Händen tragen – deshalb ist ihm völlig unverständlich, wie sie nur auf den Gedanken an einen anderen Mann verfallen könnte. Sie dagegen muss ihm eine gewisse Freiheit zugestehen – nicht für andere Frauen. Er muss nur das Gefühl haben, er hätte seine Freiheit nicht vollends verloren …

Waagen können sich gut in andere Menschen hineinversetzen, deren Gefühle manchmal fast erraten und damit auch gut umgehen. Sie werden jeder Frau das Gefühl vermitteln, sie seien nur für sie da, würden nur ihr zuhören. Für den Moment stimmt das ja auch. Herr Waage bemerkt sofort, wenn seine Partnerin

Der Waagemann hat es schwer, sich für eine Frau zu entscheiden. Oft schwankt er lange, und manchen Irrtum muss er sich im Laufe des Lebens auch in Liebesdingen eingestehen.

beim Friseur war, wenn sie von einem Einkaufsbummel ein neues Kleid mitbringt. Selbst Kleinigkeiten fallen ihm auf – und jede Frau, die solche Aufmerksamkeit von ihren bisherigen Partnern nicht gewohnt war, wird sich darüber freuen. Auch darüber, dass er ein so gepflegter Mann ist. Ungepflegte Menschen oder schlechtes Benehmen kann Herr Waage selbst nicht ausstehen. Und so wird er immer darum bemüht sein, selbst eine ordentliche Erscheinung zu bieten. Gute Kinderstube, gepflegte Manieren sind ihm eine Selbstverständlichkeit. Er erwartet dies deshalb auch von seiner Partnerin und von allen Menschen, die mit ihm befreundet sein wollen. Selbstverständlich wird er bei ungebührlichem Benehmen keinen Krach heraufbeschwören oder sich peinlich lautstark in der Öffentlichkeit darüber äußern. Er wird sich diskret zurückhalten, aber seine Konsequenzen ziehen … Diplomatie und Takt sind nämlich nur zwei weitere der zahlreichen positiven Charaktereigenschaften der Waage.

Einem Waagemann fällt es schwer, deutlich „nein" zu sagen. Selbst wenn er im Innersten schon eine negative Entscheidung gefällt hat – z.B. bei Beendigung einer Beziehung –, zeigt sich seine Unentschlossenheit. Übrigens auch bei Frau Waage. Beide sprechen nicht über alles, beide würden lieber sang- und klanglos verschwinden als sich hart auseinander zu setzen. Ihre Begründung: Dem Partner sollen Sorgen und Quälerei erspart bleiben, seine Gefühle sollen nicht verletzt werden.

So liebt die Waagefrau

Die Waagefrau wirkt selten introvertiert; sie geht mit ihrem freundlichen Wesen offen auf andere Menschen zu. Selbst wenn sie in ihrem tiefsten Inneren Unsicherheit verspürt, wird sie's mit Charme und Esprit überspielen. So fühlt sie sich fast überall wohl. Sie weiß sich stets zu benehmen, unkultiviertes Betragen ist ihr fremd. Waagefrauen sind fast die geselligsten aller Sternzeichen. Dabei sind sie in keiner Weise besitzergreifend: Jeder kann – so finden sie – nach seiner Fasson selig werden. Sie respektieren das Recht eines jeden Einzelnen auf Privatleben. Einen Mann anbinden, in die Ehe locken und dann umziehen? Das käme für Frau Waage niemals in Frage!

Auch Waagedamen flirten gerne, und auch sie haben keinerlei Hemmungen dabei, mehr als einen einzigen Partner zu becircen. Besonders, wenn der Planeteneinfluss der Venus sehr stark ist; das Urbild der antiken Liebesgöttin war ja für seinen lockeren

Ist der Venuseinfluss sehr stark, kann die Waagefrau die Angelegenheiten des Herzens auch schon mal etwas lockerer nehmen; jedenfalls wird sie niemals versuchen, einen Partner fest an sich zu ketten.

Lebenswandel bekannt. Sie lieben es, wenn ihnen alle Aufmerksamkeit zufliegt, wenn sie im Mittelpunkt stehen. Im Gegensatz zu ihrem männlichen Sternzeichenpartner hat Frau Waage es aber nicht nötig, alle möglichen Herren „auszuprobieren", um endlich nach langer Suche den Richtigen zu finden. Sie strebt zwar ebenfalls eine Ehe an, zumindest eine feste und tiefe Beziehung, aber sie weiß: Man muss nicht in jedes Bettchen hüpfen, um den Traumpartner zu finden.

Waagedamen lassen sich zunächst ein bisschen von Äußerlichkeiten beeindrucken. Wenn ein Mann Geld hat, damit jedoch nicht angibt, sondern nur auf diskrete Weise zu verstehen gibt, dass die Summe auf dem Scheckformular, das er ihr überlässt, für ihn kein Diskussionsthema ist, zeigen sie mehr als nur bloßes Interesse. Frau Waage liebt modische Kleidung, sie kann sehr extravagant sein. Und da sie zudem noch sehr gesellig ist, braucht sie eine reichhaltige Garderobe. Nicht, dass sie sich aushalten lassen will. Aber wenn sie einen finanzkräftigen Sponsor findet, der ihr seine Liebe durch zahlreiche wertvolle Geschenke beweist, kommt ihr das sehr entgegen.

Hat sie Erfolg bei ihrer Suche nach „Mr. Right", so ist die Waage eine treue Partnerin. Das sollte jeder Mann wissen – denn auch Madame Waage wird's nicht lassen können, mit anderen zu flirten. Sie muss stets das Gefühl haben, sie könnte, wenn sie denn wollte, auch noch mal ausbrechen. Lässt man sie an der „langen Leine", so wird das niemals passieren.

Waagefrauen brauchen viel Abwechslung, sie sind oft geradezu ruhelos. Das legt sich zwar im Laufe der Jahre, aber bis dahin hat so mancher Waagepartner vielleicht schon seine Geduld verloren. Findet sie jedoch in einer festen Beziehung ihr Glück, so hat sie sehr moralische Ansichten über die Ehe. Sie glaubt fest an die Treue. Dabei ist sie großzügig: Da sie in der Partnerschaft eine gewisse Freiheit behalten will, gesteht sie das auch ihrem Partner zu. Deshalb wird sie ihn auch nie irgendeinem Verhör unterziehen, um ihn auszufragen.

Sie wird nicht gerade zur Furie, wenn sie ihrem Partner auf die Schliche kommt. Frau Waage ist sehr anpassungsfähig. Sie packt Probleme an, stellt sich ihnen, sucht aber nicht nach radikalen Lösungen. Meist wird sie versuchen, alles mit viel Diplomatie zu lösen und zu Kompromissen zu gelangen. Hier ähnelt sie wieder ihrem männlichen Pendant: Endgültige Entscheidungen schiebt sie lieber hinaus, sie fällt ungern ein spontanes und deshalb vielleicht vorschnelles Urteil.

Die Waage im Beruf und Geschäftsleben

Wenn eine Waage zur Schule geht …

… zeigt sich schon ein Manko, das Waagen ihr ganzes Leben lang begleiten wird und ihnen manchmal den Weg zum Erfolg verbauen kann: ihre Unentschlossenheit. Schon im Kindergarten gab es dafür erste Anzeichen, und während der Ausbildung und selbstverständlich später im Beruf wird sie Waagemenschen wiederholt zu schaffen machen.

Natürlich können schon die Eltern darauf hinwirken, dass eine kleine Waage etwas entschlossener wird im Leben. Wer sein Kind langsam, aber konsequent dazu erzieht, Problemen nicht auszuweichen, sie nicht aufzuschieben, sondern ihnen mutig zu begegnen, stellt der Waage die besten Weichen. Aufgaben, die man ihr stellt, dürfen zunächst keine sofortige Entscheidung erfordern. Nach und nach wird die Waage lernen, Initiativen zu übernehmen – und natürlich außerdem, für etwaige Fehler einzustehen.

Entscheidungen zu treffen, fällt schon einem Jugendlichen aus dem Sternzeichen Waage schwer. Eltern und Lehrer, später die Ausbilder sind gefordert, die Waage sehr feinfühlig an die das ganze Leben hindurch währende Aufgabe heranzuführen, nämlich Entscheidungen allein, auf eigene Faust zu treffen und sich dabei nicht auf andere zu verlassen. Erziehen Sie Ihre kleine Waage zur Eigenverantwortlichkeit. Im Lauf der Zeit wird sie lernen, dass es besser ist, selbst zu einem Entschluss zu kommen – und auch dabei zu bleiben – als zu warten, was die anderen wohl raten werden. Beim Waagekind beginnt die Qual der Wahl ja schon morgens nach dem Aufstehen: Welche Klamotten soll es anziehen? Lieber Turnschuhe einer Edelmarke oder doch Doc-Martens-Stiefel? Zieht es zuerst den rechten oder den linken an? Andere Sternzeichen können sich gar nicht vorstellen, mit wie vielen Entscheidungen eine Waage tagtäglich, Stunde um Stunde zu kämpfen hat …

Die Waage und ihr Job

Mit viel Einfühlungsvermögen ist die Waage jedoch ganz schön lernfähig. Das ist ihr natürlich später im Beruf von gewaltigem Nutzen. Die Berufswahl übrigens ist einer der wenigen Punkte, bei der die Eltern gar keinen Druck ausüben sollten. Sucht sich eine Waage nämlich unter Beeinflussung einen Job aus, und ist dies ein Beruf, der ihr nicht liegt, den sie nur den Eltern zuliebe gelernt hat, so wird sie ihr Leben lang unglücklich sein. Sie wird nämlich bei einem einmal gewählten Beruf eher unzufrieden ausharren, als den Schritt in eine neue, ungewisse Richtung zu wagen. Waagen sollten auf jeden Fall in einem Metier ihr Geld verdienen, das ihnen wirklich Freude macht. Nur dann werden sie erfolgreich sein. Krisensicherheit und Spitzengehalt sind dabei nicht unbedingt entscheidend: Spaß am Beruf und damit auch tiefe innere Befriedigung sind wichtiger.

Zusammen mit anderen – in Schule oder Ausbildung vielleicht bei Gruppenarbeiten, später im Beruf im Team – fällt es der Waage leichter, Verantwortung zu übernehmen. Diese Fähigkeit macht sie auch für Berufe im sozialen Bereich geeignet. Zwar ist sie künstlerisch veranlagt, aber nicht unbedingt kreativ. Ideen und Erfindungen muss ein anderer haben – die Waage wird ihm dann mit Rat und Tat zur Seite stehen, wird schon Existierendes verfeinern und verbessern. Und davon werden beide profitieren. Der Waage kann man ein gewisses Zielbewusstsein nicht völlig absprechen. Sie muss nur lernen, ihre Zielstrebigkeit einzusetzen und nicht durch langes Hin-und-Her-Überlegen zu verlieren, sich schon bei der Planung einer Aufgabe zu verzetteln.

Berufe mit Karrierechancen

Waagen sind gut geeignet, in einem Lehrberuf Erfüllung zu finden. Optimal ist auch eine Laufbahn als Beamter. Nicht, weil Waagen die Arbeit scheuen, sondern weil bei guter Leistung Laufbahn und Karriere fast automatisch gesichert sind. Kaum eine Waage ist besonders ehrgeizig. Da kann's dann schon von Vorteil sein, wenn Gehalt und Pension von vornherein gesichert sind – ebenso wie der Arbeitsplatz.

Viele Waagen sind in künstlerischen Berufen tätig. Selbst Berufe, die sich ganz konkret mit der Schönheit beschäftigen – etwa Friseur, Designer, auch Verkäufer(in) in einem Modehaus oder Kosmetikerin – sind waagegeeignet. Bedingt durch ihren guten Geschmack in Farben und Stoffen eignet sich so manche Waage für den Beruf des Innenarchitekten.

Waagen sind gute Verkäufer – unter einer Bedingung: Sie müssen sich mit dem Artikel identifizieren, den sie verkaufen sollen. Ihr Sinn für Gerechtigkeit und das Suchen nach einem Ausgleich zwischen Temperament und Überlegung lassen Waagen oft für Minderheiten und sozial Schlechtgestellte eintreten. Einen eigenen Standpunkt muss die Waage nicht unbedingt einnehmen – sie macht sich zum „Anwalt" anderer und sucht so nach einer für alle Seiten befriedigenden Lösung. So wird sie sich als Betriebsrat, in der Sozialarbeit oder als Rechtsanwalt erfolgreich für die Belange anderer einsetzen.

Die Waage im Arbeitsalltag

Mit Fairness in der Zusammenarbeit hat eine Waage absolut keine Schwierigkeiten. Intrigenspiele sind ihr fremd – zumindest so lange, bis sie die Konsequenzen eines Fehlers ertragen müsste. Wenn sie selbstständig mit einem Partner oder in einem Betrieb arbeitet, wird sie versuchen, die Konsequenzen aus eventuellen Fehlern auf andere abzuschieben. Das ist natürlich nicht gerade die feine Art. Aber lange wird ihr kein Kollege böse sein: Mit Charme wickelt die Waage auch Mitarbeiter um den Finger.

Als Chef ist die Waage nur dann wirklich gut, wenn sie gelernt hat, Entscheidungen nicht nur zu fällen, sondern unter Umständen auch gegen den Widerstand Untergebener durchzuziehen. Es fällt ihr schwer, einem Mitarbeiter eine harte personalpolitische Entscheidung – zum Beispiel seine Entlassung oder Versetzung – mitzuteilen. Solche unangenehmen Dinge muss ein anderer tun – etwa der Stellvertreter.

Die Finanzen der Waage

Waagen gehen sehr bewusst und behutsam mit Geld um, obwohl ihnen das Geldverdienen und Sparen relativ leicht fällt. Waagen scheuen aber das Risiko. Nichts Schlimmeres kann man ihnen antun, als sie vor die Alternative zweier gegensätzlicher Anlagestrategien zu stellen. Am liebsten halten sich Waagemenschen an das, was Usus ist. Frühzeitig schließen sie einen Bausparvertrag, eine Lebensversicherung ab, auch wenn damit keine optimalen Renditen erzielt werden. Bundesschatzbriefe stehen ganz oben auf der Prioritätenliste der Waagen.

Die Waage in Urlaub und Freizeit

Urlaubsorte, Ferienziele

Bevorzugte Urlaubsgebiete einer Waage sind Österreich, Holland, Deutschland und – China oder Japan. In Österreich wird jedoch nicht der höchste Alpengipfel gestürmt, sondern bestenfalls eine geruhsame Bergwanderung unternommen. China und Japan fallen etwas aus dem Rahmen. Aber die Geheimnisse des Reichs der Mitte und japanischer Kultur ziehen eine Waage fast magisch an. Als Städtereisen kommen Touren nach Wien, nach Kopenhagen oder Frankfurt am Main in Frage.

Sport

Sportliche Aktivitäten liegen einer Waage nicht unbedingt. Wenn's denn sein muss, wird sie sich eine ruhige Sportart suchen, eine Betätigung, bei der die Entspannung niemals zu kurz kommt. Wenn also wandern, dann sicher nicht im Verein und um ein Abzeichen zu „verdienen", sondern um die Natur in Ruhe zu genießen. Radelnde Waagen werden eher eine Tour an der deutschen Wein- oder Spargelstraße planen, als das Zeitfahren auf der Route der Tour de France nachzuahmen. Das gilt auch für Urlaubsaktivitäten: Lieber liegt eine Waage in der Sonne brutzelnd am Strand oder mit leichter Ferienlektüre im Liegestuhl am Pool als Surfen oder Segeln zu lernen.

Hobby

Das eigene Haus oder die eigene Wohnung sind die liebsten Steckenpferde einer Waage. Alles herzurichten und zu renovieren ist ihr lieber, als ein Haus neu zu kaufen und dort dann alles picobello vorzufinden. Vor allem die Planung der Inneneinrichtung ist ein echtes Waagehobby. Der Garten wird mit der gleichen Perfektion geplant; die Ausführung schwerer Arbeiten wie etwa das Anlegen der Beete und des Rasens jedoch überlässt sie dem Fachmann. Viele Waagen finden Altes und Antikes faszinierend. Und so macht Ihnen das Stöbern in Antiquitätengeschäften und Buchantiquariaten ganz besonders Spaß.

Waage

Familienleben

Waagen lieben ein harmonisches Zusammenleben. Die Angst vor Streit und Auseinandersetzung bestimmt ihr ganzes Leben, also natürlich auch den Bereich der Familie. Und gerade da ist ihnen Harmonie besonders wichtig. Waageeltern sind unter allen Sternzeichen fast die besten: Ihre Kinder werden sie mit der gleichen Rücksicht erziehen, die sie anderen gegenüber zeigen. Für sie sind die Sprösslinge nicht Menschen, die gefälligst zu tun haben, was man anordnet. Waageeltern befehlen nicht, sie erklären alles und versuchen zu überzeugen. Ihr Talent zum Schlichten und zum Kompromiss lehrt die Nachkömmlinge von klein auf, dass es im Leben nicht nur schwarz oder weiß gibt.

Waagen sind in ihrem Heim sehr ordentlich. Alles hat seinen Platz. Beim Frühstück gehört ein besonders fröhliches „Muntermacher-Geschirr" auf den Tisch; mittags kochen sie liebevoll. Abends versammeln sie die ganze Familie rund um den Tisch – geselliges Beisammensein gehört für eine Waage einfach zum Familienleben.

Als Partner/in sind sie nicht ganz einfach: Sie lehnen es ab, sich mit ihrem Lebensgefährten zu streiten. So manche Beziehung geht deshalb in die Brüche: Nicht jedes andere Sternzeichen kommt damit klar, dass Waagen ständig nach Frieden streben.

Kulinarisches

Essen und Trinken sind für die Waage nicht nur einfach lebensnotwendig, sondern eine vollkommene Abrundung des Lebens. Sie schlagen sich nicht einfach nur den Bauch voll, sondern zelebrieren jede Mahlzeit genauso als sei es ein besonderes Ereignis. Beim Dinner für zwei wird das ganze Ambiente stimmen. Oft sind Waagen erstklassige Köche. Sie kennen sich auch mit Getränken bestens aus: Nicht billiger Wein aus dem Karton wird serviert, sondern der genau zum Mahle passende Wein des idealen Jahrgangs. Dass der Aperitif und auch der Digestif von bester Qualität sind, ist wohl klar – da würde sich eine Waage niemals lumpen lassen.

Gerne probieren Waagen exotische Gerichte aus. Sie mögen's aber nicht allzu scharf. Auch hier gilt: Gewürze sollten ebenso ausgewogen sein wie die Speisen selbst. Einheitliche Nahrung, etwa nur Vegetarisches oder nur Fastfood, käme für eine Waage nicht in Frage.

Garderobe

In Sachen Kleidung trifft man bei Herrn und Frau Waage auf perfekte Stilsicherheit. Alle Farben passen selbstverständlich zusammen, der Schnitt ihrer Garderobe ist perfekt. Waagen kleiden sich elegant, manchmal auch sportlich. Auf gar keinen Fall machen sie irgendwelche Modegags mit. Sie müssen nicht durch Firlefanz auf sich aufmerksam machen. Die Farben der Waage sind außerdem so vielfältig, dass sowohl Waagemänner wie Waagefrauen sich eine sehr individuelle Garderobe zusammenstellen können: vom strahlenden Himmelblau über Türkis bis Dunkelblau, auch Grüntöne und Kupfer sowie Karmin kommen in der Palette der Waage vor.

Düfte und Make-up

Die Ausstrahlung einer Waage wird mit einem warmen Duft unterstützt. Eine Prise Orient schadet nicht, ebenso wenig ein süßliches Aroma. Zu verschiedenen Anlässen tragen Waagen auch verschiedene Düfte: von kostbar-elegant über moosig-holzig bis hin zu erotisierend. Meist bleiben Herr und Frau Waage aber in der Duftfamilie orientalisch-würzig-süß.

Die Waagefrau weiß perfekt mit Make-up umzugehen. Zu jedem Anlass wird sie passend geschminkt erscheinen – und ganz ohne Make-up sieht man sie so gut wie nie. Da Waagen oft einen dunklen Teint haben, muss sie gar nicht so sehr viel für ein gutes Aussehen tun. Blasse Haut mit Pickeln kennen sie kaum. Sie sehen meist gesund und gut aus. Beim morgendlichen Gang zum Brötchen holen legt die Waagefrau vielleicht noch kein Make-up auf. Aber spätestens am Frühstückstisch erscheint sie dezent geschminkt. Schließlich will sie sich doch keine Blöße geben.

Sind Sie ein echter Waagemann?

	Ja	Nein
1. Neigen Sie dazu, mehr zu versprechen, als Sie halten können?	4	2
2. Können Sie sich so richtig Hals über Kopf verlieben?	2	0
3. Gehen Sie allen Streitigkeiten gern aus dem Weg?	4	2
4. Finden Sie nicht auch, dass ein wenig Eifersucht der Liebe erst die rechte Würze gibt?	1	3
5. Legen Sie Wert darauf, eine gepflegte Erscheinung zu sein?	4	1
6. Kann man sich in allen Lebenslagen blind auf Sie verlassen?	0	3
7. Sind Sie ein wahrer Meister darin, Kompromisse auszuhandeln?	4	1
8. Finden Sie, dass man sich in einer Ehe gegenseitig viele Freiheiten gewähren sollte?	3	2
9. Fallen Ihnen stets gute Ausreden ein?	3	1
10. Sind Sie den meisten Menschen Ihrer Umgebung sympathisch?	2	1

Auswertung:

Bis zu 12 Punkte machen klar: Sie sind kein typischer Waagemann! Sie wirken fast eigenbrötlerisch und ecken mit Ihrem Eigensinn oft an. Schlagen Sie in der Aszendententabelle nach, welches Sternzeichen Sie so beeinflusst.

13 bis 24 Punkte machen Sie zu einem Mischtypen. Ihr Wesen, Ihre Harmoniesucht, Ihre Liebenswürdigkeit stammen sicher von der Waage. Nicht ins Bild passt Ihr Verhalten in der Liebe: Sie sind Ihrer Partnerin in unantastbarer Treue verbunden.

25 und mehr Punkte sind Sie durch und durch Waagemann. Ihr Talent: Sie gehen Problemen aus dem Weg und suchen lieber Kompromisse als Lösungen. In der Liebe entflammen Sie rasch – doch dieses Strohfeuer vergeht schnell wieder.

Sind Sie eine echte Waagefrau?

	Ja	Nein
1. Sind Sie ein echter Kumpeltyp?	2	4
2. Suchen Sie nach einem Partner, der Ihnen überlegen ist?	3	1
3. Stehen Sie – beruflich wie privat – gerne im Mittelpunkt?	3	0
4. Geben Sie viel Geld für Mode und Kosmetik, für Sonnenstudio und Schönheitssalon aus?	4	1
5. Haben Sie manchmal das Gefühl, Ihr Leben sei langweilig und Sie versäumten etwas?	2	0
6. Werden Sie von Männern regelmäßig übersehen?	1	3
7. Können Sie Kritik an Ihrer eigenen Person vertragen?	0	3
8. Erfüllen Sie Aufgaben sofort und kommen Sie all Ihren Pflichten nach?	3	4
9. Sind Sie sauer, wenn Sie etwas nicht sofort bekommen?	2	1
10. Haben Sie einen Sinn für Schönheit und Ästhetik?	4	1

Auswertung:

Bis zu 12 Punkte sind Sie ganz und gar nicht typisch für eine Waagefrau. Weibliche Listen liegen Ihnen nicht, Sie flirten ungern und Sie schmollen nie. Sie haben eher ein kumpelhaftes Verhältnis zu Männern. Die Aszendententabelle sagt Ihnen, welches Sternzeichen Sie beeinflusst.

13 bis 24 Punkte zeigen an, dass Sie gerne vor dem Spiegel stehen und sich selbst bewundern. Mode ist wichtig für Sie. Lediglich Ihre Treue zu Ihrem Partner ist etwas untypisch für eine Waagefrau.

25 und mehr Punkte machen deutlich: Sie sind eine echte Waagefrau! Arbeit und Pflichten sind Ihnen verhasst, Ihre Sucht, im Mittelpunkt stehen zu wollen, stört viele Ihrer Mitmenschen. Da Sie aber immer freundlich und sympathisch wirken, verzeiht man Ihnen so manches.

24. Oktober – 22. November

Im Zeichen
des Skorpions

So kommen die Skorpionfrau/ der Skorpionmann am besten klar

Als Skorpion sind Sie das leidenschaftlichste aller zwölf Sternzeichen. In Ihnen lodert ein Feuer, das man nach außen nicht immer gleich auf den ersten Blick erkennen kann, das aber dennoch hohe Flammen schlägt. Vor allem dann, wenn's mal nicht nach Ihren Wünschen geht. Vehement setzen Sie sich für Ihre Angelegenheiten ein und scheuen sich dabei nicht, mit rauen Methoden vorzugehen, um Ihre Ziele zu erreichen. Und Sie schaffen es meist.

Zum Beispiel in der Liebe: Skorpionmänner wirken auf Frauen besonders anziehend. Ihre Leidenschaft ist beinahe sprichwörtlich, und mit Ihrer Partnerin verstehen Sie sich hervorragend – zumindest sexuell. Ein wenig anders sieht es aus, wenn Sie nicht nur Sex genießen, sondern eine echte Beziehung eingehen wollen. Sie sind manchmal etwas herrschsüchtig, und wenn Sie dann auf eine Dame treffen, die das nicht akzeptieren mag, kann's schon zu Auseinandersetzungen kommen. Beim Flirt sind Sie kaum zu bremsen, und schon beim ersten kennen lernen beweisen Sie viel Charme. Sie sind einfühlsam und können sehr gut zuhören. Dabei sind Sie im Gespräch sehr offen. Nicht jede Frau schätzt diese Offenheit und Ihre manchmal etwas zynische Art.

Als Skorpionfrau sind Sie bei Männern heiß begehrt, weiß man doch um Ihre Leidenschaftlichkeit – vor allem in der Liebe. Ihr Opfer fangen Skorpionfrauen schnell ein. Sie sind charmant wie sonst keine. Aber Sie können einen Mann auch eiskalt wieder fallen lassen. Sie vertragen es zum Beispiel absolut nicht, wenn Ihnen jemand zu nahe tritt, wenn er zu sehr in Ihr Privatleben eindringen möchte. Ihre offene und ehrliche Art kann Ihrem männlichen Gegenüber ganz schön zu schaffen machen, weil Sie gar nicht merken, wie verletzend Sie sein können.

Der Skorpion ist ein Luftzeichen und gilt als das leidenschaftlichste im Tierkreis. Unter diesem Zeichen Geborene umwittert oft etwas Geheimnisvolles.

Reizbares Gemüt

Skorpione sind reizbare Menschen. Sie gelten als sehr nachtragend und widerspruchsvoll. Immer sind Sie bemüht, Ihre Individualität leidenschaftlich durchzusetzen. Sie sind ein streit- und angriffslustiger Zeitgenosse. Das hindert Sie aber nicht daran, im zwischenmenschlichen Bereich ausgesprochen einfühlsam zu sein. Sie neigen eben ein wenig zu Extremen. Skorpionmänner sind immer auf der Suche nach der Wahrheit, wollen allen Dingen auf den Grund gehen.

Skorpionfrauen gehen da nicht anders vor: Ihr Verhalten ist meist leidenschaftlich und impulsiv. Ihre selbstbewusste Art verschreckt so manchen Interessenten. Sie verraten zunächst keinerlei Gefühle, Ihr weicher Kern unter der harten Schale bleibt auf den ersten Blick verborgen. Sie sind eine willensstarke Frau; auf Ihre Umwelt wirken Sie manchmal eigenwillig, ja sogar eigenbrötlerisch. Sie lieben das Extreme und Überraschungen. Ihren Mitmenschen gegenüber verhalten Sie sich rücksichtsvoll, Sie sind sehr verlässlich und treu. Das hindert Sie aber leider nicht daran, außerdem ziemlich misstrauisch und eifersüchtig zu sein.

Das Äußere

Schon am Äußeren kann man einen Skorpionmann meist erkennen: Sie wirken sehr imposant. Buschige Augenbrauen lassen Sie oft ein wenig düster aussehen. Ihr Blick ist durchdringend, kann aber schnell in Gleichgültigkeit umschlagen. Ihr Gegenüber fühlt sich zunächst oft regelrecht fixiert. Man fühlt sich entweder sofort zu Ihnen hingezogen oder man wendet sich ab. Ein Zwischending gibt es kaum.

Skorpionfrauen sind ebenfalls auffallende Erscheinungen: Sie wirken sehr feminin und weiblich, wissen Ihre Reize einzusetzen. Man sieht Ihnen aber auch auf den ersten Blick an, dass Sie durch fast nichts zu erschüttern sind. Ihre Beweglichkeit – obwohl Sie oft etwas breitschultrig sind – wirkt anziehend. Ihr Gesicht ist selten schmal; meist haben Sie volle Wangen und ein ausgeprägtes Kinn. Ihr Blick ist sehr intensiv – Sie scheinen Ihrem Gegenüber bis auf den Grund seiner Seele zu schauen und wissen ihn auch sofort einzuordnen. Sie selbst hingegen sind beinahe undurchschaubar.

Skorpione haben ein angeborenes Faible für Kunst und Kultur. Ihre Wohnung ist zumeist traditionell und konservativ eingerichtet, aber nichtsdestotrotz mit viel Geschmack. Skorpionmänner mögen alte Möbel, mit nüchtern-eleganten Dingen können Sie nichts anfangen. Sie müssen sich in Ihrem Heim wohl fühlen, denn für Sie gilt das englische Motto: „My home is my castle!" Sie ziehen sich in die eigenen vier Wände zurück, wenn Sie mit Ihrer Umwelt Probleme haben.

Als Skorpionfrau haben Sie mit materiellen Werten wenig im Sinn. Sie sammeln selten Kunstgegenstände, sondern halten sich lieber an Gefühle. Das hindert Sie jedoch nicht daran, Ihr Heim sehr geschmackvoll einzurichten. Antikes spielt dabei eher eine Rolle als Einrichtungen von modernem Design.

Der ehrgeizige Skorpion

Im Beruf sind Skorpione ehrgeizig, scharfsinnig und – mitleidlos. Sie lassen sich durch nichts bestechen – weder durch Geld noch durch gute Worte oder durch Positionen. Ihre Beobachtungsgabe ist ausgeprägt; Sie kennen weder Hindernisse noch Grenzen, wenn Sie Ihre eigenen Ideen mit Entschlossenheit zum Durchbruch bringen wollen. Sie haben großes Geschick im Umgang mit schwierigen Menschen. Sie zeigen Talent dafür, Schwächen und Fehler anderer schnell zu erkennen. Ihre eigenen Schwächen sehen Sie allerdings nicht gern ins Licht der Öffentlichkeit gezerrt.

Die 12 positivsten Eigenschaften, die Skorpionen nachgesagt werden.

Skorpione sind
verlässlich
einfühlsam
selbstbewusst
gewandt
kontaktfreudig
verschwiegen
dynamisch
hilfsbereit
arbeitsam
intelligent
selbstlos
asketisch

Als Skorpionfrau sind Sie es gewohnt, sehr selbstständig zu arbeiten. Ihr überragender Verstand, Ihre Intelligenz und Ihr analytisches Denken machen Sie zu einer begehrten Mitarbeiterin in vielen Berufssparten. Sie haben viele gute Ideen und bringen diese auch in Ihre Arbeit ein – selbst wenn Sie (zunächst!) nur eine kleine Angestellte sind. Sie können in allen Situationen Ihre Ideen durchsetzen. In Ihrem beruflichen Fortkommen gereicht Ihnen das gewiss zu großem Vorteil. Sie wissen stets, was Sie wollen. Und Sie werden von Ihren Mitarbeitern keine Leistungen akzeptieren, die unter dem liegen, was Sie selbst zu leisten vermögen. Da Sie selbst sich voll und ganz einsetzen, kann das mit anderen, die ihren Beruf nicht so ernst nehmen, zu Problemen führen. Sie sind jedoch eine geborene Strategin und schaffen es, sich als Führungspersönlichkeit mit gerissenen Taktiken durchzusetzen.

Für leibliche Genüsse schwärmen Herr und Frau Skorpion gleichermaßen. Beim Essen sind Sie nicht gerade wählerisch, probieren aber gerne mal ausgefallene Spezialitäten. Aber Sie stehen ungern selbst in der Küche und brutzeln und braten. Bei Getränken bevorzugen Sie schlichte Drinks von guter Qualität. Basis eines Cocktails darf schon ein kräftiger Rum sein, zu dem dann Zitronensaft und Mandelsirup gemischt werden.

Auch Frau Skorpion mag außergewöhnliche Zubereitungen von sonst „normalen" Speisen. Kulinarische Finessen lieben Sie dann ganz besonders, wenn Sie andere mit Ihren leiblichen Vorlieben schocken können: Kandierte Riesenameisen aus Südamerika oder Lollys mit Insekten drin schmecken Ihnen vielleicht nicht, aber dafür „schmeckt" Ihnen die angeekelte Reaktion Ihrer Mitmenschen …

Skorpione haben eine Neigung zu allen möglichen Sportarten. Das Element Ihres Sternzeichens ist das Wasser, und naturgemäß fühlen Sie sich zu jeder Tätigkeit auf und im Wasser hingezogen: Segeln und Surfen liegen Ihnen ebenso wie Wasserski und Kanu oder Schwimmen und Tauchen.

Frau Skorpion verhält sich im Sport ganz ähnlich: „Harte" Sportarten schrecken Sie nicht ab. Sie wissen genau (wie übrigens auch Herr Skorpion!), dass Sie mit einer sportlichen Figur stets um Jahre jünger wirken … Im Großen und Ganzen ist der Skorpion mit guter Gesundheit gesegnet. In der Astromedizin ordnet man dem Skorpion die Geschlechtsorgane und das Steißbein zu. Diese Körperregionen machen Ihnen also eher Probleme als anderen Sternzeichen.

Frau Skorpion neigt zu Nervosität. Sie können sich nur schwer entspannen. Auch deshalb kann es zu Beschwerden im Unterleib kommen: Menstruationsbeschwerden, Entzündungen im Vaginalbereich, eventuell Zysten sind bei Skorpionfrauen häufig.

In der Freizeit beschäftigen sich Skorpionmänner gern mit Kunst in allen erdenklichen Formen. Von geheimnisvollen Dingen fühlen Sie sich magisch angezogen, ungelöste Rätsel fesseln Sie, für Okkultismus können Sie sich geradezu begeistern. Dazu gehört dann das Schmökern in alten Büchern, in die Sie sich weltvergessen vertiefen, um dazuzulernen. Auch Frau Skorpion ist sehr an Übersinnlichem und Esoterischem interessiert. Astrologie könnte eines Ihrer Hobbys werden, das Sie dann so gut ausüben, dass Sie damit fast Geld verdienen könnten. Auf jeden Fall aber werden Sie im Freundes- und Bekanntenkreis mit Leidenschaft die Sterne deuten.

Die 12 negativsten Eigenschaften, die Skorpionen nachgesagt werden.

Skorpione sind
heimtückisch
streitsüchtig
arrogant
großspurig
überheblich
rechthaberisch
unnahbar
arglistig
kalt
charakterlos
unehrlich
skrupellos

Typisch Skorpion

Welcher Skorpion sind Sie?

Astrologisch betrachtet sind natürlich nicht alle Skorpione gleich geartet: Neben dem „Sonnenzeichen" – also dem Sternbild, in dem bei Ihrer Geburt der „Planet" Sonne stand – ist der Aszendent von entscheidender Bedeutung, der meist nicht mit dem Sonnenzeichen identisch ist, der sich jedoch auf den Charakter eines Menschen – besonders in dessen zweiter Lebenshälfte – ebenfalls stark auswirkt. Im Anhang finden Sie Tabellen, mit denen Sie Ihren Aszendenten leicht bestimmen können. Und so wird Ihre Skorpionpersönlichkeit beeinflusst:

Aszendent Widder macht Sie kämpferisch. Wer nicht so will wie Sie, dem können Sie das Leben ganz schön schwer machen. Im Job wollen Sie stets ganz vorne sein. In der Liebe sind Sie trotz Lebenslust treu.

Aszendent Stier lässt Sie häuslich werden, dennoch sind Sie durchaus angriffslustig. Im Job wie in der Liebe sollte man sich Ihnen unterordnen. Ihre Eifersucht macht eine Beziehung manchmal schwierig.

Aszendent Zwillinge sorgt dafür, dass sich Ihre Kampflust in geistige Überlegenheit verwandelt. Sie wirken oft unentschlossen, dabei überlegen Sie nur, wie Sie im Job an die Spitze kommen.

Aszendent Krebs macht Ihnen klar, dass hin und wieder sogar ein Skorpion Zurückhaltung üben sollte. Das macht Sie sympathisch für Ihre Mitmenschen. Im Privatleben wie im Job spielen immer Ihre Gefühle mit.

Aszendent Löwe kann Sie unnahbar erscheinen lassen. Im Job scheuen Sie keine Konkurrenz – im Gegenteil. Sie setzen durchaus Ihre Ellenbogen ein. In der Liebe jedoch sind Sie sowohl leidenschaftlich wie zärtlich.

Aszendent Jungfrau verwandelt Ihre Angriffslust in Schlauheit. Sie wirken etwas unberechenbar, haben mitunter sogar revolutionäre Ansichten. In der Liebe zeigen Sie sich oft lange Zeit unentschlossen.

Aszendent Waage lässt Sie vor Charme und Esprit geradezu sprühen. Sie sind im Kollegenkreis sehr beliebt – weil kaum jemand ahnt, dass Sie sich stetig zur Spitze vorarbeiten wollen.

♏ **Aszendent Skorpion** verdoppelt Ihre Eigenschaften – gute wie schlechte. Ihre Angriffslust ist gefürchtet, Ihr Jähzorn manchmal extrem. Dennoch: Mit Ihrer Liebenswürdigkeit wickeln Sie alle um den Finger.

♐ **Aszendent Schütze** macht Sie zum Arbeitstier; mit Eifer und Einsatz erreichen Sie alle beruflichen Ziele. Trotzdem vergessen Sie die Entspannung nicht. Die Liebe gehört zu Ihren Hobbys – deswegen können Sie kaum treu sein.

♑ **Aszendent Steinbock** lässt Sie oft rücksichtslos und autoritär wirken. Sie gönnen sich kaum Ruhe. Die Liebe kommt dabei zu kurz – es sei denn, Sie finden einen ähnlich gearteten Partner.

♒ **Aszendent Wassermann** gibt Ihnen viel Hilfsbereitschaft und einen Hang zu sozialem Engagement. Sie sind sehr für die freie Entfaltung Ihrer Persönlichkeit, neigen jedoch zur Eifersucht.

♓ **Aszendent Fische** macht Sie redegewandt und sehr überzeugend in all Ihren Aussagen. Sie sind deshalb auch nicht so angriffslustig wie andere Skorpione. In der Liebe haben Sie Riesenchancen.

Was sonst noch zum Skorpion gehört

Jahrtausende der Astrologie haben gezeigt, dass jedes Sternzeichen nicht nur seinen Planetenregenten hat, sondern dass man den einzelnen Tierkreiszeichen eine ganze Reihe von Dingen zuordnen kann. Ob das Farben, Pflanzen oder Mineralien sind, die Ihnen als Skorpione ganz besonders liegen.

- Das Element des Skorpions ist das Wasser, und zwar – im Vergleich zu den anderen Wasserzeichen Krebs und Fische – das beständige Wasser. Emotionale Erschütterungen dringen rasch in Sie ein und arbeiten unter der Oberfläche langsam und beharrlich an Ihrem Charakter. Nach längerem Gären sprudelt und brodelt es dann in Ihnen und bricht vulkanisch aus Ihnen heraus.

- Ihre Farben sind fast alle kräftigen Rottöne: von Scharlach über Bordeaux bis hin zu Kastanie. Sie lieben starke Kontraste – in Ihrem Kleiderschrank wird man also gewiss keine zarten Pastelltöne vorfinden. Selbst Herr Skorpion mag es eher bunt; langweiliges Grau, das im Berufsleben häufig gefragt ist, peppt er durch rote Accessoires auf.

- Die Pflanzen des Skorpions sind Feldahorn, Farnkraut, Fliegenpilz, Kalmus, Thuja, Rettich, Eberesche und Fichte. Unter den Blumen sind ihm Chrysanthemen, Enzian, die Silberdistel und Heidekraut zugeordnet.

- Ihre Glückssteine sind Rubin, Granat, Karneol und auch der Aquamarin. Als typisches Skorpionmetall gelten Eisen und Stahl. Beide sind kaum geeignet für Geschmeide. Vielleicht tragen Sie aber stets einen Hufnagel aus Eisen als Glücksbringer bei sich. Oder Sie haben ein Hufeisen über Ihrer Haustür angebracht. Wer glaubt, dass Edelsteine Heilkräfte besitzen, weiß: Rubine symbolisieren Liebe und Leidenschaft und fördern sexuelle Energien; Granate helfen gegen Durchblutungsstörungen und regulieren den Kreislauf; Karneole fördern die Verdauung und Aquamarine sind gut fürs Lymphsystem und stärken das Immunsystem.

- Schmuck und Accessoires tragen Skorpionmann und -frau selten, oft sogar überhaupt nicht. Sie wissen beide: Gutes Aussehen und Ihre Persönlichkeit müssen nicht durch teuren (oder gar modischen!) Schmuck unterstrichen werden. Sie haben es nicht nötig, sich extra noch zu schmücken. Kleinigkeiten an Schmuck, wie auf jeden Fall den Ehering, werden jedoch Herr und Frau Skorpion immer tragen: schon um nach außen kundzutun, dass sie in festen Händen sind und keinen lockeren Flirt anstreben. Aber sonst gehen beide eher ungeschmückt und „en nature".

Der Skorpion und die Liebe

So liebt der Skorpionmann

Skorpionmänner sind wegen ihrer Leidenschaftlichkeit etwas ganz Besonderes – und das gilt selbstverständlich auch für die Liebe. Dieses Image hat jedoch seine Tücken: Für einen harmlosen Flirt – ohne Folgen – sind Sie nämlich kaum zu haben. Sie nehmen auch eine kleine Liebelei sehr ernst und stellen höchste Anforderung an Ihre Partnerin und an die Beziehung zu ihr.

Mit der Ihnen angeborenen Leidenschaft funkt es ja ziemlich oft. Schöne Frauen ziehen Herrn Skorpion magisch an. Wobei Schönheit für Sie nicht nur von Äußerlichkeiten definiert wird. Sie haben einen ganz besonderen Trick, das Herz selbst der schönsten und stolzesten Frau zu gewinnen: Sie halten sich nämlich bewusst zurück, wenn Sie eine Dame besonders anzieht. Und (fast) jede wird genau das an Ihnen reizvoll finden. Ihre Kühle und Unnahbarkeit bringt so manche Frau dazu, den ersten Schritt zu tun und zu glauben, Sie erobert zu haben – während Sie doch das Ganze perfekt eingefädelt haben ...

Es beeindruckt alle Skorpione zutiefst, wenn jemand genauso offen und ehrlich wie sie selbst seinen Weg geht. Als Partner sind Sie jedoch nicht einfach zu handhaben. Sie hören nur ungern auf die Ratschläge anderer – auf die Ihrer Lebensgefährtin ebenso wenig wie auf die von guten Freuden oder Familienmitgliedern. Das Zusammenleben mit Ihnen ist deshalb nicht immer leicht. Wer einen Skorpionmann zum Lebenspartner hat, merkt schnell, den Ton in der Beziehung gibt nur er an. Manchmal sind Sie so festgefahren in Ihren Ansichten, dass Ihre Frau oder Freundin keinerlei Chance hat, ihre eigene Meinung auch nur zu äußern. Sie stellen als Partner hohe Anforderungen, sind oft herrisch, fordernd und gebieterisch. Nicht jede verträgt das, nicht jede möchte sich einem so autoritären Partner unterordnen. Skorpione sind oft gefährdet von Seitensprüngen. Es fällt Ihnen eben schwer, Ihre Triebe zu unterdrücken oder wenigstens einzuschränken. Dabei neigen Sie außerdem stark zu Eifersucht: Was Sie sich herausnehmen – nämlich einen Flirt oder sogar eine heimliche Beziehung zu einer anderen –, darf Ihre Lebensgefährtin noch lange nicht.

Der Skorpionmann wird von seinen Leidenschaften heftig ergriffen. Schöne Frauen ziehen ihn magisch an, wobei sich Schönheit für ihn nicht über Äußerlichkeiten definiert.

Probleme jeglicher Art gehen Sie sofort an. Sie haben dabei meist keine Schwierigkeiten, genau auszudrücken, was Sie stört. Ihr scharfer Verstand und Ihre spontane Art zu handeln lassen Sie schnell und manchmal vielleicht zu überzogen reagieren. Sie gehen keinem Problem aus dem Weg – auch und gerade nicht in einer Partnerschaft.

Streiten kann man mit Ihnen nur schwer. Denn: Sie beharren auf Ihrem Standpunkt, komme was da wolle. Weil es Ihnen völlig gleichgültig ist, was andere über Sie denken, kann man Sie auch nicht mit dem Hinweis auf gutes Benehmen oder die Verhaltensweisen Ihrer Umwelt überzeugen. Sie legen zwar Wert auf ein perfektes Image im Freundeskreis – aber nicht so sehr, dass Sie von einer einmal gefassten Meinung leicht abrücken würden. Da lassen Sie es lieber auf einen handfesten Krach und vielleicht sogar auf eine Trennung ankommen.

Leicht fällt es Ihnen allerdings nicht, wenn sich Ihre Partnerin von Ihnen verabschiedet. Innerlich nimmt Sie das ganz schön mit. Nach außen hin jedoch erscheinen Sie cool und unbewegt. Nur wer Sie gut kennt, merkt: Ihre eisige Ruhe ist ein Schutzpanzer. Ihr Benehmen wird völlig korrekt sein, selbst wenn es Sie innerlich vor Wehmut und Trauer fast zerreißt. Selbstmitleid ist Ihnen völlig fremd – Sie werden also gewiss nicht darin versinken, sondern eher mit offenen Augen durch die Welt gehen und nach einer neuen Partnerin Ausschau halten.

So liebt die Skorpionfrau

Die Skorpionfrau geht ihren Weg ebenfalls unbeirrt mit viel Ausdauer und Konsequenz. Andere wollen das vielleicht auch, aber sie verausgaben sich dabei total. Sie haben es da leichter – vor allem natürlich in der Liebe. Sie setzen sich total für Ihre Gefühle ein und damit haben Sie in der Regel Erfolg. Wird Ihr Gefühl von jemandem geweckt, so setzen Sie sich für ihn ein, und zwar mit Geduld und Großzügigkeit. Dann sind Sie eine unerschütterliche Freundin, die ihr Wort hält und ihrem Partner durch dick und dünn beisteht – ohne Rücksicht auf Verluste.

Skorpionfrauen sind leidenschaftliche Menschen. Sie lassen sich jedoch nicht ohne Wenn und Aber in eine neue Liebe hineinfallen – im Gegenteil. Schon als junges Mädchen haben Sie nämlich gelernt, dass nicht alles Gold ist, was glänzt. Wenn Sie einen Mann treffen, werden Sie ihn abschätzen. Blender durchschauen Sie nach wenigen Augenblicken.

Skorpionfrauen durchschauen den Blender auf den ersten Blick. Ihre sprichwörtliche Leidenschaftlichkeit sucht sich stets ein äußerst anspruchsvolles Objekt ihrer Begierde.

Auf gar keinen Fall gehören Sie zu den naiven Geschöpfen, die einen Mann mit blinder Hingabe bewundern. Flirt liegt Ihnen nicht unbedingt.

Sie legen großen Wert auf Offenheit – schließlich sprechen Sie ebenso alles offen aus. Sie vertragen es jedoch nur schlecht, wenn sich die Offenheit anderer gegen Ihre Person richtet. Kritik ist ja gut und schön, aber bitte in Maßen – in sehr kleinen Maßen, wenn's geht! Doch insgeheim suchen Sie bei Ihrem Partner den Ehrgeiz und den Mut, Ihnen Paroli zu bieten …

Frau Skorpion gilt als sehr besitzergreifende Partnerin. Sie sind sehr eifersüchtig und oft ohne den geringsten Grund sehr misstrauisch. Jeder noch so kleine „Hinweis" auf eine Rivalin lässt Sie in Rage kommen. Sie werden nur dann versuchen, Ihre Herrschsucht zu unterdrücken, wenn Sie glauben, ein Mann sei es wirklich wert. Im anderen Falle wechseln Ihre Launen von tyrannisch und launisch über heftig und leidenschaftlich zu hingebungsvoller Liebe. Fade wird es mit Ihnen jedenfalls nie. Es kann nur sein, dass Ihr Liebster dieses Wechselbad der Gefühle irgendwann nicht mehr aushalten kann.

Probleme jedoch – diese feste Überzeugung haben Sie! – sind dazu da, um gelöst zu werden. Unbeirrt werden Sie Ihren Weg gehen. Der eigene Standpunkt erscheint Ihnen nämlich stets als der richtige. Sie werden beharrlich Ihre Meinung verteidigen – selbst dann, wenn sich die ganze Welt gegen Sie stellt. In Ihren Liebesbeziehungen brauchen Sie einfach Reibereien, hin und wieder eine kräftige Auseinandersetzung. Die Versöhnung danach wird um so leidenschaftlicher sein.

Oftmals werden Sie nur schwer damit fertig, einen so gebieterischen und unnachgiebigen Charakter zu haben. Das ist vor allem dann zu merken, wenn Sie wissen: Der letzte Krach war so schlimm, er wird sich kaum mehr einrenken lassen. Aber selbst wenn keinerlei Versöhnung in Aussicht steht, werden Sie stur bleiben und auf Ihrem Recht beharren. Kein Wunder, wenn es dann zur Trennung kommt. Dennoch: Nie und nimmer werden Sie Ihrem Liebsten zeigen, wie sehr Ihre Gefühle verletzt sind. Lieber verbrennen Sie innerlich an ungeweinten Tränen, als dass Sie sich anmerken lassen, wie sehr Sie unter der Situation leiden. Lieber lassen Sie Ihren Partner gehen – aber Sie haben noch lange daran zu knabbern. Denn im tiefsten Innern Ihrer Seele wissen Sie, dass Sie nicht gerade unschuldig am Scheitern der Beziehung waren. Aber Sie wissen auch: Der nächste Herr wartet bestimmt schon …

Der Skorpion im Beruf und Geschäftsleben

Wenn ein Skorpion zur Schule geht ...

... wird er seinen Lehrern nicht nur Freude machen. Zwar sind Skorpione äußerst lernbegierig und finden ihre größte Befriedigung darin, einer anscheinend geheimnisvollen Sache auf den Grund zu kommen, nur manchmal steht diese geheimnisvolle Sache zufällig nicht im Lehrplan, und der Pädagoge, der glaubt, die Fragen eines wissbegierigen Skorpions mit einer Handbewegung abwürgen und zur Tagesordnung übergehen zu können, hat fortan beim Skorpionkind schlechte Karten. Außerdem bilden sich die Kinder dieses Sternzeichens sehr bald ihre eigene Meinung, analysieren Probleme nach der Logik und Dialektik, die ihrem eigenen Weltbild entspricht. Nicht selten sind sie dem Lernziel ihrer Klasse weit voraus.

Für Lehrende und Leitende besteht bei der Erziehung eines Skorpionkindes die größte Schwierigkeit darin, den richtigen Moment und den richtigen Ton für eine feinfühlige Lenkung zu finden. Denn von einmal gefassten Überzeugungen lässt sich ein Skorpion kaum noch abbringen, und mit drakonischen Maßnahmen provoziert man eher seinen Widerstand, als seine Meinung zu ändern.

Am besten fahren Lehrer, die darauf verzichten, dem Skorpionkind ein fertiges Gedankengebäude vorzusetzen. Wenn nur die Lösung von der Tafel abzuschreiben und auswendig zu lernen ist, wird der Skorpion bald das Interesse am Lernstoff verlieren. Stehen am Schluss der Lektion aber alternative Lösungswege zur Entscheidung, wird der Skorpion die Herausforderung freudig annehmen und gegebenenfalls sehr viel Kraft, Zeit und Mühe investieren, um die richtige Lösung zu finden. Meist überzeugen sie sogar mit einem eigenen originellen Lösungsansatz; Lehrer und Professoren, die genau das an ihren Schülern und Studenten schätzen, werden ihre helle Freude an Skorpionen haben.

Der Skorpion und sein Job

Probleme erkennt ein Skorpion rechtzeitig vor allen anderen; dabei kommen ihm seine von frühester Jugend an geübte Menschenkenntnis und sein strategischer Verstand zugute. Er kann einen Menschen und dessen Schwächen auf den ersten Blick richtig einschätzen – und weiß deshalb genau, welche Probleme auftreten könnten. Der Nachteil in der Zusammenarbeit mit einem Skorpion liegt darin, dass er oft nur seine eigene Denkweise gelten lässt. Es gibt für ihn nur Vorlieben und Abneigungen, nur Schwarz und Weiß, nichts dazwischen. Das kann eine Stärke sein – ein Skorpion ist ganz gewiss nicht labil und schwankend in seinen einmal gefällten Entscheidungen. Es kann aber auch eine große Schwäche sein: Dann ist er unzugänglich oder herrschsüchtig und lässt seine Autorität durch nichts erschüttern.

Niemals würde ein Skorpion allein die Lorbeeren einheimsen wollen, wenn er zusammen mit anderen berufliche Erfolge hat. Fair ist er also in jedem Fall. Er hat jedoch ein weit in die Vergangenheit reichendes Gedächtnis für Unrecht – vor allem für solches, das ihm selbst widerfahren ist. Er vergisst so etwas nie. Und er weiß in solchen Fällen durchaus, undurchsichtige Kräfte zu nutzen, um seinen Feinden das Wasser abzugraben und für erlittene Unbill Revanche zu üben. Unter Umständen wartet ein Skorpion Jahre darauf, bis er seine Rache genießen kann.

Berufe mit Karrierechancen

Skorpione wollen zunächst einmal ihren Mitmenschen helfen, und das ganz uneigennützig. Daher suchen sie ihren Beruf oft in jenen Branchen, die diesem Anliegen nachkommen. Die besten Mediziner sind oft Skorpione, das gilt vor allem für solche Fachärzte, die besonders unmittelbar mit Kranken und ihrer Heilung konfrontiert werden – etwa in der Chirurgie oder Psychiatrie. Auch unter Psychologen – vor allem, wenn sie im therapeutischen Bereich tätig sind – finden sich viele Skorpiongeborene, können sie doch hier gerade ihr Talent, sich in ihre Mitmenschen hineinzuversetzen, besonders gut entfalten.

Da Skorpione sich ungern unterordnen, kommen ihnen Berufe entgegen, in denen sie sich als Einzelkämpfer auf den Weg nach oben machen können. Das gilt für den Bereich der wissenschaftlichen Forschung genauso wie etwa für den Journalismus. Selbst in Berufen, in denen die Suche nach geschichtlichen Fakten – wie etwa in der Archäologie – im Vordergrund steht, kann ein Skorpion Erfolge verzeichnen; und natürlich gibt's Skorpione, die als Detektiv arbeiten.

Künstlerische Tätigkeiten sind für den Skorpion ebenfalls geeignet. In vielen Bereichen – in der Literatur oder in der darstellenden Kunst – kann er seinen Ideenreichtum ausleben. Als Selbstständiger wird sich der Skorpion oft in einer beratenden Tätigkeit wiederfinden. Dabei kann er durchaus im Team arbeiten, aber nur mit solchen Menschen, die ihn so nehmen, wie er ist. In seinem Fachgebiet wird er Spezialist sein. Weitere Berufe können Apotheker, Chemiker oder Laborant sein.

Der Skorpion im Arbeitsalltag

Skorpione sind gern gesehene Mitarbeiter. Durch ihre Ausdauer, Konsequenz und Entschlossenheit lassen sie sich nicht unterkriegen. Überstunden und Wochenendarbeit scheuen sie dabei nicht. Skorpionen sind Macht und Einfluss wichtiger als finanzielle Belohnungen. Deshalb übernehmen sie so manche Aufgabe, die andere ablehnen – immer in der Hoffnung, damit ihren Einflussbereich zu vergrößern. In kritischen Situationen handelt ein Skorpion ruhig, gelassen und entschlossen. Unter Druck oder Stress arbeitet er rationell und schafft es ohne weiteres, zugleich mehrere Tätigkeiten auszufüllen. Problematisch kann sich eher seine Offenheit auswirken, mit der er selbst peinlichste Angelegenheiten zur Sprache bringt. Das kann leicht taktlos wirken.

Die Finanzen des Skorpions

Skorpione sind, bei aller Leidenschaftlichkeit, kühle Rechner. Durch sparsames Wirtschaften, das ihnen manchmal als Knausrigkeit ausgelegt wird, erwerben sie sich einen soliden Wohlstand. Skorpione lassen sich bei Kapitalanlagen kaum ein X für ein U vormachen. Windige Anlageberater durchschauen sie dank ihrer Menschenkenntnis sofort. Die Vorgänge am Kapitalmarkt analysieren sie regelmäßig. Dabei kann der Skorpion durchaus auch einmal impulsiv und spontan seinem Gefühl folgen. Immer aber wird er spekulative Geschäfte durch Optionen absichern oder den Anteil riskanter Papiere in seinem Portefeuille beispielsweise durch solide DM-Floater ausgleichen – meist gibt der Erfolg ihm recht; doch was andere für eine glückliche Hand halten, ist in Wahrheit das Ergebnis genauer Marktbeobachtung.

Der Skorpion in Urlaub und Freizeit

Urlaubsorte, Ferienziele

Bevorzugte Urlaubsgebiete eines Skorpions sind Norwegen und Israel. Er liebt die Extreme; da ist ihm die stille, beeindruckende „Natur pur" Skandinaviens im Gegensatz zum historischen, heute quirlig-modernen Israel gerade recht. Kann er sich in Norwegen ganz und gar den Urgewalten der Natur hingeben, faszinieren ihn am Nahen Osten die wechselvolle Geschichte und das heutige Leben in einem modernen Staat.

Bei Städtetouren schätzt ein Skorpion ebenfalls die Extreme: Einerseits reizt ihn eher Unbekanntes wie Algier oder die südliche Fremde des sizilianischen Messina; andererseits kann er sich ebenso gut einen Kurztrip nach München oder eine Besichtigungstour im Weißen Haus in Washington vorstellen.

Sport

Sport ist für den Skorpion sein Leben. Ohne körperliche Betätigung fühlt er sich einfach nicht wohl. Das schlägt sich auch in seinen Urlaubsaktivitäten nieder. Er muss seine Energien ständig einsetzen und überschüssige Kräfte abbauen. Er liebt vor allem jeden Sport, der ihm viel Ausdauer abverlangt. In den Ferien probiert er dabei gerne etwas Neues aus. Dabei reizt ihn alles, was mit Wasser zu tun hat. In Norwegen schippert er die Fjorde entlang; an Israels Stränden lernt er segeln oder surfen und am Roten Meer taucht er in geheimnisvolle Tiefen hinab.

Hobby

Da der Skorpion ohne Sport nicht leben kann, ist natürlich körperliche Betätigung jeglicher Art das bevorzugte Steckenpferd eines Skorpions. Daneben hat er einen ausgesprochenen Hang zum Mystischen, zum Okkulten. Er wird sich mit Freude in die passende Literatur zu allen möglichen Themenbereichen der Esoterik vertiefen. Astrologie interessiert ihn dabei ebenso wie Parapsychologie, Ufos genauso wie die Geheimnisse alter Kulturen. Der Hang zu alten Dingen könnte sich im Sammeln von Antiquitäten niederschlagen. Ein Skorpion wird sich nicht scheuen, alte Möbel selbst zu restaurieren. Heimwerken in seiner Wohnung ist ebenfalls ein ausfüllendes Hobby.

Familienleben

Skorpione neigen eher zum Konservativen. Sie wollen den Zusammenhalt in ihrem kleinen Kreis und sind deshalb auch bereit, in schlechten Zeiten zurückzustecken. Herr und Frau Skorpion sind in häuslichen Angelegenheiten dennoch recht fortschrittlich. Die Skorpionfrau wird trotz aller Hingabe an Traditionelles ihren Haushalt mit modernsten Geräten bestreiten wollen.

Das Zusammenleben innerhalb der Familie gestalten Skorpione recht feinfühlig. Allerdings: Generationsprobleme sind bei Skorpioneltern fast vorprogrammiert. Vor allem dann, wenn die Sprösslinge langsam flügge werden und familiären Zwängen entkommen möchten. Skorpione erziehen ihre Kinder oft streng und unnachgiebig. Vor allem Skorpionväter zeichnen sich da aus. Skorpionmütter sind eher besorgt um Kinder und Haushalt. Beide leiden an übertriebener Eifersucht und schränken dadurch die persönliche Freiheit ihrer Kinder ein.

Kulinarisches

Man kann wahrlich nicht behaupten, dass ein Skorpion heikel sei. Er mäkelt gewiss nicht am Essen herum, das ihm vorgesetzt wird. Aber er ist auch nicht bereit, beide Augen zuzudrücken und einfach nur zu essen, um Nahrung zu sich zu nehmen. Er liebt's stilvoll. Dabei dürfen es durchaus einfache Gerichte sein – aber wenn's etwas besonders Leckeres oder eine kulinarische Spezialität ist, stört es ihn auch nicht. Skorpione lieben es nicht, nur mit einem übersichtlich angeordneten Salatblättchen samt Miniatursteak abgespeist zu werden. Und herzhaft gewürzt muss es sein. Nichts verabscheut ein Skorpion mehr als fade Gerichte. Mit ausgefallenen Speisen kann man ihn jederzeit locken.

Bei seinen Drinks bevorzugt der Skorpion geheimnisvolle Mischungen, die aber schlicht serviert werden sollten. Die Grundzutaten sollten klare Schnäpse sein. Seine Cocktails müssen aber nicht mit Blüten verziert in extravaganten Glaskelchen gereicht werden. Gin und Tonic in einem schlichten Longdrinkglas genießt er wesentlich mehr.

Garderobe

Die Skorpionfrau kleidet sich in ihrer Jugend nach der Mode. Das verliert sich jedoch mit den Jahren. Dann achtet sie weniger auf ihr Äußeres, trägt ihre Klamotten über Jahre hinaus. Sie muss nicht jedem modischen Gag nachlaufen, sie hält sich lieber an die Devise: „Jede Mode kommt aus der Mode!" Kein Grund also für sie, Torheiten mitzumachen, die spätestens nach einer Saison wieder von der Bildfläche verschwunden sind. Ihr fehlt also hin und wieder der modische Schick. Doch das ist kein Problem: Frau Skorpion wirkt nämlich auch in einer alten Jeans und einem zu großen Hemd noch verführerisch. Sie weiß, wie man Farben perfekt kombiniert, hat aber wenig Gespür bei der Zusammenstellung ihrer Kleidungsstücke

In Sachen Garderobe ist auch der Skorpionmann eher nachlässig. Er zählt bestimmt nicht zu den bestangezogenen Männern im Lande. Wenn ihm seine Partnerin oder Ehefrau nicht bei der Auswahl seiner Kleidung zur Seite steht, kann es schon zu gewagten Zusammenstellungen kommen. Er geht durchaus auch mal mit ungebügelten Hemden und Hosen aus dem Haus. Der Grund dafür ist klar: Skorpione sind der Ansicht, ihre Mitmenschen sollten nicht auf das Äußere, sondern auf die inneren Werte achten.

Düfte und Make-up

Frau Skorpion liebt exotisch-herausfordernde Düfte. Wenn sie einen Mann erobern will, wählt sie eine schwere, sinnlich-orientalische Essenz. Im Alltag greift sie eher zu frischen, würzigen Chyprenoten. Alles wird nur sehr sparsam dosiert, weiß doch jede Skorpionfrau, dass ein Parfüm ihre Persönlichkeit nur unterstreichen soll, nicht aber sie so umduften muss, dass ihr Gegenüber völlig erschlagen wird.

Die Skorpionfrau weiß um ihr gutes Aussehen. Deshalb muss sie sich nicht hinter einem großen Make-up verstecken. Ihr Selbstbewusstsein, ihre Ausstrahlung genügen ihr. Wenn's der Anlass erfordert, wird sie natürlich durchaus zu dekorativer Kosmetik greifen. Sicher aber nicht im Alltag, im Berufsleben oder wenn sie im Haushalt tätig ist. Ihre Selbstsicherheit sagt ihr klipp und klar: Wer sie ohne Make-up nicht liebt, soll's ganz bleiben lassen …

Sind Sie ein echter Skorpionmann?

	Ja	Nein
1. Sind Sie manchmal rücksichtslos, um Ihre Ziele zu erreichen?	2	1
2. Mögen Sie schnelle Autos oder Motorräder?	2	0
3. Werden Sie sehr von Ihren Leidenschaften beherrscht – nicht nur in der Liebe, auch in anderen Lebensbereichen?	3	1
4. Übernehmen Sie gerne die Verantwortung?	3	2
5. Können Sie es verkraften, wenn's mal nicht nach Ihrem Willen geht?	3	0
6. Hatten Sie früher oft Differenzen oder sogar Streit mit Ihren Lehrern?	4	1
7. Können Sie Ihre Gefühle in manchen Situationen nur schwer kontrollieren?	3	1
8. Können Sie es verkraften, dass Ihre Partnerin über Sie bestimmt?	2	4
9. Sind Sie als ganz besonders aktiv und unternehmungslustig bekannt?	4	2
10. Können Sie es wegstecken, wenn andere Ihnen widersprechen?	1	4

Auswertung:

Bis zu 12 Punkte machen klar: Sie sind nicht durch und durch Skorpion. Dazu reagieren Sie in vieler Hinsicht viel zu phlegmatisch. Sie haben's gern ruhig und gemütlich – selbst in der Liebe mögen Sie keine Aufregung.

13 bis 24 Punkte zeigen, dass Sie durchaus einige Skorpioneigenschaften besitzen. Vor allem in den Bereichen des Lebens, in denen Tatkraft, Unternehmungslust oder Entschlussfreudigkeit gefragt sind. Im Privatleben jedoch sind Sie eher gelassen und ohne Leidenschaftlichkeit.

25 und mehr Punkte können Sie Ihr Sternzeichen nicht verleugnen: Sie suchen Abwechslung – in der Liebe wie im Beruf – und können Widerstand nicht akzeptieren. Das macht den Umgang mit Ihnen nicht immer leicht. Aber Sie scheren sich nicht um die Meinung anderer.

Sind Sie eine echte Skorpionfrau?

	Ja	Nein
1. Ist für Sie in einer Ehe oder Partnerschaft Treue das absolut Wichtigste?	2	1
2. Können Sie jemandem verzeihen, der Sie – wenn auch nur unbewusst – gekränkt oder beleidigt hat?	2	4
3. Schaffen Sie es, leicht über Enttäuschungen hinwegzukommen?	0	3
4. Ist das Leben für Sie eigentlich nur ein Spiel?	2	4
5. Führen Sie auf Partys gerne auch ernsthafte Gespräche?	3	2
6. Können Sie einen Flirt Ihres Lebenspartners gut verkraften?	1	4
7. Halten Freunde und Bekannte Sie manchmal für etwas überempfindlich?	3	1
8. Haben Sie hin und wieder das Gefühl, ein echter Pechvogel zu sein?	3	0
9. Übernehmen Sie sich manchmal so, dass Ihre Gesundheit darunter leidet?	2	1
10. Können Sie in Beruf und Privatleben wahre Wunder vollbringen?	4	1

Auswertung:

Bis zu 12 Punkte zeigen deutlich an, dass an Ihnen nicht viel von einer echten Skorpionfrau zu finden ist: Sie nehmen das Leben einfach nicht ernst genug. Hin und wieder wirken Sie fast oberflächlich – auch in Gefühlsdingen.

13 bis 24 Punkte haben Sie einige typische Eigenschaften Ihres Sternzeichens: Sie werden nur sehr ungern von anderen enttäuscht und stecken das dann auch nicht einfach weg. Andererseits steht es um Ihre und mit Ihrer Zuverlässigkeit nicht zum Besten.

25 und mehr Punkte machen Sie zur typischen Skorpionfrau. Sie stellen hohe Ansprüche an andere, aber auch an sich selbst. Sie setzen sich bis zum Letzten für Ihre Ideale ein, und Ihre Leidenschaftlichkeit in allen Bereichen des Lebens ist beinahe sprichwörtlich.

23. November – 21. Dezember

Im Zeichen
des Schützen

So kommen die Schützefrau/ der Schützemann am besten klar

Sie als Schütze sind natürlich von Glücksgöttin Fortuna begünstigt. Sie gelten als das Sternzeichen, das am meisten Lebensfreude verbreitet. Sie sind berühmt für Ihre Lebhaftigkeit, für Ihre spontanen und impulsiven Einfälle. Bemerkenswert ist die Toleranz, mit der Sie Ihren Mitmenschen begegnen. Manch einer sagt Ihnen deshalb nach, Sie seien zu weich; kaum jemals würden Sie eindeutig Stellung beziehen, weil Sie stets nach dem Motto vorgehen: „Meine Freiheit endet da, wo die des anderen beginnt!"

Dies gilt natürlich auch für die Liebe: Sie lassen sich zwar durch nichts aufhalten und gehen äußerst zielstrebig vor, wenn Sie jemanden erobern möchten. Aber niemals würde der Schützemann eine Frau mit unfairen Mitteln einfangen wollen. Sie sind ein äußerst selbstständiger und unabhängiger Mensch – und dies gestehen Sie auch Ihrer Umwelt zu, vor allem den Frauen.

In Herzensangelegenheiten sind Sie besonders impulsiv und sehr emotional. Sie gehen nicht in die Disco, um „Bräute aufzureißen", wie andere das zu tun pflegen. Sie bevorzugen einen ruhigen Abend mit Freunden, vielleicht ein Bierchen oder ein Flipperspiel in Ihrer Stammkneipe. Wenn dann am Tresen neben Ihnen eine Frau steht und Sie ins Gespräch kommen – gut! Sie packen die Gelegenheit beim Schopf und beginnen einen heftigen Flirt, der fast immer mit einer Affäre endet. Sie wollen aber keine feste Bindung.

Frau Schütze hält's in ihrem Liebesleben ähnlich. Ihr Umgang mit Männern ist sehr freimütig. Flirten ist für Sie beinahe ein Sport, aber es sollte dann bitteschön beim unverbindlichen Geplänkel bleiben. Sie hegen nämlich nicht jedes Mal die Absicht, einen Herrn einzufangen – ganz im Gegenteil. Sie flirten ohne Hintergedanken, ohne sofort an feste Bindungen zu denken.

Schützen – die quirligsten und dynamischsten unter den Feuerzeichen – sind tolerante Geschöpfe und verbreiten Frohsinn und Lebensfreude.

Der Wunsch nach Ungebundenheit

Herr Schütze will um keinen Preis von einer Frau überlistet und in eine feste Beziehung gelockt werden. Sie sind zwar beeindruckt vom schönen Geschlecht, weil Sie finden: Frauen sind gute Kumpel, man kann mit ihnen vor allem kameradschaftlich bestens auskommen. Taucht jedoch eines Tages die richtige Frau auf und geht sie entsprechend auf Herrn Schütze zu, so wird er sich voll und ganz auf sie einlassen. Und dann ist er – trotz aller Flirts und Affären – ein beständiger und treuer Partner.

Schützefrauen sind anziehende, fröhliche Personen. Sie wollen ledig bleiben, verlieben sich aber ab und zu ganz leidenschaftlich. Schließlich mögen Sie nun mal einfach das Spiel mit dem Feuer der Liebe. Dennoch ist Liebe für Sie nicht das Wichtigste. Sie bevorzugen lockere Männerbekanntschaften: Mit Männern kommen Sie nämlich besser klar und gehen mit ihnen kameradschaftlicher um als mit Frauen. Insgeheim warten Sie natürlich trotzdem auf die wahre, große Liebe – und Sie wissen im Innern Ihres Herzens ganz genau: eines Tages wird sie kommen.

Das Äußere

Oft kann man Schützen schon am Äußeren erkennen. Sie haben häufig eine hohe, gewölbte Stirn und eine schmale, zierliche Nase. Ihre Figur ist sehr imposant, und Sie gehen meist mit langen Schritten. Ihr Optimismus und Ihr Lebensmut strahlen von innen heraus. Schützefrauen sehen ebenfalls meist sehr stattlich aus und wirken sportlich durchtrainiert. Ihr Blick ist offen und klar. Ihre Jugendlichkeit behalten Sie meist bis ins hohe Alter. Auffallend sind Ihre oft langen Schritte beim Gehen. Sie wirken dadurch rasant und schwungvoll.

Herr Schütze ist ein äußerst vitaler und körperbewusster Mann. Ständig sind Sie in Bewegung; und weil Ihre Gedanken Ihren Taten oft weit vorauseilen, achten Sie nicht unbedingt darauf, wo Sie gehen und stehen. Die Folge: so mancher Schütze stolpert hin und wieder über Hindernisse auf seinem Weg. Das kann man durchaus auch im übertragenen Sinne verstehen: Schützen kommen nämlich nicht unbedingt auf geradem Weg ans Ziel. Sie schaffen es jedoch immer.

Der ehrliche Schütze

Schützen gelten als sehr ehrlich. Lügen und Verstellung sind Ihnen fremd, Sie schaffen es kaum, eine gute Ausrede zu finden, wenn Sie mal irgendwo aus eigener Schuld zu spät kommen. Auch in Ihrem Gefühlsleben und Ihrer Sexualität lieben Sie die Ehrlichkeit. Sie wollen in der Liebe Ihren Spaß haben, und nichts hassen Sie mehr, als wenn die gegenseitige Anziehungskraft sich nur noch in Pflichterfüllung oder Gewohnheit erschöpft. Geduld gehört nicht zu Ihren Stärken – Sie trennen sich dann eher von einem Partner, als in einer ermüdeten Beziehung einen neuen Anfang zu probieren. Frau Schütze gilt als extrem freigebig. Wer Sie um etwas bittet, kann sicher sein, dass Sie sich voller Selbstvertrauen auf die Aufgabe stürzen werden, einen Wunsch zu erfüllen. Ihre Freiheitsliebe lässt Sie nicht allzu früh feste Bindungen eingehen. Sie schwärmen eher in sentimentaler Weise von der großen Liebe, der Sie begegnen wollen und die Sie suchen.

Schützen wünschen sich eine hohe Lebensqualität. Trotz Ihrer ständigen Lust auf Veränderung legen Sie Wert auf ein schönes Heim. Sie mögen Wohngenuss auf möglichst vielfältige Weise; ein Haus auf dem Land zusätzlich zur Wohnung in der Stadt wäre Ihnen am liebsten.

Schützen feiern gerne und sind gute Gastgeber. Dabei sparen Sie nicht. Für Ihre Gäste ist Ihnen nichts zu teuer und zu umständlich. Das kann soweit gehen, dass Sie auch ein festgelegtes Budget überschreiten und plötzlich mit Ebbe im Geldbeutel dastehen.

Im Arbeitsleben sind Schützen nicht so brennend an Erfolgen interessiert. Misserfolge werfen Sie nicht aus der Bahn. Klappt irgendeine Sache nicht so recht, so suchen Sie sich einfach ein anderes Betätigungsfeld. Sie sind ein ebenso praktisch wie pragmatisch denkender Mensch. Mit Ihrem hervorragend geschulten Verstand fällt es Ihnen leicht, selbst utopische Vorhaben zu verwirklichen. Sie können toll organisieren und verstehen es bestens, auch komplizierte Sachverhalte schnell zu durchschauen und auf einfache Weise zu managen. Schützefrauen gelten als hochintelligent. Ihr Tatendrang ist fast nicht zu bremsen. Sie gehen den Dingen gerne auf den Grund und handeln dann überlegt, aber dennoch nicht nach einem starren Denkschema. Sie können anderen Menschen bedingungslos vertrauen und verstehen es, Verantwortung weiterzugeben. Die Begabungen anderer

---

Die 12 positivsten Eigenschaften, die Schützen nachgesagt werden.

Schützen sind
selbstsicher
humorvoll
tolerant
warmherzig
ideenreich
treu
schlagfertig
leger
gesellig
offen
neugierig
zielstrebig

machen Sie sich im Job zunutze: Sie sind deshalb gut für leitende Positionen geeignet.

Schützen – Frauen wie Männer – ernähren sich meist sehr gesundheitsbewusst. Sie probieren gerne mal neue Speisen aus und sind in der Regel exzellente Köche. Kaum etwas macht Ihnen mehr Spaß, als in alten Kochbüchern und überlieferten Rezepten zu schmökern und dann raffiniert-opulente Mahlzeiten auf den Tisch zu bringen. An Getränken darf man Ihnen fast alles kredenzen. Zu einem richtigen Menü gehört für Sie selbstverständlich der passende Wein. Nur Mineralwasser oder Bier ist nichts für Sie. Cocktails können Sie genießen, vor allem dann, wenn sie Ihnen den „Duft der großen weiten Welt" vermitteln. Schützen lieben alle Aktivitäten im Freien. Sport treiben macht Ihnen Spaß, Sie mögen jedoch keinen extremen Wettkampf. Sportliche Betätigung ist für Sie eher Entspannung und Freizeitgestaltung und nicht das Erbringen von Höchstleistungen. Optimal für Schützen sind Aktivitäten, die sie körperlich und geistig beanspruchen. Sie sind sehr impulsiv – so kann es durchaus sein, dass Sie mehrere Sportarten anfangen und dann wieder bleiben lassen. Sie suchen nach einer Betätigung, die Sie in jeder Hinsicht ausfüllt. Nur dann fühlen Sie sich richtig wohl – und das schlägt sich natürlich auf Ihre Gesundheit nieder.

In der Astromedizin sind dem Schützen Leber und Galle, Ischias, Oberschenkel sowie Adern und Venen zugeordnet. Sie sind daher für alle Beschwerden in diesen Körperregionen anfällig. Unfallverletzungen an Oberschenkel und Hüfte kommen beim Schützen oft vor, es können auch Gehstörungen oder Rückenschmerzen auftreten. Frau Schütze neigt zu Krampfadern und Allergien wie Heuschnupfen oder Asthma, außerdem zu Diabetes. Zur Vorbeugung sind regelmäßiger Sport und ausgewogene Ernährung wichtig.

Wichtigstes Hobby für fast jeden Schützen ist das Reisen. Wenn die wirklichen Reisen für den Augenblick zu teuer sind, dann reisen Sie eben in Ihrer lebhaften Fantasie und mithilfe eines guten Buches um die Welt. Lesen ist nämlich Ihr zweites großes Hobby. Sie sind außerdem künstlerisch begabt; Kunst, Musik und auch Tanz beeindrucken Sie sehr. Selbst wenn Sie kein Talent zur praktischen Kunstausübung haben, verstehen Sie viel davon und umgeben sich gerne mit Menschen, die einen künstlerischen Beruf ausüben. Schützen sind außerdem sehr tierliebend. Und so kann der eigene Hund, vielleicht außerdem die Reiterei, durchaus zum Hobby werden.

Die 12 negativsten Eigenschaften, die Schützen nachgesagt werden.

Schützen sind
selbstgerecht
zynisch
launisch
überheblich
unausgeglichen
rechthaberisch
oberflächlich
leichtlebig
zänkisch
eitel
grob
aufdringlich

Typisch Schütze

Welcher Schütze sind Sie?

Astrologisch betrachtet sind natürlich nicht alle Schützen gleich geartet: Neben dem „Sonnenzeichen" – also dem Sternbild, in dem bei Ihrer Geburt der „Planet" Sonne stand – ist der Aszendent von entscheidender Bedeutung. Er ist oft nicht mit dem Sonnenzeichen identisch, wirkt sich jedoch auf den Charakter eines Menschen – besonders in dessen zweiter Lebenshälfte – ebenfalls stark aus. Im Anhang finden Sie Tabellen, mit denen Sie Ihren Aszendenten leicht bestimmen können. Und so wird Ihre Schützepersönlichkeit beeinflusst:

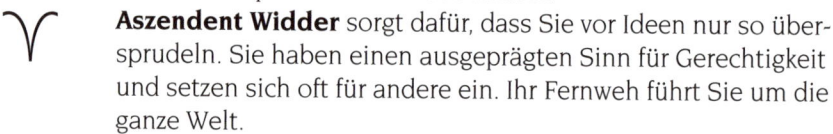

♈ **Aszendent Widder** sorgt dafür, dass Sie vor Ideen nur so übersprudeln. Sie haben einen ausgeprägten Sinn für Gerechtigkeit und setzen sich oft für andere ein. Ihr Fernweh führt Sie um die ganze Welt.

♉ **Aszendent Stier** verstärkt Ihre Gefühlswelt, ohne Ihre Talente abzuschwächen. Haben Sie im Job die Spitze erreicht, vergessen Sie manchmal gute, alte Freunde. Sie verlieben sich gerne und deshalb (zu?) oft.

♊ **Aszendent Zwillinge** lässt Ihre Geistesblitze lukrativ werden. Manchmal wirken Sie etwas unentschlossen – aber gerade das macht Sie liebenswert für Ihre Kollegen und Freunde. In der Liebe legen Sie sich ungern fest.

♋ **Aszendent Krebs** schränkt Ihr Temperament etwas ein, schwächt aber dafür die negativen Seiten. Sie mögen stabile Verhältnisse – in allen Bereichen. Deshalb sind Sie trotz Ihres Fernwehs ein treuer Partner.

♌ **Aszendent Löwe** lässt Sie gesellschaftliches Ansehen gewinnen. Manchmal werden Sie dadurch ein bisschen arrogant. Sie folgen ungern den Anweisungen anderer. In der Liebe sind Sie verlässlich und liebenswert.

♍ **Aszendent Jungfrau** sorgt dafür, dass Sie Ihr Geld zusammenhalten. Sie erreichen Wohlstand, stets auf redliche Weise. Diese Ehrlichkeit erwarten Sie selbstverständlich auch von anderen.

♎ **Aszendent Waage** verleiht Ihnen besonderes diplomatisches Geschick. Ihre Höflichkeit und Freundlichkeit verschaffen Ihnen viele Freunde. Dasselbe gilt für die Liebe – viele Waage-Schützen bleiben aber lange Single.

Aszendent Skorpion lässt Sie besonders nach Unabhängigkeit und Freiheit streben. Das gilt für Beruf und Liebe gleichermaßen. Auf gesellschaftlichem Parkett feiern Sie Triumphe – das lässt Ihr Privatleben oft zu kurz kommen.

Aszendent Schütze macht Sie besonders empfänglich für alle sozialen Aspekte Ihrer Umwelt. Sie setzen Ihre hohen Ideale meist um, Sie wollen die Welt erobern. In der Liebe lassen Sie sich ungern früh festlegen.

Aszendent Steinbock sorgt dafür, dass Sie den nötigen Ehrgeiz entwickeln, um beruflich alle Chancen wahrzunehmen. Auf manche Mitmenschen wirken Sie berechnend und kalt. Wer Sie gut kennt, weiß: Sie sind aber gar nicht so.

Aszendent Wassermann macht Sie allseits beliebt. Trotz Ihrer Hilfsbereitschaft haben Sie das Talent, es zu einem Vermögen zu bringen. Sind Sie zu freigebig, zerrinnt es Ihnen jedoch unter den Händen.

Aszendent Fische ist besonders vorteilhaft. Der Glücksplanet Jupiter bestrahlt Sie gleich doppelt. Sie verbinden Arbeit und Privatleben aufs Beste, ohne Karriere und Geld zu sehr in den Vordergrund zu stellen.

Was sonst noch zum Schützen gehört

Jahrtausende der Astrologie haben gezeigt, dass jedes Sternzeichen nicht nur „seinen" Planetenregenten hat, sondern dass man den einzelnen Tierkreiszeichen eine ganze Reihe von Dingen zuordnen kann. Ob das Farben, Pflanzen oder Mineralien sind, die Ihnen als Schütze besonders liegen.

- Als Schütze ist Ihnen das Element Feuer zugeordnet. Es ist – im Vergleich zu den anderen Feuerzeichen Widder und Löwe – das veränderliche Feuer, das Sie dynamisch antreibt; ein Feuer, das auch unter der Asche glimmt und das Ihnen hilft, Ihre Gefühle und geheimsten Wünsche in Wirklichkeit zu verwandeln.

- Ihre Farben sind Dunkelblau, Violett, Purpur, außerdem alle abgetönten Farben, die dezent wirken. Schützen werden also gewiss nicht dadurch auffallen, dass sie sich in grelle und schreiend bunte Farben kleiden. Ihnen liegt mehr das Dezente – umso mehr kann dann nämlich Ihre Persönlichkeit und Ihre Ausstrahlung wirken.

- Die Pflanzen des Schützen sind Wacholder, Eukalyptus, Bärlapp, Spargel und Lorbeer. An zarten Blumen schätzen Sie den Schneeball, den Frauenschuh und heimische Orchideenarten sowie die Malve und den Löwenzahn. Auch einige Gewürzpflanzen werden Ihnen zugeordnet, nämlich Salbei und wilder Thymian.

- Ihre Glückssteine sind Türkis, Aventurin, Topas und Chalcedon. Topase gibt es in allen möglichen Farben. Wenn Sie Indianerschmuck lieben, werden Sie vor allem Türkise mögen; sie lassen sich hervorragend mit Silber zu Ethno-Schmuck verarbeiten. Und sie sind gar nicht mal so teuer. Die Ihnen von alters zugeschriebenen Metalle sind Zinn und Zink – leider keine Metalle, aus denen man wertvolles Geschmeide anfertigt. Aber vielleicht trinken Sie Ihren Wein gerne aus einem Zinnbecher und haben einen alten zinnernen Leuchter, den Sie besonders schätzen.
  Wenn Sie an die Heilkraft von Edelsteinen glauben, sollten Sie wissen: Türkise verändern ihre Farbe von blau nach grün, wenn der Träger krank wird. Sie sollen gegen Hals- und Lungenentzündungen helfen und ganz allgemein Infektionen bekämpfen. Lapislazuli fördert die Intuition, Topas stärkt die Nerven und regt Stoffwechsel und Verdauung an. Aventurin hilft gegen Allergien und der Chalcedon bekämpft alle Beschwerden im Halsbereich, auch bei den Mandeln und bei den Stimmbändern.

- Schützemänner tragen wenig bis keinen Schmuck. Der Ehering ist dabei schon das höchste der Gefühle. Und auch den ungern: Einer anderen Frau könnte der Ehering auf seinen Abenteuerreisen auffallen, und das würde seine Chancen mindern. Die Schützefrau wird sicher zeigen wollen, was sie an Juwelen und Geschmeide hat. Aber sie kommt nicht überladen daher, sondern wählt auch hier dezente Eleganz. Diamantschmuck wird sie immer eher in klaren Formen tragen, nicht in verschnörkelt-altmodischen Fassungen.

Der Schütze und die Liebe

So liebt der Schützemann

Frauen erkennen schnell, dass ein Schütze grundehrlich ist. Herr Schütze wird ihnen nichts vormachen, wird niemals die große Liebe heucheln, wenn's bei seinen Gefühlen nur für eine kleine Liebelei reicht. Schützen lassen sich auch nicht einfangen. Sie brauchen ihre Freiheit. Es gibt nur eine einzige Chance, sie zu halten: ihnen die lange Leine lassen. Sowie Herr Schütze merkt, dass seine Geliebte die Zügel nur etwas anzieht, wird er die Flucht ergreifen. Mit etwas Diplomatie und Geschick kann frau ihm jedoch sicher das Gefühl vermitteln, er könne tun und lassen, was er will. Dann sind beste Voraussetzungen dafür gegeben, dass Herr Schütze seiner Partnerin auf lange Zeit erhalten bleibt. Schützen sind keine Männer, die möglichst viele Frauen um sich scharen müssen wie ein Schmetterlingssammler seine farbenprächtigen Exemplare. Sie sehen ihre Partnerin eher als guten Kumpel an, mit der sie eine kameradschaftliche Beziehung verbindet. Wenn dazu noch Liebe kommt, umso besser. Sie wollen nicht den schnellen Sex, die rasche Befriedigung, sondern tiefe und wahre Gefühle.

Von seiner Partnerin erwartet der Schütze, dass sie sich schon etwas einfallen lässt, um ihn auf sich aufmerksam zu machen. Nur einfach anquatschen, ohne originelle Idee – das macht ihn nicht an. Schützen sind fantasiebegabt und impulsiv – ihnen fällt immer ein passender und witziger Spruch ein, wenn sie an einer Frau Gefallen finden. Und dasselbe erwarten sie von ihrem weiblichen Gegenüber.

Optimal findet es Herr Schütze, wenn die Partnerin seines Lebens wenigstens annähernd so viel Abenteuerlust empfindet wie er. Intelligenz ist für ihn sowieso eine Grundvoraussetzung für jede Beziehung, und da er durchaus innere Werte zu schätzen weiß, wird er auf Optik und Outfit allein nicht hereinfallen.

Zumeist wird der Schütze schon in jungen Jahren Erfahrungen mit dem anderen Geschlecht sammeln. Leider sind nicht nur gute Erlebnisse dabei, sicher wird er oft enttäuscht werden.

Die Partnerin oder Ehefrau des Schützen muss wissen, dass sein Freiheitsdrang nichts mit mangelnden oder flatterhaften Gefühlen zu tun hat. Im Gegenteil: Ein Schütze ist durchaus

Schützemänner lieben die Ungebundenheit, ohne dabei leichtlebig zu sein. Aber sie werden niemals Liebe heucheln, wenn kein wirkliches Gefühl im Spiel ist.

treu, wenn er die Richtige gefunden hat. Er möchte in seiner Liebespartnerin nicht nur die Geliebte sehen, sondern außerdem einen wirklich guten Freund fürs Leben gewinnen. Wer ihm dann noch das Gefühl zu vermitteln versteht, er hätte in einer festen Beziehung oder gar Ehe seine Freiheit und Unabhängigkeit nicht verloren, hat ihn gewonnen. Der Schütze ist manchmal etwas unzuverlässig. Oft kommt etwas dazwischen, wenn man mit ihm fest verabredet ist. Doch seine Partnerin muss sich keine Sorgen machen, dass er ihr etwa gar untreu wird: Selbst wenn er flirtet, weiß er doch, wohin er gehört. Kaum ein Schützemann kennt Eifersucht, und er ist auch nicht nachtragend. Wenn seine Partnerin mal ein Auge auf einen anderen Mann riskiert, wird er darüber zwar nicht gerade in Jubel ausbrechen, aber er wird sich schnell an seinen eigenen Grundsatz erinnern, dass Freiheit immer gegenseitig gewährt werden muss. Schützen stellen sich nur ungern Problemen, die in einer Partnerschaft zwangsläufig auftreten. Sie versuchen, sich herauszureden, bis man sie regelrecht stellt. Streit liegt ihnen eben einfach nicht. Sie geben lieber nach und setzen ihre Vorstellungen auf andere Art durch.

Eine Trennung wird Herrn Schütze nicht allzu sehr belasten. Irgendwie fühlt er sich zwar getroffen, aber nach außen wird er das nie zeigen. Vielmehr genießt er ganz offensichtlich seine neue Freiheit: Endlich kann er wieder tun und lassen, was er ganz allein will und muss niemandem Rechenschaft ablegen.

So liebt die Schützefrau

Frau Schütze handelt und empfindet in vielem natürlich ganz ähnlich wie ihr männlicher Sternzeichenpartner. Man(n) schätzt an ihr das lebhafte und unbekümmerte Wesen. Schützinnen sind impulsiv und gute Kumpel. Intelligenz und Geist sind bei einer Schützefrau immer vorhanden, doch manchmal ist sie etwas unzuverlässig. Es kann durchaus passieren, dass Frau Schütze erst am nächsten Morgen siedendheiß einfällt, dass sie am Abend zuvor mit einem Bekannten fest verabredet war. Da steckt dann keine Absicht dahinter. Viel wahrscheinlicher ist es, dass ihr irgendeine Angelegenheit dazwischenkam, die ihrer Meinung nach keinerlei Aufschub duldete. Sie wird ihr Versäumnis tief bereuen und mit allen Mitteln versuchen, es wieder gutzumachen.

Eine Schützefrau ist stets von Menschen beeindruckt, die auf gleichem intellektuellen Niveau wie sie selbst stehen. Mit ihnen wird sie angeregte Unterhaltungen führen. Mit dummen Leuten,

Schützefrauen nehmen Herzensangelegenheiten manchmal auf die leichte Schulter. Sie lassen sich ungern Zügel anlegen und wünschen sich Partner von hohem intellektuellen Niveau.

die ihr das nicht bieten können, gibt sie sich meist nicht lange ab. Sie flirtet ungehemmt, ohne irgendwelche ernsten Absichten zu haben und wirkt häufig sehr anziehend auf die Herren der Schöpfung. Aber sie ist sehr wählerisch. Wer ihr nicht gleich passt, den lässt sie eiskalt wieder fallen. Kommt jedoch „Mr. Right" in ihr Blickfeld, wird sie sich sehr um ihn bemühen.

Dabei muss selbst ihr Traumprinz akzeptieren, dass Frau Schütze ihre Freiheit und Unabhängigkeit niemals gänzlich aufgeben wird. Sie wird sich nicht in eine Partnerschaft fügen, nur weil es die Konvention so will. Eher wird ihr Partner nachgeben müssen. Sie kann eine gute Gefährtin sein, eine hinreißende Geliebte, und wenn sie sich zur Ehe entschließt, wird sie diese auch sehr ernst nehmen. Für ihren Mann ist sie dann immer da, und sie wird ihm – selbst wenn sie hin und wieder einen Flirt riskiert – eine treue Partnerin sein. Deshalb kennt auch sie kaum brennende Eifersucht. Hat sie den Mann ihres Lebens gefunden, wird sie nicht wie eine Klette an ihm hängen. Sie wird großzügig sein – erwartet aber von ihm dasselbe. In einer Partnerschaft kann es schon mal zu einem Seitensprung kommen. Selbst wenn sie das schmerzt, wird sie nicht vor Eifersucht toben, ihm auch nicht jahrelang vorhalten, dass er sie einmal betrogen hat.

Probleme sind so eine Sache bei Frau Schütze. Wie ihr Sternzeichenpartner weicht sie ihnen lieber aus. So impulsiv und offen sie normalerweise ist, hat sie doch Hemmungen, sich einem Problem zu stellen und es anzupacken. Eher versucht sie, sich herauszuwinden, damit es ja nicht zu einem Streitgespräch kommt. Manchmal lässt sich jedoch ein Krach nicht vermeiden. Wird sie dabei zu Unrecht beschuldigt, kann die sonst so sanft und zurückhaltende Schützin zur Höchstform auflaufen. Dann ist sie aufbrausend, manchmal lautstark und wird mit fast allen Mitteln versuchen, sich zu rechtfertigen. Ungerechtigkeit – vor allem zu ihren Lasten – kann sie nicht ausstehen: Sie wird explodieren wie ein Vulkan, während sie sonst eher dazu neigt, ihren Widersacher den ersten Schritt tun zu lassen.

Bei einer Trennung lässt die Schützin nichts auf ihre Freiheit kommen. Natürlich wird sie leiden, wenn ein geliebter Partner sie verlässt. Andererseits hat sie schon früh gelernt, dass sie oft zuviel Vertrauen in die Menschen setzt, dass sie oft enttäuscht wird. Zu sehr fehlt ihr eben ein gesundes Misstrauen. Aber sie nimmt solche seelischen Verletzungen nicht so schwer wie manch anderer. Sie liebäugelt schon rasch wieder mit der neu gewonnenen Freiheit und genießt ihre Unabhängigkeit.

Der Schütze im Beruf und Geschäftsleben

Wenn ein Schütze zur Schule geht …

… wird er dem Lehrer vielleicht durch besondere Quirligkeit auffallen. Er besitzt eine schnelle Auffassungsgabe, aber er nervt den Lehrer durch seine scheinbare Unaufmerksamkeit und Unbeständigkeit.

Ein Schütze ist nicht ehrgeizig, strebt nicht um jeden Preis an die Spitze. Dazu hat er viel zu viele unterschiedliche Interessen. Er erkennt sofort das Wesentliche einer Sache. Wichtige Daten entfallen ihm nicht. Trotzdem erscheint er manchmal total vergesslich und geistesabwesend. Das wirkt sich manchmal als Hemmschuh für seine schulischen Leistungen und später für seine Karriere aus.

Ein weiteres Manko kann seine Neigung zu voreiligem Handeln sein. Vieles möchte der ungeduldige Schütze schnell erledigt wissen – das ist schon in der Schule so. Er muss lernen, dass man vor jeder Aktion richtig überlegen sollte. Hin und wieder wirkt er allzu nachlässig und sorglos. Aber man sollte seine plötzliche Intuition und seinen glänzenden Verstand nicht unterschätzen. Sein Zielbewusstsein verleiht ihm innere Ruhe, gleicht ihn aus und überdeckt seine oberflächliche Hektik.

Um wirklich später alle Möglichkeiten in einem Beruf voll auszuschöpfen, muss der Schütze beizeiten lernen, sein unstetes Wesen zu unterdrücken oder wenigstens in produktive Bahnen zu lenken. Seine Wissbegierde kann ganz schön nerven. Davon wissen schon die Eltern in der Kindheit und Schulzeit ein Lied zu singen, das setzt sich in Lehre und Ausbildung fort und wird sich bis in die Ausübung seines Berufes hinziehen. Die Anfangsjahre im Job werden nicht ganz einfach: Der Schütze muss sich daran gewöhnen, Anordnungen von oben zu befolgen. Die alte Weisheit, dass Lehrjahre keine Herrenjahre sind, akzeptiert er nur schwer. In dieser Zeit werden seine Verbesserungsvorschläge nur selten auf positive Resonanz stoßen.

Der Schütze und sein Job

Nicht immer ist der erlernte Job derjenige, den Herr oder Frau Schütze ihr ganzes Berufsleben lang beibehalten. Dennoch schafft es der Schütze, sich langsam aber stetig hochzuarbeiten. Abwechslung gehört in seinem Leben einfach dazu. Hat er mal einen Job hingeworfen und sich einem neuen zugewandt, wird der Schütze nicht die leisesten Anstrengungen unternehmen, im alten Beruf noch einmal Lorbeeren zu ernten. Rückkehr würde für ihn Rückschritt bedeuten – und das wäre undenkbar.

Meist sind Schützen gute Gesprächspartner. Sie können interessant, mit Witz und Humor erzählen. Damit schaffen sie schnell eine gute Atmosphäre und ein gutes Betriebsklima. Sie kommen sofort zur Sache, und trotz ihrer Impulsivität und häufigen Ungeduld ist ihr Temperament doch im Großen und Ganzen sehr ausgeglichen. Die Anerkennung anderer ist jedem Schützen wichtig. Eine seiner Untugenden ist es, stets die Aufmerksamkeit aller Anwesenden auf sich lenken zu wollen. Dabei geht er manchmal weiter, als es im Job angebracht scheint.

Berufe mit Karrierechancen

Auf jeden Fall sollte der Schütze in seinem Beruf mit Menschen zusammenkommen. Nicht nur ein einziger Geschäftspartner oder Kollege täte ihm gut, sondern eine möglichst große und wechselnde Anzahl von Kunden oder Partnern, von Mitarbeitern oder Untergebenen.

Schützen sind sehr hilfsbereite Menschen. Die Erfüllung dieser Veranlagung lässt sie als Lehrer, Juristen, Geistliche oder Philosophen geradezu ideal erscheinen. Es spielt dabei keine Rolle, welchen Beruf sie letztendlich ergreifen. Immer werden sie diejenigen sein, an die man sich um Rat und Hilfe wendet. Und dabei werden sie durchaus auch große Erfolge zeitigen.

Die Redegewandtheit eines Schützen – sei es ein glänzendes Plädoyer im Gerichtssaal oder eine brillante Sonntagspredigt – zieht viele Zuhörer in den Bann. Mit Humor und enormem Wissen beeindruckt er: Das macht einen Schützen geeignet für Bühnenberufe – als Schauspieler, Kabarettist oder Moderator.

Die Liebe zu Tieren kann kein Schütze verhehlen. Alle Berufe, die sich mit Vierbeinern oder gefiederten Tieren beschäftigen, sind geeignet. Als Arzt mit Kleintierpraxis werden sie ebenso erfolgreich sein wie als Elefantenwärter im Zoo.

Schütze

Seiner sportlichen Ader kann der Schütze als Sportlehrer bestens nachkommen. Er kann recht gut mit Kindern umgehen, seine Fröhlichkeit wird ihnen Spaß machen und trotzdem das nötige Wissen vermitteln. Bevorzugte Geschäftszweige sind naturgemäß alle Jobs, die mit dem Reisen zu tun haben, nicht gerade als Reiseleiter, eher als persönlicher Assistent oder Mitarbeiter eines Managers, der viel unterwegs sein muss.

Der Schütze im Arbeitsalltag

Schützen halten sich zumeist an alle Spielregeln, die es im Geschäftsleben gibt. Sie sind fair und erlauben jedem, seine Ansichten laut und deutlich zu äußern. Mitarbeiter und Teamkollegen können stets mit Hilfe und Verständnis rechnen. Herr und Frau Schütze sind zwar fröhlich und aufgeschlossen, aber auch zurückhaltend. So sichern sie sich ihre Autorität. Falschheit und Intrigen liegen überhaupt nicht auf ihrer Linie. Wer in ihrer Umgebung versucht, mit solchen Mitteln weiterzukommen, wird auf Granit beißen.

Schützen vertragen es nur schlecht, wenn sie kritisiert werden – selbst wenn die Kritik an ihrer Person oder ihrem Handeln gerechtfertigt sein sollte. Ganz schlimm wird es jedoch, wenn an ihnen ohne Grund herumgemäkelt wird. Da kann es dann durchaus passieren, dass der Schütze wirklich an die Decke geht und vor Wut gleichsam erstarrt.

Die Finanzen des Schützen

Geld spielt für Schützen keine herausragende Rolle – und so mancher merkt am Monatsende, dass das Konto trotz Gehaltsüberweisungen tief in den roten Zahlen steht. Das liegt zum Teil auch an der Großzügigkeit, mit der er andere an seinem Lebensstil teilhaben lässt.

Schützen können zwar durchaus beruflich erfolgreich sein und in gut bezahlte Positionen gelangen, ihre finanziellen Erfolge sind dabei aber oft mäßig – selbst Großverdiener werden kein großes Vermögen anhäufen. Viel zu gerne geben sie ihr Geld für Reisen aus. Und ihr Anlageverhalten lässt Banker und Investmentberater schier verzweifeln; denn es ist durchaus keine Seltenheit, dass ein Schütze – weil ihm das nicht so wichtig ist – sechsstellige Geldbeträge auf dem Girokonto parkt …

Der Schütze in Urlaub und Freizeit

Urlaubsorte, Ferienziele

Bevorzugte Urlaubsgebiete eines Schützen sind Spanien und Ungarn. In beiden Ländern fühlt er sich besonders wohl; aber da Reisen an sich für ihn ein Vergnügen ist, wird er sich rund um den Globus auf allen fünf Kontinenten und in allen möglichen Ländern aufhalten. Ein besonderes Faible wird ihm auch noch für Madagaskar und Australien nachgesagt. Reisen ist für ihn eine Notwendigkeit. Deshalb wird er außerdem möglichst oft wenigstens für ein verlängertes Wochenende in die Ferne schweifen.

Sport

Körperliche Betätigung ist für den Schützen lebenswichtig. Auch im Urlaub wird er die sportlichen Angebote nutzen. Da er gerne mit Tieren umgeht, kann's gut sein, dass ein Schütze sich die Reiterei als Sport aussucht. So schlägt er gleich zwei Fliegen mit einer Klappe: Auf dem Rücken der Pferde liegt nicht nur das Glück der Erde, sondern man kann beim Reiten auf herrliche Weise fremde Länder erkunden. Reiterferien sind also für einen Schützen sozusagen das Beste, was ihm passieren kann …

Hobby

Neben Reisen und Tieren sind Schützen sehr von Kunst und Musik fasziniert. Dazu gehört auch der Tanz. Die Kombination von Bewegung – als Sport ausgeübt – und Kunst zieht ihn enorm an. Kann sich der Schütze Reisen in ferne Länder nicht so recht leisten, wird er auf seine eigene Fantasie ausweichen. Er ist dann häufiger Besucher in der Stadtbücherei und holt sich die Welt über Bücher zu sich nach Hause ins Wohnzimmer. Dabei kann er seine Gedanken schweifen lassen und seine eigenen Fantasien entwickeln. Tiere können selbstverständlich auch zum Schützehobby werden – vor allem für die weiblichen Vertreter dieses Sternzeichens: Sie können an keinem Tier vorbeigehen, dem es nicht gut geht. Es wird nach Hause mitgenommen und gesundgepflegt. So manche Schützin hat daheim bald eine ganze Menagerie.

Familienleben

Die Familie ist einem Schützen sehr wichtig, selbst wenn er erst spät in den Hafen der Ehe einlaufen sollte. Er ist großzügig, mitfühlend und sehr familienverbunden. Er braucht einfach einen Ort, an den er sich immer zurückziehen kann, von dem er weiß, dass er dort gut aufgehoben und willkommen ist. Innerhalb der Familie kann ein Schütze seine Ansichten manchmal sehr stur vertreten. Er versucht aber immer, eine Atmosphäre von Freiheit und Toleranz zu schaffen. Als Vater ist der Schütze manchmal nicht optimal: Er wird seinen Kindern immer ein guter Kamerad sein, doch er hat Schwierigkeiten damit, verlässlich und zuverlässig auf den Nachwuchs aufzupassen. Schützemütter zeichnet dagegen ein gesunder Menschenverstand und ein gefestigter Charakter aus. Sie sind ihren Kindern gegenüber ausgeglichen. Beide sind jedoch in ihren Erziehungsmethoden sehr tolerant und vermitteln dies auch dem Nachwuchs.

Kulinarisches

Nicht, dass jeder Schütze ein Vielfraß ist! Aber man könnte ihn auch nicht unbedingt als großen Feinschmecker bezeichnen. Herr und Frau Schütze genießen gern, und sie haben keinerlei Probleme damit, alles mögliche auszuprobieren. In ihrer Küche findet man Kochbücher aus aller Herren Länder. Es ist ihnen dabei völlig egal, ob sie ihre Speisen in einem Lokal genießen oder daheim. In trauter Zweisamkeit speisen sie genauso gerne wie mit Freunden bei einer Fete oder einem stilvollen Arbeitsessen im Gourmettempel. Bei Getränken halten sie's genauso: Die Zutaten dürfen aus allen möglichen Ländern stammen. Da sind natürlich exotische Cocktails aus geheimnisvollen Ingredienzen nicht ausgeschlossen …

Geiz kennt ein Schütze nicht. Wenn er ausgeht, hat er die Spendierhosen an – selbst wenn er sich's eigentlich gar nicht leisten kann. Aber er handelt nach dem Motto: Geld muss unter Leute. Ihm ist die Gegenwart wichtig; was in der Zukunft passiert, interessiert ihn erst mal weniger.

Garderobe

Schützen landen gewiss höchst selten auf der Liste der Bestangezogenen. Sie lieben bequeme Kleidung – auf Optik legen sie dabei weniger Wert. Herr Schütze weiß dem Anlass entsprechend die geeignete Garderobe zu wählen, meist aber kleidet er sich nach Lust und Laune. Vorschriften in Bezug auf Kleidung schätzt er nicht. Er fühlt sich weder *overstyled* noch *underdressed* besonders unwohl oder gar deplaziert – im Gegenteil: Immer strahlt er eine gewisse Jugendlichkeit aus.

Frau Schütze möchte ebenfalls Bequemlichkeit mit Eleganz verbinden. Das sieht oft sehr individuell aus, kommt aber meist gut an. Eleganz ist ihr wichtig, ebenso ein modisches Erscheinungsbild. Bei vielen Schützinnen kann man mit einem Blick auf die Garderobe erkennen, in welcher Stimmung sie gerade sind.

Düfte und Make-up

Der Charakter eines Schützen wird durch den frischen Duft aus Farnkräutern und würzigem Moos- oder Holzaroma unterstützt. Das unterstreicht seine Sportlichkeit, sein Selbstbewusstsein, seinen Schwung. Viele Schützedamen probieren Herrendüfte aus. Die zart-herben Duftnoten lassen ihre Persönlichkeit bestens zur Geltung kommen.

Frau Schütze weiß, dass sie gut aussieht. Dennoch wird sie auf ein leichtes Make-up nicht verzichten wollen – natürlich nur, um ihre Ausstrahlung zu betonen. Dabei wählt sie immer eher dezente Farben. Selbst in großer Abendgarderobe kommt sie nicht bunt geschminkt wie ein Paradiesvogel daher. Sie liebt ihre Bequemlichkeit, ist meist locker und leger. Am Wochenende oder abends in den eigenen vier Wänden verzichtet sie sicher ganz auf Schminke. Natürlichkeit ist dann Trumpf.

Sind Sie ein echter Schützemann?

	Ja	Nein
1. Fühlen Sie sich allein am wohlsten?	0	4
2. Können Sie Ärger mit anderen schnell vergessen?	3	0
3. Lieben Sie alles, was Abwechslung in Ihr Leben bringt?	4	2
4. Wenn etwas nicht nach Ihren Vorstellungen läuft: Geben Sie schnell auf?	1	3
5. Sollte Ihre Partnerin sich an Sie anpassen können?	2	1
6. Sehen Sie alles durch die rosarote Brille, wenn Sie frisch verliebt sind?	2	1
7. Handeln Sie oft spontan und deshalb hin und wieder falsch?	3	1
8. Führen Sie Ihre Pläne konsequent aus?	4	1
9. Lassen Sie sich von anderen zu Dingen überreden, die Sie gar nicht wollen?	1	3
10. Neigen Sie zu impulsiven Äußerungen, die andere verletzen?	4	2

Auswertung:

Bis zu 12 Punkte machen klar: Sie sind kein typischer Schütze, dazu zeigen Sie zu wenig Abenteuerlust. Veränderungen mögen Sie ebenfalls nicht. Sie resignieren oft viel zu schnell – aber dafür sind Sie sehr häuslich.

13 bis 24 Punkte zeigen einige Schütze-Eigenschaften an: Sie sind gesellig, brauchen den Kontakt zu anderen und reisen auch gern. Lediglich der Antrieb, Ihre Pläne in die Tat umzusetzen, lässt manchmal zu wünschen übrig. Trauen Sie sich mehr zu – Sie schaffen es schon!

25 und mehr Punkte Sie sind ein echter Schützemann! Sie sind spontan und offen, können sich für vieles begeistern und setzen selbst gewagte Ideen in die Realität um. Kein Wunder, dass Ihnen bei so viel Frohsinn und Heiterkeit viele Frauenherzen zufliegen!

Sind Sie eine echte Schützefrau?

	Ja	Nein
1. Sind Sie durch und durch verlässlich?	4	1
2. Wollten Sie in Ihrer Kindheit um jeden Preis Ihren Kopf durchsetzen?	2	1
3. Sind Sie sparsam beim Wirtschaften im Haushalt?	1	3
4. Neigen Sie dazu, alles eher schwarz zu sehen?	1	4
5. Könnten Sie eine finanzielle Erbschaft auf einer Weltreise verpulvern?	2	0
6. Gelten Sie allgemein als liebenswürdig und freundlich?	3	1
7. Sind Sie besonders empfänglich für Zärtlichkeiten?	4	2
8. Lassen Sie Ihren Partner über Ihre Person bestimmen?	1	3
9. Wenn etwas verboten ist: Reizt es Sie dann gerade?	4	0
10. Sagen Sie stets Ihre Meinung – auch wenn Sie dabei oftmals ins Fettnäpfchen treten?	3	1

Auswertung:

Bis zu 12 Punkte — Sie haben leider nicht sehr viel von einem Schützen! Sie flirten gern und nehmen dabei dann auch keine Rücksicht auf Ihren festen Partner. Ihre übergroße Sparsamkeit könnte man fast knauserig nennen. Hin und wieder sehen Sie allzu schwarz in die Zukunft.

13 bis 24 Punkte — zeigen, dass Sie eine ganze Menge Schütze-Eigenschaften haben. Sie setzen Ihren Kopf gerne durch – gegen allen Widerstand. Ihre künstlerische Ader jedoch bleibt sehr im Verborgenen. Und Ihre Gleichgültigkeit ist absolut untypisch für Ihr Sternzeichen.

25 und mehr Punkte — sind Sie eine echte Schützefrau! Sie blicken frohen Mutes in Ihre Zukunft, selbst wenn's momentan gar nicht so rosig aussehen mag. Sie sparen nicht fürs Alter, sondern wollen Ihr Leben hier und jetzt genießen. Das gilt auch in Liebesdingen – dennoch sind Sie treu.

22. Dezember – 20. Januar

Im Zeichen
des Steinbocks

So kommen die Steinbockfrau/ der Steinbockmann am besten klar

Sie als glücklicher Steinbock gelten als sehr korrekter und gewissenhafter Mensch und sind dabei mit einer Ausdauer begabt, die ihresgleichen sucht. Sie gehören vielleicht nicht zu den kommunikativsten Sternzeichen, sind oftmals in sich gekehrt, doch wegen Ihrer Kompetenz und Gewissenhaftigkeit werden Sie allgemein geschätzt.

Sie sollten sich keinen Deut darum scheren, wenn andere Sie für einen gefühlskalten Streber halten, für den nichts anderes als materielle Errungenschaften zählen. Sie selbst wissen es besser.

Zum Beispiel in der Liebe: Man sagt den Steinböcken nach, sie seien wahrhaft unersättliche Liebhaber. Das ist sicher übertrieben; aber tatsächlich können Sie mit Ihrem Charme wirklich jede Frau um den Finger wickeln. Dabei sind Sie auch noch so bescheiden, sich nicht anmerken zu lassen, wie sehr Sie Ihre Erfolge beim anderen Geschlecht genießen. Ihre zuvorkommende Art macht Sie übrigens beliebt bei Damen jeden Alters: Sie werden nicht nur Ihre Angebetete für sich gewinnen, sondern auch noch gleich Ihre künftige Schwiegermutter. Jeder Frau sollte allerdings klar sein: die Liebe nimmt bei Ihnen den zweiten Platz ein – nach dem Beruf und Ihrer gesellschaftlichen Stellung.

Frau Steinbock findet ihr höchstes Glück in der Verbindung von Beruf und Partnerschaft. Bei der Suche nach dem passenden Mann für eine solche Beziehung gehen Sie sehr methodisch vor. Das heißt jedoch nicht, dass Sie nicht auch zu tiefen und sehr leidenschaftlichen Gefühlen fähig sind. Gerade bei Ihrem Lebenspartner sollten Sie ein wenig mehr an Ihre Gefühle als an ausgeglichene Bilanzen denken. Schließlich gehen Sie mit einer Ehe keine Geschäftsbeziehung ein, oder?

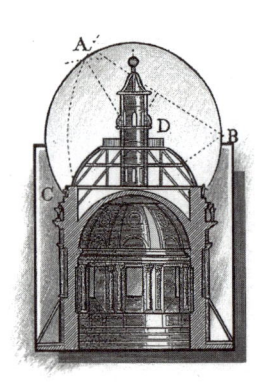

Steinböcke gelten zwar oft als verschlossen und mürrisch, überzeugen aber durch Gewissenhaftigkeit und Kompetenz.

Ernst und Gründlichkeit

Kein Steinbockmann lässt sich übrigens zu etwas drängen – weder in der Liebe noch in allen anderen Bereichen seines Lebens. Fühlen Sie nur den geringsten Ansatz, dass Sie etwas tun sollen, was Ihnen nur ein wenig widerstrebt, so schalten Sie zunächst einmal auf stur. Nur sehr schwer kann man Sie dann überzeugen, von diesem Verhalten wieder abzurücken. Sind Sie jedoch sicher, die richtige Partnerin gefunden zu haben, werden Sie sanft wie ein Lamm und weich wie Schmusewolle. Dabei zeigt sich dann oft eine ganz besonders liebenswerte Seite, die manche Frauen anzieht wie Motten das Licht: Sie wirken in der Werbung um Ihre Liebste ein wenig tapsig und unbeholfen – so gar nicht als Routinier. Bei jungen Steinböcken ist das ganz echt, bei älteren hingegen eine (anziehende) Masche, zum Ziel zu gelangen ...

Trotz aller Casanova-Eigenschaften: Steinböcke sind meist sehr ernste und gründliche Menschen. Sie argumentieren klug und sachlich, wenn Sie irgend etwas erreichen wollen. Im Beruf und im Privatleben sind Sie sehr gewissenhaft.

Das Äußere

Schon am Äußeren sind Steinböcke oft zu erkennen. Sie neigen nicht zu fülliger Figur, eher zu einem etwas knochigen Aussehen. Ihre Bewegungen sind nicht allzu schnell. Sie schauen nicht ständig fröhlich drein, sondern wirken auf den ersten Blick ernst und distanziert. Ihre Selbstsicherheit strahlen Sie auch durch Ihre Gestik und Mimik aus. Sie sind eher von der schweigsamen Art, sinnloses Geplapper liegt Ihnen nicht.

Frau Steinbock fällt oft durch ihren Blick auf: Sie wirken meist ernst, dabei aber sehr geheimnisvoll. Die „Unschuld vom Lande" nähme man Ihnen bestimmt nicht ab. Ihre Ausstrahlung ist manchmal die eines Eisberges, wobei man schon erkennen kann, dass ein Vulkan unter dem Eise brodelt. Manchmal wirken Sie etwas abweisend gegenüber anderen Menschen; so schrecken Sie vielleicht jemanden ab, der sich als guter Freund oder vielleicht sogar Lebenspartner erweisen könnte. Ihre Kühle und Nachdenklichkeit weist Sie als sehr vernünftige Person aus: Sie lassen sich nicht durch Äußerlichkeit und Oberflächlichkeit den Kopf verdrehen.

Unter dieser äußeren Hülle jedoch sind Sie gar nicht so tough und mutig, sondern eher etwas ängstlich. Das lassen Sie sich natürlich nicht anmerken. Nur jemand, der Sie sehr gut kennt und dem Sie voll vertrauen, vermag hinter diese coole Fassade zu schauen.

Der zuverlässige Steinbock

Wer Sie zum Freund hat, kann sicher sein: Sie sind immer da, wenn man Hilfe braucht, wenn man einen Rat sucht, wenn man sich aussprechen will. Dazu kommt Ihre Pünktlichkeit: Steinböcke kommen eher zehn Minuten zu früh als eine einzige Minute zu spät zu einer Verabredung. Frau Steinbock ist meist ein sehr vorsichtiger Mensch. Es dauert lange, bis Sie jemandem Ihr Vertrauen schenken, Sie wirken beherrscht und sehr entschlossen. Sie gelten als sparsame Frau, und diese Sparsamkeit erstreckt sich leider manchmal auch darauf, wie Sie Ihre Gefühle äußern.

Manchmal wirken Steinböcke etwas stolz und arrogant. Sie können sich auch etwas einbilden: auf Ihre Leistungen, auf Ihre Strebsamkeit, vielleicht auch auf die Ziele, die Sie schon erreicht haben im Leben. Aber Sie sollten sich abgewöhnen, andere merken zu lassen, wie stolz Sie auf all Ihre Errungenschaften sind. Das erweckt nur Neid und Missgunst unter den lieben Mitmenschen.

Die Arbeit ist das Ein und Alles eines jeden Steinbocks. Alle anderen Dinge scheinen Ihnen dagegen unwichtig zu sein. Sie sind ein Gewohnheitsmensch und verabscheuen nichts mehr, als wenn sich in Ihren Lebensumständen Unregelmäßigkeiten zeigen. Strebsam, zäh und ehrgeizig verfolgen Sie Ihre beruflichen Ziele. Sie gelten als gewissenhafter und einsatzfreudiger Kämpfer, der nicht aufgibt, bevor er seine Bestleistung vollbracht hat. Herr und Frau Steinbock sind optimale Führungskräfte. Sie leben für Ruhm, Prestige und Erfolg – eben für Ihre Arbeit. Sie handeln schnell, aber immer überlegt, in Ihrer Selbstdisziplin sind Sie beispielhaft. Ihre Begabung: Sie schaffen in fast jedem Chaos blitzschnell Ordnung; je komplizierter etwas auf den ersten Anschein wirkt, umso mehr reizt es Sie. Klar, dass Sie mit beiden Beinen nüchtern auf dem Boden der Tatsachen stehen und durch fast nichts vom Hocker zu reißen sind. Sie verlieren niemals das Wesentliche aus den Augen, visieren stets das Sinnvolle an. Gerade Steinbockfrauen zeichnen sich durch

---

Die 12 positivsten Eigenschaften, die Steinböcken nachgesagt werden.

Steinböcke sind
gewissenhaft
ideenreich
gründlich
strebsam
flexibel
zuverlässig
ausdauernd
bescheiden
unkompliziert
selbstkritisch
solide
gutmütig

Die 12 negativsten Eigenschaften, die Steinböcken nachgesagt werden.

Steinböcke sind
arrogant
geizig
rechthaberisch
anmaßend
zugeknöpft
skeptisch
labil
herrisch
zynisch
stur
rücksichtslos
egoistisch

einen besonderen Sinn fürs Geschäftliche, verbunden mit außerordentlichem Organisationstalent, aus. Das macht Sie in jeder Firma zur fast unersetzlichen Kraft.

Die Wohnung eines Steinbocks wird sehr individuell eingerichtet sein. Ganz gewiss suchen Sie sich Ihre Möbel nicht aus dem Versandhauskatalog aus. Ausgewählte Einzelstücke mischen sich da mit vielerlei Dingen, an denen Sie von früher hängen. Sie trennen sich nur ungern von einem Stück, selbst dann nicht, wenn es einige Mängel aufweist. So manches wandert erst auf den Müll, wenn es wirklich kaputt ist und nicht mehr repariert werden kann. Selbst dann stellen Sie es vielleicht eher auf den Speicher oder verstauen es im Keller. Denn irgendwann könnte man's ja vielleicht wieder brauchen. Als Steckenpferd kommen für einen Steinbock – gleich ob männlich oder weiblich – vor allem Lesen und Musik in Frage. Sie lieben außerdem alles, was mit praktischen Tätigkeiten verbunden ist; Heimwerken ebenso wie Gartenarbeit. Vor allem praktische Hobbys liegen Ihnen.

Obwohl Arbeit Ihr großes Hobby ist, sollten Steinböcke nicht auf ein wenig sportliche Betätigung verzichten. Zum Ausgleich für Ihre Unruhe und Ihren Schaffensdrang ist es wichtig, dass Sie sich beim Sport relaxen und Sie darin nicht auch gleich einen Wettbewerb sehen, in dem Sie stets der oder die Beste sein müssen. Viel frische Luft tut Ihnen besonders gut. Vielleicht schaffen Sie sich einen Hund an – dann wäre für frische Luft bei Wind und Wetter gesorgt. Steinböcke sind bis ins hohe Alter körperlich aktiv. Es kann gut sein, dass Sie als Senior beschließen, noch einen Wettkampfsport auszuüben. Sie eignen sich für viele Sportarten, und werden sicher im Laufe Ihres Lebens einiges ausprobieren.

Steinböcke haben eine enorme Widerstandskraft. In der Astromedizin sind Ihnen Knie, Gelenke und Bänder zugeordnet. Diese Körperregionen sollten Sie also mit Vorsicht behandeln und unter Umständen auch gegen Krankheiten in diesen Bereichen vorbeugen. Viele Steinböcke neigen zu Haltungsfehlern, zu Gicht, zu Problemen mit den Knien, am Meniskus und zu Rheumatismus. Anfällig sind Sie außerdem für Erkältungskrankheiten. Frau Steinbock zeichnet sich zwar durch einen bemerkenswerten Überlebenswillen aus. Oft scheint es: je älter Sie werden, umso gesünder und aktiver werden Sie. Psychosomatische Krankheiten machen Ihnen jedoch unter Umständen trotzdem sehr zu schaffen.

Typisch Steinbock

Welcher Steinbock sind Sie?

Astrologisch sind natürlich nicht alle Steinböcke gleich geartet: Neben dem „Sonnenzeichen" – also dem Sternbild, in dem bei Ihrer Geburt der „Planet" Sonne stand – ist der Aszendent von entscheidender Bedeutung. Er ist oft nicht mit dem Sonnenzeichen identisch, wirkt sich jedoch auf den Charakter eines Menschen – besonders in dessen zweiter Lebenshälfte – ebenfalls stark aus. Im Anhang finden Sie Tabellen, mit denen Sie Ihren Aszendenten leicht bestimmen können. Und so wird Ihre Steinbockpersönlichkeit von den jeweiligen Aszendenten beeinflusst:

Aszendent Widder sorgt dafür, dass Sie Ihre Ziele so hartnäckig verfolgen wie sonst kaum jemand. Sie kommen sicher nach oben, schaffen sich Wohlstand; dennoch vergessen Sie nicht, anderen beizustehen.

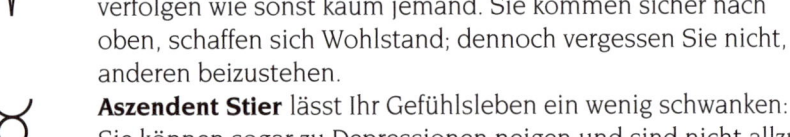

Aszendent Stier lässt Ihr Gefühlsleben ein wenig schwanken: Sie können sogar zu Depressionen neigen und sind nicht allzu energiegeladen. Sie streben eine Karriere an, erreichen diese auch – aber auf Umwegen.

Aszendent Zwillinge macht Sie zwiegespalten in Ihren Handlungen. Ihre überragende Intelligenz führt zu Höhenflügen. Im Job sind diese auch verwirklicht; in der Liebe sind Sie eher unstet.

Aszendent Krebs bringt viel Gefühl in Ihr vernunftbetontes Handeln. Hin und wieder scheinen Sie launenhaft. Im Beruf streben Sie erfolgreich an die Spitze und in der Liebe suchen und finden Sie einen gefühlvollen Partner.

Aszendent Löwe kann manchmal dazu beitragen, dass Sie etwas arrogant wirken. Sie leisten viel und ernten auch die Lorbeeren für Ihre unermüdliche Arbeit. Fürs Liebesspiel scheinen Sie wie geschaffen zu sein.

Aszendent Jungfrau kann Ihre angeborene Sparsamkeit bis hin zum Geiz steigern. Sie haben ein Händchen für Geld, leisten sich jedoch keinerlei Luxus. Sie streben im Job beharrlich an die Spitze, wirken jedoch im Privatleben sehr zurückhaltend.

Aszendent Waage dämpft Ihre übertriebene Ordnungsliebe – aber das gleichen Sie mit Ihrem Charme wieder aus. Sie sind so mutig, dass Sie manchmal leichtsinnig wirken. Sie scheinen ein wenig labil zu sein – auch in der Liebe …

Aszendent Skorpion sorgt dafür, dass Sie oft vor Eifersucht nicht mehr wissen, was Sie tun. Im Beruf sind Sie sehr ehrgeizig und haben damit großen Erfolg. Einziges Manko: Im Privaten und in der Liebe machen Sie sich damit keine Freunde.

Aszendent Schütze lässt Sie kein beschauliches Leben führen: Sie sind in Job und Liebe ständig unterwegs und erfolgreich – dennoch zweifeln Sie oft an sich selbst. Sie leben gesundheitsbewusst und sind in der Liebe wählerisch.

Aszendent Steinbock verstärkt Ihre Sucht nach Erfolg. Sie sind überaus selbstbeherrscht und konzentrieren sich nur auf eines: Ihr berufliches Vorwärtskommen. Dafür bleiben Sie in der Liebe eher schüchtern.

Aszendent Wassermann macht Sie zu einem besonders hilfsbereiten Menschen. Was Ihnen ein wenig abgeht, ist Durchsetzungsvermögen. In der Liebe stört das jedoch nicht.

Aszendent Fische ist daran schuld, dass Sie extrem gefühlsbetont agieren. Sie haben zahlreiche Bekannte und dabei sehr tiefgehende Freundschaften. Ihr Glück suchen Sie oft im Spiel, nicht in der Liebe …

Was sonst noch zum Steinbock gehört

Jahrtausende der Astrologie haben gezeigt, dass jedes Sternzeichen nicht nur „seinen" Planetenregenten hat, sondern dass man den einzelnen Tierkreiszeichen eine ganze Reihe von Dingen zuordnen kann. Ob das Farben, Pflanzen oder Mineralien sind, die Ihnen als Steinbock ganz besonders liegen.

- Ihnen das Element Erde zugeordnet. Als kardinales Erdzeichen ist Ihnen bestimmt, dass Ihr Verstand von emotionalen Erschütterungen ziemlich unberührt bleibt. Gefühlsregungen suchen sich unterirdisch ihre Bahn und prägen sich dadurch nur umso heftiger Ihrem Unterbewusstsein ein.

- Ihre Farbe ist deshalb vielleicht vor allem Braun in all seinen Schattierungen. Außerdem lieben Sie schwarze, blauschwarze, ja auch violettschwarze Töne. Dunkelgrün oder Dunkelgrau sind ebenfalls in Ihrem Kleiderschrank vertreten. Das macht Ihnen die Wahl Ihres ganz persönlichen Stils nicht schwer. Sie werden klassische Kleidung bevorzugen.

◆ Die Pflanzen des Steinbocks sind Efeu, Zypresse, Mistel, Distel, Bohne, Schachtelhalm, Zinnkraut und Pinie. An zarten Blumen schätzen Sie Heidekraut und Alpenveilchen. Die giftige Tollkirsche wird manchmal dem Steinbock zugeordnet, auch die Wiesenflockenblume, die gegen Entzündungen hilft, und der Wegerich, der ebenfalls als Heilkraut Anwendung findet.

◆ Ihre Glückssteine sind Onyx, Turmalin, Bleikristall und – ganz schlicht! – der Diamant. Dem Steinbock ordnet man von alters her als Metall das Blei zu. Leider kann man darin keinen Schmuck einfassen. Viele Steinböcke tragen jahrelang als Glücksbringer ein Bleistückchen mit sich herum, das sie Silvester mal gegossen haben.
Wer an die Heilkraft der Edelsteine glaubt, weiß: Onyx muss lange am Körper getragen werden, dann entfaltet er seine Kraft gegen Entzündungen, gegen Schwerhörigkeit und Sehschwäche sowie Nervenerkrankungen. Turmalin hilft gegen Gleichgewichtsstörungen und gegen Depressionen; Malachit fördert das Wachstum und lindert Herzbeschwerden; Moosachat wirkt anregend auf Bauchspeicheldrüse und Lymphsystem. Der Diamant schließlich schützt vor Stress und Erschöpfung und kräftigt alle Organe und Körperfunktionen.

◆ Steinböcke haben für Schmuck etwas übrig, verbinden sich doch bei Juwelen und Geschmeide Wertanlage und schöne Optik. Frau Steinbock mag klassisch schönen Schmuck, den sie jahrelang tragen kann. Dabei sagt ihr ein schlichter Diamant in entsprechender Größe besonders zu. Gold lieben beide Steinböcke in allen Variationen. Auch Platin kommt in Frage. Sie werden stets nur wenige ausgewählte Stücke tragen und nicht überhäuft mit Pretiosen auftreten.

Der Steinbock und die Liebe

So liebt der Steinbockmann

In Liebesdingen gehört der Steinbockmann zu den begehrtesten und diskretesten Liebhabern. Jede Frau kann sich blind darauf verlassen, dass er nicht etwa mit seinen Abenteuern und seinen Erfolgen bei den Damen herumprotzt. Seine guten Manieren tragen dazu bei, dass er rücksichtsloses Verhalten in allen Lebenslagen geradezu verabscheut.

Die meisten Frauen fühlen sich einfach wohl in seiner Gegenwart. Sie bewundern seinen Verstand, seine Treue und seine Aufrichtigkeit. Sie sollten jedoch niemals vergessen, dass Herr Steinbock natürlich von seiner Partnerin – gerade dann, wenn es um eine so wichtige Sache wie Liebe und Partnerschaft geht – ebenfalls Ehrlichkeit und Aufrichtigkeit erwartet. Und zwar bedingungslos und ohne irgendeine Einschränkung. Mit Lüge und Verstellung, mit Heimlichkeiten und Intrigenspiel kann man ihm nicht kommen. Einen Steinbock wickelt man nicht mit großartigen Taten um den Finger. Ihn beeindrucken viel mehr Kleinigkeiten, die das Alltagsleben erleichtern und verschönern. Erfolge im kleinen Rahmen imponieren ihm, denn dabei bekommt er nie das Gefühl vermittelt, seine Partnerin wäre ihm überlegen.

Steinböcke gehören zu den begehrtesten und zugleich diskretesten Liebhabern. Steinbockmänner finden an Frauen deren Intelligenz erotisch und brauchen oft längere Zeit, um ihren Leidenschaften freien Lauf zu lassen.

Steinböcke können wenig mit harmlosen Flirts und Herumtändelei anfangen. Sie sind keine guten Verlierer, deshalb haben sie gerne das Gefühl, sie seien ihres „Sieges" in Sachen Liebe ziemlich sicher, bevor sie Gefühle und Zeit investieren. Hier kommt der typische Charakterzug eines Steinbocks dann doch wieder durch: Auch die Liebe muss sich „rentieren", muss ein ausgeglichenes Geben und Nehmen sein. Hat er dagegen das Gefühl, dass die Dame seines Herzens ihn nur ausnutzt, so wird er diese Beziehung schnell beenden. Kleinigkeiten, die eine Frau schätzt, wie Blumen oder Präsente, sind nicht so recht sein Stil. Im Gegenteil: Hat Amors Pfeil einen Steinbock einmal so richtig getroffen, so vergisst er alles, um seiner Herzdame nahe zu sein – sogar seine guten Manieren.

Natürlich erwartet ein Steinbock von seiner Partnerin ähnliche Reaktionen. Er kann sich gar nicht vorstellen, dass jemand seine Liebe anders äußern könnte, als er es tut. Oft versucht er, sein weibliches Idealbild der Realität anzupassen. Hinzu kommt, dass Herr Steinbock nicht einsehen mag, wieso seine Partnerin außer ihm auch noch andere Herren eines Blickes würdigt. Seine Eifersucht kann – ebenso wie andere Einschränkungen, die er seiner Partnerin aufzuerlegen versucht – zu Streit, ja sogar zu Trennung führen.

Ein Steinbock wird sich Problemen in seiner Partnerschaft immer mit Verve stellen. Er will Unannehmlichkeiten schnell beseitigen. Dabei sieht er in allen Dingen meist zuerst die positive Seite. Bei Streitigkeiten ist er kein leichter Gegner. Er merkt sich jede Beleidigung, die ihm seine Liebste im Zorn an den Kopf wirft. Zwar streitet er nicht gerne, ist dann sogar zurückhaltend. Betrifft es aber ein Thema, bei dem er sich im Recht fühlt, bleibt er bei seiner Meinung. Niemand wird es einem Steinbock ansehen, wenn er gerade um eine dahingegangene Beziehung trauert. Im stillen Kämmerlein jedoch wird er seinen Gefühlen freien Lauf lassen. Die Trennung von einer geliebten Partnerin fällt ihm allerdings auch deshalb weniger schwer, weil er sich ja im Recht sieht. Warum sich also allzu lange grämen? Da trifft er sich doch lieber mit guten alten Freunden, die ihn ablenken und auf neue Gedanken bringen. Und ihm dadurch die Chance geben, eine andere kennen zu lernen.

So liebt die Steinbockfrau

Die Steinbockfrau ähnelt in vielem dem Verhalten ihres Sternzeichenpartners. In einem jedoch unterscheidet sie sich gravierend: Frau Steinbock hat eine geradezu überirdische Geduld. Kein Mann sollte jedoch den Fehler begehen, mit ihren Gefühlen unsensibel umzugehen, sie etwa gar zu missachten. Dann verwandelt sich die ach so geduldige Steinböckin nämlich plötzlich in eine unnahbare Person, die ihren bis zu diesem Zeitpunkt innigst geliebten Herzkönig eiskalt abfahren lässt. Ist sie in ihren Gefühlen tief getroffen und verletzt, hat er bei ihr keinerlei Chance mehr. Sie selbst nimmt Rücksicht auf andere – vor allem natürlich auf ihren Liebsten – bis hin zur Selbstverleugnung. Und sie erwartet nicht zu Unrecht, dass man ihr dann wenigstens ein Minimum an Sensibilität und Höflichkeit, an Takt und Gefühlen entgegenbringt. Sie ist aufrichtig anderen gegenüber und sie verträgt's durchaus, wenn man ihr die Wahrheit sagt. Frau Steinbock lässt sich zu nichts zwingen. Umgekehrt jedoch wird sie von ihrem Partner jede Form der Anerkennung und vor allem Verständnis für ihre Stimmungsschwankungen einfordern.

Steinbockfrauen beweisen oft viel Geduld, um den Auserwählten von ihren Qualitäten zu überzeugen. Sie erwarten auch von ihrem Partner immer Takt, Höflichkeit und ein gehöriges Maß an Sensibilität.

Wer ihr mit einem gewissen Respekt gegenübertritt, hat schon halb ihr Herz gewonnen. Gute Manieren sind ihr sehr wichtig. Sie sieht dies als Zeichen dafür, dass man sie ernst nimmt.

Von flüchtigen Abenteuern hält Frau Steinbock nichts. Was sie aber leider nicht davor bewahrt, selbst oft auf den verkehrten Mann hereinzufallen. Ihr imponiert ein Mann mit gutem Benehmen, der sie anscheinend so akzeptiert, wie sie ist. Sie kann sich aufgrund ihrer angeborenen Aufrichtigkeit auch gar nicht vorstellen, dass jemand ein falsches Spiel treibt. Und so verkennt sie oft, dass ihr vermeintlicher Traumprinz ein Filou ist, der nur sein Vergnügen sucht.

Irgendwann einmal schlägt aber auch für eine Steinböckin die große Stunde: Sie lernt ihren wahrhaften Herzkönig kennen, und er bringt ihr dieselben Gefühle entgegen wie sie ihm. Er akzeptiert sogar, dass in einer Ehe oder Partnerschaft sie die Führende sein möchte. Sie ist die optimale Ehefrau für einen aufstrebenden Mann, denn es liegt in ihrem Naturell, ihn „anzutreiben" und in seinem Aufstieg zu unterstützen.

Mit Problemen hat die Steinbockfrau im Großen und Ganzen keine Schwierigkeiten. Sie versucht sie sobald als möglich zu lösen, schiebt nichts auf die lange Bank. Steinbockfrauen sind dennoch keine Streithanseln. Auseinandersetzungen versuchen sie mit guten Argumenten eher zu schlichten, als sich blindlings in den Kampf zu stürzen. Frau Steinbock gehört nicht zu den Frauen, bei denen Geschirr zu Bruch geht, wenn's kracht. Sind sie sich einer Sache sehr sicher, werden sie versuchen, ihre Meinung durchzusetzen. Das kann – ähnlich wie bei Herrn Steinbock – durchaus so weit gehen, dass es zu einem ernsthaften Zerwürfnis kommt. Vor allem dann, wenn es bei dem Streit ums alte Thema Treue geht: Frau Steinbock ist sehr eifersüchtig. Sie ist sich ihrer Gefühle hundertzehnprozentig sicher – und sie erwartet von ihrem Partner wenigstens hundert Prozent. Klappt das nicht, merkt sie, dass ihr Liebster anderen Frauen mehr als wohlwollende Blicke schenkt, dass er flirtet und fremdgeht, kann sie zur Furie werden – mit allen Konsequenzen …

So sehr auch eine Steinbockfrau sich natürlich von einer Trennung getroffen fühlt: zeigen wird sie es niemals – ihrem Noch-Partner ebenso wenig wie ihren Bekannten und Kollegen. Allenfalls ihre beste Freundin wird sie in ihr Herzeleid einweihen. Ansonsten behält sie ihre Gefühle für sich. Und geht bald darauf wieder mit offenen Augen durch die Welt, um einen neuen Prinzen zu finden.

Der Steinbock im Beruf und Geschäftsleben

Wenn ein Steinbock zur Schule geht …

… wird man mit immer gleichbleibenden Leistungen bei ihm nicht rechnen können. Viele Steinböcke schwanken das halbe Schuljahr in eher unteren Notenbereichen. Kommt dann aber die alles entscheidende Prüfung, büffeln sie Tag und Nacht. Keiner glaubt mehr an sie, am wenigsten die geplagten Eltern und Lehrer. Dennoch schaffen sie es, mit einer einigermaßen guten Benotung abzuschneiden. Oft sind sie dem Schulstoff um Monate voraus, aber das befördert ihre Leistungen nicht, sondern nimmt ihnen das Interesse an dem jeweiligen Fach. Erst wenn sie ins Hintertreffen geraten, reißen sie sich wieder am Riemen. Auf diese Art überspringen sie auch später in der Berufsausbildung und selbst im Job einige Hindernisse. Fast jeder Steinbock hat außerdem die Begabung, Schwächen anderer zu erkennen und auszunutzen – wenn es ihm selbst weiterhilft. Deshalb ist er noch längst kein berechnender Mensch. Er weiß eben nur instinktiv, wann der beste Zeitpunkt ist, einen Lehrer wegen einer besonders guten Beurteilung anzugehen, einen Ausbilder oder Meister wegen eines Fehlers gutmütig zu stimmen oder im Berufsleben beim Chef die eigenen guten Leistungen besonders herauszustreichen.

Der Steinbock und sein Job

Verantwortung zu übernehmen, macht einem Steinbock nichts aus – im Gegenteil. Allerdings nur dann, wenn es sich wirklich lohnt. Das ist meist eher in späteren Jahren seines Berufslebens der Fall, kaum schon in der Anfangszeit. Hat ein Steinbock einige Jahre Erfahrung im Job hinter sich, kann es sogar gut sein, dass er sich viel zu viel Verantwortung aufbürden lässt. Dennoch wird er an seinen beruflichen Aufgaben nicht scheitern, selbst wenn widrige Umstände gegen ihn sprechen.

Der Ehrgeiz eines Steinbocks äußert sich auf zurückhaltende Art: Experimente sind nichts für ihn, er hält sich lieber an konservative und altbewährte Methoden. Steinböcke sind ziemlich ausgeglichen und ruhig, lassen sich aber beileibe nicht alles gefallen. Sie sind fähig, ihre eigene Meinung vehement zu vertreten. Da sprüht der Steinbock vor Energie, da kann er sogar aggressiv werden. Selbst wenn er normalerweise eher wortkarg ist, zeigt sich in solchen Fällen, dass er über alle nötigen Informationen verfügt und sie auch redegewandt vorbringen kann. In Diskussionen ist er ein guter Wortführer und bleibt der ruhende Pol in der Runde. Er kennt seine Stärken genau; aber er verleugnet oftmals seine Schwäche: sein absolutes Sicherheitsstreben und die daraus folgende Unwilligkeit, Risiken einzugehen. Um für sein Leben Sicherheiten zu schaffen, setzt ein Steinbock nichts aufs Spiel. Deshalb wird er zum Beispiel keinesfalls zulassen, dass sein Privatleben in den Job hineinspielt. Das geht soweit, dass man ihn nicht mal im Büro anrufen darf. Private Telefonate sind schließlich in keiner Firma erlaubt, und der Steinbock möchte auf keinen Fall, dass sein Chef glaubt, er könne Familie und Job nicht trennen oder würde sich durch familiäre Angelegenheiten von seiner Arbeit ablenken lassen.

Berufe mit Karrierechancen

Auf jeden Fall sollte sich der Steinbock für einen Beruf entscheiden, in dem er früher oder später Verantwortung übernehmen kann und muss. Er mag es, wenn er gefordert wird – langweilige Monotonie ist seine Sache nicht. Weil Steinböcke sehr gründlich arbeiten, könnte man sie sich gut in der Buchhaltungsabteilung einer Firma, im Rechnungswesen oder als Computerprogrammierer vorstellen.

Viele Steinböcke haben ein gutes Gehör für Musik und Töne. So wäre womöglich eine Stellung in der Musikindustrie das Richtige – weniger vielleicht im kreativen Bereich als im Marketing. Da es kaum einen Steinbock stört, Untergebener zu sein, also zu „dienen", kommt für einen Steinbockmann eine militärische Laufbahn in Frage. Er wird ein strenger, aber gerechter Offizier sein.

In der Immobilienbranche, als Börsenmakler, oder auch im Journalismus kann der Steinbock sich einen guten Namen machen – speziell als Kunst- oder Musikkritiker. Seine Kritiken werden geschliffen, aber immer objektiv sein. Er reist gerne, deshalb wird er sich in der Touristikbranche ebenfalls wohl fühlen. Geschaffen wäre er als Berater für das Management eines großen Unternehmens oder für den Aufbau einer Organisation. Da es ihm nicht schwer fällt, die Fehler anderer auszumerzen, könnte ein Steinbock für den Wiederaufbau einer maroden Firma der Richtige sein.

Im naturwissenschaftlichen Bereich sind manche Steinböcke wirklich Experten. Sie analysieren sehr genau, sind gründliche Tüftler und könnten als solche zum Beispiel gut in den Labors einer Pharma- oder Chemiefirma arbeiten. Auch in der Baubranche, in der Mathematik, als Historiker, Landwirt, Astronom, ja sogar Politiker haben Steinböcke Erfolg: Fast jede Beschäftigung ist ihnen lieb – solange sie eine verantwortungsvolle und produktive Tätigkeit ausüben.

Der Steinbock im Arbeitsalltag

Es macht einem Steinbock überhaupt nichts aus, „Untergebener" zu sein. Er weiß: Der Aufstieg ist ihm sicher – langsam aber stetig klettert er auf der Karriereleiter nach oben. Seine absolute Zuverlässigkeit und sein Arbeitseifer sind der Riesenvorteil, den er seinen Kollegen voraus hat. Sein Unternehmungsgeist, seine Entschlossenheit und sein Einfallsreichtum machen's möglich, dass sich für ihn der „amerikanische Traum" – vom Tellerwäscher zum eigenen Imperium – erfüllt. Mancher Chef merkt eben gar nicht, dass er sich mit dem strebsamen Steinbock einen gefährlichen Konkurrenten heranzieht …

Ist ein Steinbock als Vorgesetzter tätig, wird er schnell durchsetzen, dass in seiner Abteilung alles nach seinen Richtlinien und Vorstellungen abläuft. Von Gerechtigkeit und Fairness hat er feste Vorstellungen. Steinböcke stehen jedem gerne mit Rat und Tat zur Seite – auch und ganz besonders Untergebenen. Kritik seiner Mitarbeiter hört er allerdings ungern. Aber wer mag das schon?

Die Finanzen des Steinbocks

Ebenso wie im Beruf geht der Steinbock im Finanzbereich systematisch und bedächtig vor. Liquiditätsreserve, kurz- und mittelfristige Anlagen im Rentenbereich, deutsche und europäische Aktienwerte, abgerundet durch Immobilienengagements und derivate Börsenprodukte – das ist sein Vermögensaufbau. Beizeiten wird er eigenen Immobilienbesitz erwerben; spekulative Geschäfte sind für ihn tabu. Allerdings hat er ein „Händchen" an der Börse, weil er antizyklisch kauft und sich von kurzfristigen Marktschwankungen nicht verrückt machen lässt.

Der Steinbock und Freizeit im Urlaub

Urlaubsorte, Ferienziele

Bevorzugte Urlaubsgebiete eines Steinbocks sind Österreich, Ungarn und Bulgarien sowie Indien, Mexiko oder Island – eine weit gefächerte Palette also. Faulenzen und Nichtstun mag anderen ja Spaß machen – einem Steinbock nicht. Ungern halten sie sich nur an einem einzigen Ort auf, machen lieber eine Rundreise oder eine Urlaubsfahrt mit dem eigenen Wagen. Eine Ausnahme sind natürlich Städtereisen, an denen man für ein paar Tage oder vielleicht sogar eine Woche in derselben Stadt verweilt. Einen Steinbock zieht es da vor allem nach Brüssel, Oxford, Prag, Krakau oder Moskau.

Sport

Einen herumlungernden Steinbock kann man sich fast nicht vorstellen. Er ist viel zu aktiv, um auf der faulen Haut zu liegen. Das gilt nicht nur für den Urlaub, sondern für die gesamte Freizeitgestaltung. Stets will er selbst bestimmen, was er tut, in welchem Ausmaß er Sport treibt. Das kann Wasserski sein oder Motorbootfahren auf dem Meer. Auch fürs Tauchen interessiert sich ein Steinbock durchaus. So manches probiert er aus und vieles wird er testen, einfach um etwas Neues kennen zu lernen und seine Fähigkeiten unter Beweis zu stellen.

Hobby

Oft widmen sich Steinböcke der ernsten Literatur. Viele haben eine ausgesprochene Neigung zur klassischen Musik. Aber am liebsten haben sie es, wenn sie in geselliger Runde mit Freunden zusammensitzen; dabei sind sie stets für einen Spaß zu haben, stehen aber auch bereitwillig für ernste Grundsatzdiskussionen zur Verfügung. Hat der Steinbock eine eigene Wohnung oder ein eigenes Haus, so wird dieses Heim sein wichtigstes Hobby: Er bastelt und tapeziert, er schreinert und mauert. Pläne für seine Umbauten zu schmieden, macht ihm schon einen Riesenspaß. Und die Ausführung ist ihm die doppelte Freude.

Familienleben

Für die Familie tut der Steinbock fast alles. Mit ihr identifiziert er sich, ihr widmet er sich mit größter Hingabe. Die Steinbockfrau ist dabei sowohl ihrem Partner wie auch ihren Kindern gegenüber geduldig und verständnisvoll. Sie erzieht sie nach den Grundsätzen von Fairness und Gerechtigkeit, kann aber auch sehr gut das Gefühl von Liebe und Geborgenheit vermitteln, das gerade für Steinbocksprösslinge so wichtig ist. Steinbockväter werden sich für die Familie verantwortlich fühlen, alle Pflichten erledigen und sich niemals über den Doppelstress Job und Familie beklagen. Sie erwarten jedoch, dass der Nachwuchs ihnen gehorcht. Dabei will der Steinbockmann keinen sklavischen Gehorsam, aber er möchte in seiner Autorität respektiert werden. Gutes Benehmen ist für einen Steinbock wirklich wichtig, und er verabscheut nichts mehr als eine schlechte Kinderstube. Also wird er danach streben, dass seine Sprösslinge in dieser Hinsicht keine Wünsche offen lassen.

Kulinarisches

Restaurants der Extraklasse mit der entsprechenden Eleganz und den zugehörigen Sternen – das gehört zum Steinbock wie das Ei zur Henne. Ein Steinbock liebt ausgefallene Gerichte, edel angerichtet, aber auch schlicht und einfach dekoriert. An Gewürzen darf's nicht fehlen, es sollte aber keinesfalls zu scharf sein. Derbe Hausmannskost schmeckt ihm nur hin und wieder. Dazu genehmigt er sich dann schon mal ein Bierchen; sonst ist eher ein guter Wein, vor dem Essen natürlich ein Aperitif und danach ein Digestif, seine Sache. Zum vornehmen Steinbockwesen gehört selbstverständlich, dass er seinen Teller nicht bis über den Rand belädt. Bei Drinks und Cocktails dürfen saure Geschmacksrichtungen und starke Alkoholika nicht fehlen. Auch hier bevorzugt er schlichte Eleganz: Warum einen mit Kapstachelbeere und Blüte verzierten Cocktail wählen, wenn's auch ein Wodka Lemon tut ...

    In der eigenen Küche des Steinbocks könnte mancher andere gute Koch vor Neid erblassen. Sein Organisationstalent macht sich vor allem hier bemerkbar. Ob große Hochzeitsgesellschaft, ob Silvesterparty oder Dinner für zwei – ein Steinbock wird eine Bravourleistung hinlegen. Stets weiß er ein Klassemenü zu kreieren: alle Zutaten fein abgestimmt, mit Gewürzen abgerundet, die einzelnen Gänge perfekt serviert und der Tisch wunderschön dekoriert – in schlichter Eleganz, niemals überladen.

Garderobe

Die Steinbockfrau kleidet sich klassisch, teilweise sportlich mit gekonntem Understatement. Niemals wird man sie in schrillem Outfit antreffen. Ebenso wie in ihrem übrigen Leben ist auch die Kleidung „organisiert". Gewagte Kombinationen trägt sie selten, stets ist alles perfekt und klassisch aufeinander abgestimmt. Auf Farben legt Frau Steinbock großen Wert. Sie wählt meist gedämpfte Töne aus: im Sommer luftig-helle Pastells, im Winter eher dunklere Töne. Jeans weiß sie mit einem schicken Blazer perfekt zu kombinieren.

Herr Steinbock läuft selten in unordentlicher Kleidung herum – bestenfalls bei der Gartenarbeit oder beim Heimwerken trifft man ihn in abgewetzten Jeans an. Sonst achtet er sehr auf sein Äußeres. Nicht immer trägt er Anzüge, oft sieht man ihn in gut ausgewählten, farblich aufeinander abgestimmten Kombinationen. In der Freizeit mag er's eher leger – aber auch da ist alles von bester Qualität und niemals schlampig.

Düfte und Make-up

Von verspielten, koketten Blumendüften lässt Frau Steinbock besser die Finger. An ihr wirken herbe, frische Noten mit zurückhaltender Exotik viel besser und anziehender. Fruchtige oder würzig-grüne Duftelemente mit dem Geruch nach Wald und Natur sind optimal, ebenso etwas pudrige, erotisierende Duftnoten. Sie verleihen ihr einen Hauch von sinnlicher Wärme. Herr Steinbock mag kräftige Holzdüfte und wohlriechende Wurzeln – also erdige Noten wie Zirbelkiefer, Zeder und Zypresse.

Auf ihr Äußeres legt die Steinbockfrau sehr großen Wert. Mit ungewaschenen Haaren würde sie nicht einmal frühmorgens zum Bäcker eilen. Ein dezentes Make-up wird sie immer tragen. Das wird gekonnt aufgelegt und wirkt niemals aufdringlich. Zum Theaterbesuch, beim Opernball oder einer anderen Festlichkeit weiß sie sich ebenso zu schminken wie zu jeder sonstigen Gelegenheit. Stets wird das Make-up in den Farben perfekt auf die Kleidung abgestimmt sein.

Sind Sie ein echter Steinbockmann?

	Ja	Nein
1. Haben Sie eine gute Hand bei allen geschäftlichen Unternehmungen?	3	1
2. Finden Sie Frauen toll, auf die Sie sich blind verlassen können?	4	2
3. Lieben Sie es, einen ruhigen Abend im Familienkreis zu verbringen?	3	1
4. Sind Sie manchmal etwas phlegmatisch?	3	1
5. Neigen Sie dazu, sich Ihr Leben in Tagträumen auszumalen?	1	4
6. Stört es Sie, in einer Diskussion mit Ihrer Meinung allein dazustehen?	0	3
7. Können Sie schnell Entscheidungen treffen?	1	3
8. Stürzen Sie sich kopfüber in eine Aufgabe, ohne zu prüfen, wie das Resultat ausfallen könnte?	2	4
9. Gehen Sie bei der Lösung eines Problems besonders gründlich vor?	3	1
10. Gelten Sie bei Ihren Freunden als überschwänglich und gefühlvoll?	3	1

Auswertung:

Bis zu 12 Punkte Man kann sich kaum vorstellen, dass Sie ein Steinbock sind: Ihr Verhalten ist viel zu spontan, Ihre Fantasie zu groß, Ihre Heiterkeit zu überschwänglich.

13 bis 24 Punkte zeigen an, dass Sie eine ganze Menge vom „echten" Steinbock an sich haben: Sie kennen Ihre Talente, wägen alles genau ab und haben auch einen guten Riecher für Geldanlagen. Untypisch sind Ihre romantische Sehnsucht nach der großen Liebe und Ihre Lebensfreude.

25 und mehr Punkte ist klar: Sie sind ein typischer Vertreter Ihres Sternzeichens. Sie gehen allen Dingen auf den Grund und streben, ohne sich beirren zu lassen, Ihrem Lebensziel entgegen. Romantik ist Ihre Sache nicht, Sie sehen alles etwas nüchtern – auch die Liebe. Dennoch sind Sie in Ihrem Familienkreis sehr glücklich.

Sind Sie eine echte Steinbockfrau?

	Ja	Nein
1. Tragen Sie Ihr Herz auf der Zunge und platzen mit allen Gefühlen heraus?	3	1
2. Halten Sie viel von absoluter Treue in einer festen Beziehung?	2	1
3. Sind Sie unsicher, wie Sie auf andere wirken und wie Sie Ihre Aufgaben erfüllen?	4	1
4. Kann man Sie als sehr feminine Frau beschreiben?	3	0
5. Haben Sie Interesse an Prophezeiungen für Ihre Zukunft?	1	4
6. Sind Sie gerne ausgelassen und fröhlich?	2	3
7. Wirken Sie auf Ihre Umwelt eher kühl und zurückhaltend?	1	4
8. Haben Sie etwas gegen einen netten Flirt einzuwenden?	2	4
9. Beherrschen Sie auf Partys den Small talk mit allen anderen Gästen?	3	1
10. Kann man Sie schnell zufrieden stellen?	1	3

Auswertung:

Bis zu 12 Punkte machen deutlich, dass Sie doch recht wenig vom Steinbock an sich haben: Sie nehmen das Leben leicht, freuen sich an Kleinigkeiten und sind eine Meisterin des unverbindlichen Flirts. Auch an Ehrgeiz mangelt's Ihnen.

13 bis 24 Punkte zeigen, dass Sie einige der guten Steinbockeigenschaften haben: Sie sind sehr an einer gesicherten Zukunft interessiert. Sie nehmen das Leben nicht auf die leichte Schulter. Beruflich könnten Sie jedoch etwas mehr Ehrgeiz entwickeln.

25 und mehr Punkte ist klar: Sie sind eine typische Steinbockfrau! Es liegt Ihnen nicht, unbeschwert durchs Leben zu flattern. Abenteuer und Experimente sind Ihnen zuwider. Sie legen Wert auf Sicherheit – im Job ebenso wie in der Liebe. Und damit haben Sie auch Erfolg!

21. Januar – 19. Februar

Im Zeichen
des Wassermanns

So kommen der Wassermann/ und die Wassermannfrau am besten klar

Ihre Persönlichkeit als Wassermann, so behauptet man, sei vor allem von unbändiger Freiheitsliebe geprägt. Von allen zwölf Sternzeichen streben Sie am meisten nach Unabhängigkeit. Dazu sind Sie noch ein wirklicher Idealist und sehnen sich nach dem Wahren, Guten und Schönen, das Sie am liebsten allen Menschen ganz persönlich überbringen würden.

Zum Beispiel in der Liebe: Wassermänner legen sich ungern fest, was sie aber nicht daran hindert, zahlreiche Affären zu haben. Dabei gehen Sie völlig zwanglos vor, und es dauert eine geraume Zeit, bis Sie reif genug für eine dauerhafte Beziehung sind. Doch Sie fragen sich natürlich, warum sollten Sie bis dahin wie ein Mönch (oder eine Nonne) leben? Sie schließen schnell Bekanntschaften und haben eine ganze Reihe ungezwungener Liebeleien. Herr Wassermann ist ein Meister darin, Frauen zu erforschen, sie regelrecht zu analysieren und zu versuchen, ihre Gedanken und Gefühle zu erraten. Aber wehe, man versucht das umgekehrt auch bei Ihnen! Frau Wassermann betört die Männer mit ihrem Witz und Charme. Sie überlegen sehr genau, wen Sie sich als Lebenspartner wählen, welche Eigenschaften Ihr Traumprinz haben muss. Aber Sie sind – wie Ihr Sternzeichenpartner – der Überzeugung, Sie sollten nichts anbrennen lassen, bis Ihnen „Mr. Right" begegnet. Und so leisten auch Sie sich so manche Liebelei, so manchen Flirt (und mehr!), bis Sie irgendwann eine feste Beziehung eingehen. Sie haben keinerlei Hemmungen, eine Affäre zu beenden, wenn Sie meinen, dass ein anderer Mann besser zu Ihnen passt. Sie finden nämlich, eine Liebe mit dem falschen Partner ist für beide Teile einfach nur Verschwendung von Zeit und Gefühlen. Das muten Sie weder sich selbst noch Ihrem Geliebten zu.

Von allen Menschen streben die unter dem Zeichen des Wassermanns Geborenen am meisten nach Unabhängigkeit.

Freiheit und Unabhängigkeit

Diese Freiheit in der Entscheidung gesteht Frau Wassermann übrigens auch ihrem Partner zu. Sie haben einen unerschütterlichen Glauben an die Zukunft, in der selbstverständlich alles besser werden wird. Das gilt nicht nur für die Liebe, sondern gleichermaßen für alle anderen Lebensbereiche. Haben Sie jedoch einmal einen Partner gefunden, den Sie für den Richtigen halten, sind Sie in Ihrer Treue unerschütterlich. Denn Sie wissen genau: Ein kurzer Flirt, eine kleine leidenschaftliche Affäre würde alles kaputtmachen. Und dieses Risiko gehen Sie ganz gewiss nicht ein.

Fast jeder Wassermann strahlt in seinem freundlichen, offenen Wesen Lebensbejahung aus. Sie haben den Optimismus geradezu für sich gepachtet. Sie sind aufgeschlossen für alles Neue und Unbekannte. Sie springen von Möglichkeit zu Möglichkeit, von einer Chance zur anderen. Sie lassen sich nur nicht so leicht festlegen. Über ein originelles Geschenk zum Beispiel können Sie sich freuen wie ein kleines Kind. Obwohl Sie Ihre wahren Gefühle gern verstecken und ungern zu ihnen stehen.

Das Äußere

Wassermänner erkennt man oft schon an der äußeren Erscheinung: Sie bewegen sich mit einem leichten, fast beschwingten Gang durchs Leben. Ihre Stirn ist gewölbt, ihr Kinn meist nicht stark ausgeprägt. Viele Wassermänner neigen zu etwas fülliger, aber stets wohlproportionierter Figur. Sie sind ein geselliger, lebenslustiger, freundlicher und origineller Mensch, der hoffnungsfroh in die Zukunft blickt und geistreich jede Gesellschaft zu unterhalten weiß. Vielleicht liegt's ja daran, dass Ihr Geburtstag oft in die Zeit des Karnevals fällt, dass Sie es mehr als andere Sternzeichen lieben, sich zu verändern und zu verkleiden. Sie sind bescheiden und gewiss nicht auf Ärger aus. Kommt's wirklich zu Meinungsverschiedenheiten, haben Sie die wunderbare Gabe der Diplomatie praktisch in die Wiege gelegt bekommen. Kann gut sein, dass Sie deshalb Ihre eigene Persönlichkeit hinter zahlreichen Masken verstecken möchten.

Bei Frau Wassermann sind die paar Pfündchen zuviel glücklicherweise exakt an den richtigen Stellen. Deshalb legen Sie wahrscheinlich auch eine gute Beweglichkeit an den Tag. Ihr Gang ist unbekümmert und leicht. Sie sind eine originelle Frau, manchmal etwas zerstreut – etwa so, wie es ein unablässig mit anderen Dingen beschäftigtes Genie oder ein ausgeflippter Künstler sein könnte. Dabei zeigt sich dann eine weniger liebenswerte Eigenschaft: Sie finden es lustig, andere vor den Kopf zu stoßen – nicht mit aggressivem Verhalten, sondern einfach nur mit Ihren verrückten Ideen oder Ihrer hin und wieder total schrillen Aufmachung.

Kontaktfreudiger Einzelgänger

Man könnte Sie als kontaktfreudigen Einzelgänger bezeichnen, auf keinen Fall jedoch als Eigenbrötler. Dazu sind Sie viel zu gerne unter Menschen. Vorurteile sind Ihnen dabei völlig fremd. Sie gehen auf die Barrikaden, wenn Sie sich anpassen sollen oder jemand von Ihnen verlangt, Sie sollten die Gewohnheiten anderer kommentieren oder gar beurteilen. Sie leben nach dem Grundsatz, jeder solle nach seiner Fasson selig werden.

Das Gleiche gilt für die Wassermanndame. Sie sind eine unabhängige und sehr selbstständig handelnde Frau. Ihre Einstellung zu allen Dingen des Lebens ist grundsätzlich sehr human. Manchmal wirken Sie vielleicht ein bisschen exzentrisch in der Ausweitung Ihrer liberalen Grundsätze. Wer Sie jedoch besser kennen lernt, merkt schnell: Sie sind auch konservativ im Sinne des Wortes, gehen stets freundlich auf andere zu, sind absolut nicht selbstsüchtig oder gar aggressiv. Sie wollen alles Mögliche neu gestalten, alles Mögliche reformieren. Dabei lieben Sie Geselligkeit über alles. Man kann Ihnen ganz gewiss nicht nachsagen, Sie würden im stillen Kämmerlein vor sich hinbrüten und Ihre Umwelt dann mit neuen, revolutionären Ideen überraschen. Sie interessieren sich viel zu sehr für Menschen, als dass Sie auf deren Anwesenheit verzichten könnten. Übrigens auch deshalb, weil Sie nur zusammen mit anderen von deren verschiedenartigen Meinungen und Aspekten profitieren können.

Ein Wassermann ist bei den meisten seiner Mitmenschen sehr beliebt. Sie sind berühmt dafür, mit anderen sehr locker umzugehen – das öffnet Ihnen die Herzen fast aller, denen Sie begegnen. All jenes reizt Sie, was außerhalb der Norm liegt. Das zeigt sich auch in Ihrer Wohnung, bei Ihrer Einrichtung, besonders in den gewagten Farbzusammenstellungen, aber auch in der Anordnung und Ausstattung Ihres Mobiliars.

Frau Wassermann ist ständig in Bewegung. Sie haben's bestimmt nicht nötig, sich einen Abend alleine zu langweilen. Sie

---

Die 12 positivsten Eigenschaften, die Wassermännern nachgesagt werden.

Wassermänner sind
vielseitig
selbstsicher
temperamentvoll
optimistisch
liberal
clever
tolerant
fröhlich
gastfreundlich
willensstark
verständnisvoll
unterhaltend

haben nämlich einen riesigen Bekanntenkreis, in dem dauernd etwas los ist. Leider haben Sie dabei die Sparsamkeit nicht gerade erfunden. Sie geben das Geld genauso schnell aus wie Sie es bekommen. Sie haben ein echtes Faible für Neuerungen aller Art; und so kann's durchaus passieren, dass Ihr Lebensgefährte fast jede Woche mit einer komplett umgestalteten Wohnung konfrontiert wird. Im Berufsleben arbeitet ein Wassermann ruhig und bestimmt auf seine Ziele zu. Sie lassen sich nicht von irgendwelchen Enttäuschungen oder dem Widerstand von Kollegen abschrecken. Probleme im Job versuchen Sie durch Gespräche und gegenseitiges Verständnis zu lösen.

Wassermänner sind auch beim Essen und Trinken stets auf der Suche nach Neuem. Aus der Küche von Herrn Wassermann kommen schon mal schrille, bunte Sachen auf den Tisch. Auch bei Ihren Drinks probieren Sie gerne neue Dinge aus. Was aber niemals fehlen darf, ist Champagner. Frau Wassermann hält's da ganz ähnlich. Sie lieben es außerdem, den perlenden Rebensaft mit farbigen Likören zu mixen. Außerdem spielt Farbe bei Ihren Speisen eine große Rolle: Das Auge isst bei Ihnen immer mit.

Sport liegt Ihnen als Wassermann nicht so sehr. Vor allem dann, wenn Sie selbst tätig werden sollen. Als Zuschauer und Fernsehsportler jedoch sind Sie eine Koryphäe. Wassermänner brauchen viel geistige Anregung und vor allem kulturelle Aktivitäten, um gesund zu bleiben. Nur so können Sie es schaffen, einer allzu hektischen Lebensweise vorzubeugen. In der Astromedizin sind Ihnen die Unterschenkel und die Waden zugeordnet. Hier sind Sie also besonders verletzungsgefährdet, hier können verstärkt Krankheiten und Beschwerden auftreten.

Die unbändige Abenteuerlust zeigt sich auch beim Hobby eines Wassermanns: Hauptsache aufregend! Und je ausgefallener, desto besser! Sie beschäftigen sich gerne mit mechanischen Dingen. Für schnelle Autos oder Motorräder können Sie sich wirklich begeistern. Frau Wassermann ist eigentlich an allem interessiert. Sie haben eine Ader dafür, die Welt verbessern zu wollen und werden sich deshalb vielleicht in Ihrer Freizeit einem Projekt oder Verein widmen, der dazu beitragen kann. Jedenfalls sind Sie ganz und gar nicht der Typ Frau, der strickend auf der Terrasse das Leben an sich vorbeiziehen lässt.

Die 12 negativsten Eigenschaften, die Wassermännern nachgesagt werden.

Wassermänner sind
rechthaberisch
angeberisch
geltungssüchtig
launenhaft
hämisch
selbstsüchtig
unzuverlässig
oberflächlich
berechnend
labil
unrealistisch
verschlagen

Typisch Wassermann

Welcher Wassermann sind Sie?

Astrologisch sind natürlich nicht alle Wassermänner gleich: Neben dem „Sonnenzeichen" – also dem Sternbild, in dem bei Ihrer Geburt der „Planet" Sonne stand – ist der Aszendent von entscheidender Bedeutung. Er ist oft nicht mit dem Sonnenzeichen identisch, wirkt sich jedoch auf den Charakter eines Menschen – besonders in dessen zweiter Lebenshälfte – ebenfalls stark aus. Im Anhang finden Sie Tabellen, mit denen Sie Ihren Aszendenten leicht bestimmen können. Und so wird Ihre Wassermannpersönlichkeit von den jeweiligen Aszendenten beeinflusst:

Aszendent Widder verstärkt Ihre Veranlagung zu allzu impulsiven Handlungen. Sie haben tolle, oft nicht realisierbare Pläne. Trotzdem sind Sie im Job so erfolgreich, dass die Liebe häufig zu kurz kommt.

Aszendent Stier sorgt dafür, dass Sie Ihre angeborene Hilfsbereitschaft sehr ausbauen – so sehr, dass Sie andere Talente oft brachliegen lassen. Sie sind überaus gesellig und kommen im Job schnell und früh zu Erfolgen.

Aszendent Zwillinge richtet Ihren messerscharfen Verstand besonders auf Erfolge im Beruf. Sie sind trotzdem beliebt, denn Sie gehen nicht über Leichen, sondern lassen auch andere ihre Ziele erreichen.

Aszendent Krebs lässt Sie etwas nachdenklicher durchs Leben gehen. Sie sind hohen Idealen zugeneigt, oft haben Sie okkultistische Interessen. Sie lieben das Familienleben – deshalb werden Sie schon früh im Ehehafen einlaufen.

Aszendent Löwe fördert Ihre kämpferische Veranlagung: dennoch kommen Herz und Verstand niemals zu kurz. Sie suchen mit Erfolg soziale Aufgaben und freuen sich aufs behagliche Leben mit einer Familie.

Aszendent Jungfrau ermöglicht Ihnen, sich mit Ihrem überragenden Verstand vor allem wissenschaftlichen Aufgaben zuzuwenden. Dabei feiern Sie Erfolge und deshalb bleibt Ihnen manchmal kaum Zeit für die Liebe.

Aszendent Waage lässt Sie vor Charme geradezu sprühen. Sie haben viele Freunde. Im Job verzetteln Sie sich mitunter – das hindert Sie am frühen Erfolg. Dafür sind Sie ein Meister darin, sich zu verlieben.

♏ **Aszendent Skorpion** sorgt dafür, dass Sie nicht rasten und ruhen, bis Sie in Ihrem Beruf an der Spitze stehen. Dabei gehen Sie oft unorthodox vor. Trotzdem sind Sie beliebt – bei Kollegen und vor allem beim anderen Geschlecht …

♐ **Aszendent Schütze** lässt Sie Ihren Freiheitsdrang ausleben – bis zum Exzess. Ihr Eigensinn verprellt zunächst viele – bis man erkennt, dass Sie ein Herz aus Gold haben. In der Liebe flirten Sie gerne – doch Sie bleiben immer auf Distanz.

♑ **Aszendent Steinbock** verwurzelt Ihre Tagträume in festem Grund und Boden. Sie sind zielsicher und gelangen schnell zu Vermögen. Ihre zahlreichen Betätigungen lassen Sie kaum zur Ruhe kommen.

♒ **Aszendent Wassermann** macht Sie zu einem selbstlos helfenden Menschen. Mit Ihren vielen Ideen können Sie beruflich an die Spitze gelangen. In der Liebe reagieren Sie etwas mimosenhaft.

♓ **Aszendent Fische** hält Sie von überragenden Leistungen ab: Ihr Gefühlsleben spielt Ihnen da manchen Streich. Sie sind jedoch allseits beliebt, denn Ihre Hilfsbereitschaft kennt keine Grenzen.

Was sonst noch zum Wassermann gehört

Jahrtausende der Astrologie haben gezeigt, dass jedes Sternzeichen nicht nur „seinen" Planetenregenten hat, sondern dass man den einzelnen Tierkreiszeichen eine ganze Reihe von Dingen zuordnen kann. Ob das Farben, Pflanzen oder Mineralien sind, die Ihnen als Wassermann besonders liegen.

- Als Element ist dem Wassermann die Luft zugeordnet – das Element des Austauschs und der Kommunikation. Die beständige Luft des Wassermanns – er ist ein so genanntes fixes Zeichen – bildet die Mitte zwischen Waage (kardinal) und Zwillingen (beweglich).

- Ihre Farben sind Seegrün, Türkis, Hellblau – überhaupt alle blauen und grauen Töne und auch solche, die einen leicht metallischen Effekt haben. Da bietet sich für Kleiderschrank und auch Wohnungseinrichtung ein weites Feld. Nun läuft gewiss nicht jeder Wassermann tagaus tagein in Bluejeans mit blauem Hemd oder Pulli durch die Gegend. Aber irgendein blaues Accessoire wird man immer an ihm finden.

- Typische Wassermannpflanzen sind die Zitterpappel und die Mistel. An zarten Blumen gefallen Ihnen Lotosblüten, Wasserlilien und die edlen Orchideen. Nicht gering schätzen sollten Sie als Wassermann das schlichte Schneeglöckchen. Die meisten Obstbäume werden nach altem Herkommen vom Wassermann regiert. Unter den Heilkräutern sind es besonders Sauerampfer und Holunder, auf die der Wassermann gut anspricht. Die Goldrute soll bei inneren Schmerzen und Blutergüssen helfen.

- Die Glückssteine Ihres Sternzeichens sind Amethyst, Granat, Topas und Aquamarin. Auch zur Koralle haben Wassermänner eine besondere Beziehung.
  Sie glauben an die Heilkraft der Edelsteine? Dann wissen Sie: Amethyste wirken beruhigend und verbessern die Konzentrationsfähigkeit; Aquamarine stärken Lymphsystem und Blutkreislauf und entkrampfen Magen und Darm; Koralle schützt vor negativen Energien, Lapislazuli lindert Entzündungen. Der Saphir stärkt Ihr Nervenkostüm und der blaue Topas ist gut für Ihr Blut.
  Das Ihnen zugehörige Metall ist Zink, nach anderer Überlieferung das Aluminium. Leider sind beides keine Metalle, aus denen man Schmuck herstellt. Aber da auch das Platin manchmal dem Wassermann zugestanden wird, bieten sich doch gleich ganz andere schmucke Möglichkeiten …

- Herr und Frau Wassermann tragen durchaus Schmuck – wenn er zum Anlass und zum Outfit passt. Kaum ein Wassermann tendiert jedoch zu protzigen Klunkern, denen man schon von weitem ansieht, was sie gekostet haben. Ein kleines, aber feines Designerobjekt weckt viel mehr Interesse. Es kann sogar vorkommen, dass ein Wassermann seinen (oder ihren) Schmuck selbst entwirft und dann von einem Goldschmied anfertigen lässt, auch wenn das ein paar Mark mehr kostet als gängige Handelsware.

Der Wassermann und die Liebe

So liebt Herr Wassermann

Frauen schätzen an Herrn Wassermann vor allem seinen gesunden Menschenverstand. Die offene Art, mit der er auf Menschen zugeht, macht ihn zu einem beliebten Gesellschafter. Dabei liegt das nur daran, dass er stets interessiert an Anderem, Neuem ist. Lernt er jemanden kennen, entscheidet er in Sekundenschnelle, ob dieser Mensch ihm liegt oder nicht. Und wenn er bzw. sie ihn anzieht, dann hält einen Wassermann nichts mehr – auch eine andere Beziehung oder Partnerschaft nicht, in der er sich vielleicht gerade befindet.

Wassermänner gelten als sehr freigebig und entschlussfreudig. Da gibt's kein Zögern und Zaudern, kein stunden- oder tagelanges Abwägen, ob eine Frau die Richtige für ihn ist. Trifft er auf ein weibliches Gegenüber, das ihn interessiert und das sein Interesse zu erwidern scheint, dann wird er sich liebend gerne auf einen Flirt einlassen. Umso besser, wenn daraus dann mehr wird. Eines allerdings hasst Herr Wassermann: wenn man ihn anbinden will, wenn man ihn in seiner Freiheit beschneiden und einschränken möchte. So hilfsbereit, freundlich und tolerant er auch sein mag, er ergreift lieber die Flucht, als sich zu einer festen Beziehung oder gar Ehe drängen zu lassen.

Einen Wassermann kann man leicht erobern, wenn man ihm ständig etwas Neues bietet. Er liebt Überraschungen und Veränderungen, überhaupt jede neue Idee. Das fällt einer Frau, die ihn halten will, sicher nicht schwer. Sie sollte sich ihm nie ganz und gar offenbaren, sollte immer bemüht sein, einen kleinen Rest ihres Charakters und ihrer Persönlichkeit nicht offenzulegen. Nur so wird man einen Wassermann dazu anregen, auch noch hinter das letzte Geheimnis kommen zu wollen. Und wenn das niemals gelüftet wird, hat frau gewonnen ...

Ein Wassermann legt Wert darauf, dass seine Partnerin ihm intellektuell nicht unterlegen ist. Kommen noch Charme und Esprit dazu – umso besser. Er wird immer versuchen, sein weibliches Gegenüber mit dem Verstand zu erfassen, seine Gefühle spielen da zunächst nur eine untergeordnete Rolle.

Als Partner gibt ein Wassermann seiner Partnerin Freiheit in genau dem Maße, das er selbst ausleben will. Und das ist eine

Die Herren des Zeichens Wassermann vergeben ihre Sympathien und ihr Herz oft ohne langes Zaudern nach dem ersten Eindruck.

ganze Menge! Ein Wassermann lässt seiner Frau oder Freundin die „lange Leine" und erwartet umgekehrt dasselbe, auch wenn das andere Sternzeichen nur schwer nachvollziehen können.

Probleme treten natürlich in jeder Partnerschaft auf, und sie sind etwas, das ein Wassermann überhaupt nicht leiden kann. Kommt es zu einer Situation, in der er sich einer Auseinandersetzung stellen muss, so wird sich so mancher über den Wassermann wundern. Friedlich und in Ruhe, mit Gesprächen und gegenseitigem Verständnis versucht er, strittige oder peinliche Situationen zu lösen. Niemals würde er herumschreien. Lieber zieht er sich erst mal zurück, um alles in Ruhe zu überdenken. Dann kommt er mit vielleicht überraschenden Lösungsvorschlägen, denen man sich fast nicht verschließen kann. Eifersucht kennt er nicht. Streit versucht ein Wassermann nach Möglichkeit zu vermeiden, und nur sehr selten zeigt er seinen Ärger auf aggressive Art. Er weiß mit Worten umzugehen und wird dieses Talent auch ausnutzen. Mit einer Ausnahme: wenn er sich betrogen fühlt. Hat ein Wassermann „sichere Beweise", dass seine Partnerin ihn betrogen hat, so wird er knallhart die Konsequenzen ziehen: Er packt seine Sachen und geht. Er ist nicht auf diese eine Frau angewiesen – ganz im Gegenteil: Bei seinen vielen Interessen wendet er sich einfach etwas anderem zu, möglicherweise auch einer anderen Frau. Vielleicht nach dem Motto: „Andere Mütter haben auch schöne Töchter!"

So liebt Frau Wassermann

An Frau Wassermann schätzt man(n) vor allem ihre Vielseitigkeit und ihre geistige Beweglichkeit. Sie gestaltet ihr Leben erfolgreich ohne große Planungen, ohne vorher lange darüber nachzudenken, was für sie das Beste oder das Richtige wäre. Strikte Regeln kennt sie nicht; und selbst wenn: sie würde sie niemals einhalten. Ihrem Charme kann man kaum widerstehen. Wassermannfrauen sind sehr tolerant; sie akzeptieren auf jeden Fall die Meinungen anderer. Für sie gehört das zu den Freiheiten, die jedem Menschen einfach von Grund auf zustehen. Deshalb scharen sie auch einen Freundeskreis um sich, dem die unterschiedlichsten Nationalitäten oder Religionen angehören.

Für Überraschungen und Veränderungen jeglicher Art ist Frau Wassermann sofort zu haben. Darin ähnelt sie sehr ihrem männlichen Pendant. Neuerungen macht sie sofort mit, und bei neuen Projekten verschiedenster Art bringt sie ihre Ideen, ihre Einfälle ein und ist mit vollem Herzen dabei. Vertrauen ist ihr sehr wichtig. Mit lebhaften Diskussionen lockt man sie aus der Reserve. Verlieben jedoch wird sich Frau Wassermann erst nach einer bestimmten Zeit der vornehmen Zurückhaltung. Sie steht zwar keinem Flirt und auch so mancher Affäre absolut nicht ablehnend gegenüber. Aber sie lässt sich von ihrem Verstand leiten – gerade dann, wenn sie einen Mann kennen lernt. Es fällt ihr schwer, sich blindlings in die Leidenschaft zu stürzen oder tollen Gefühlen des Verliebtseins hinzugeben.

Als Partnerin braucht Frau Wassermann im privaten Bereich immer ihren Freiraum. Den gesteht sie auch ihrem Lebensgefährten zu. Niemals würde sie sich an ihn klammern, ihm nicht einmal mehr die Chance geben, abends ohne sie auf einen Kneipenbummel mit Freunden zu gehen. Aber kein Mann sollte vergessen: Vertrauen und Anteilnahme sind ihr wichtig. Wenn das ohne Fesseln geht, umso besser. Liebe heißt für sie nicht, dass sie einem anderen Menschen gehört oder dessen Besitz ist. Deshalb kennt sie auch keinerlei Eifersucht. Sie ist der Meinung, ab einem bestimmten Alter sollte man wissen, was man tut oder nicht. Enttäuschungen jedoch erträgt sie nicht. Da packt sie ihre Sachen und geht. Keiner kann sie dann halten.

Wassermanndamen lieben die Überraschungen – auch in einer langjährigen Partnerschaft – und sind selbst stets für eine Überraschung gut.

Selbstverständlich kommt es selbst in der besten Beziehung hin und wieder mal zu Problemen. Das sieht Frau Wassermann allerdings nur schwer ein, denn Probleme mag sie nicht. Dennoch stellt sie sich, denn sie weiß genau: Mit Verständnis und guten Argumenten kann man so manche schwierige Klippe umschiffen. Und falls wirklich keine Lösung in Sicht ist, zieht sie sich erst einmal zurück, um noch einmal über alles nachzudenken.

Eine Wassermannfrau möchte ihre Ehe möglichst harmonisch gestalten. Sie mag's friedlich, jede Unstimmigkeit stört ihren Seelenfrieden und ihre innere Harmonie. Ist jemand in einer Diskussion anderer Ansicht, so hört Frau Wassermann sich das zwar an, ist aber insgeheim davon überzeugt, dass ihre eigenen Argumente die besten sind. Nach tiefen Enttäuschungen bringt sie es fertig, ihren Partner Knall auf Fall zu verlassen. Dann reagiert sie scheinbar eiskalt und denkt nicht groß darüber nach, was sie ihrer Familie unter Umständen antut. Ehrlichkeit ist ihr sehr wichtig. Dabei stehen dann ihre Gefühle nicht zur Debatte. Für sie gewiss ein Vorteil, für ihren Partner harte Realität. Zur Ehrlichkeit gehört für Frau Wassermann aber auch, dazu zu stehen, wenn die Gefühle für eine tiefere Beziehung nicht mehr ausreichen. Selbst wenn die Konsequenzen hart sind …

Der Wassermann im Beruf und Geschäftsleben

Wenn ein Wassermann zur Schule geht…

… werden sich Lehrer und auch Eltern gewiss häufig darüber ärgern, dass die Aufmerksamkeit von Wassermann jr. nur sporadisch dem Unterricht gehört. Beizeiten muss der Wassermann lernen, sich zu konzentrieren, nicht ständig von einem Punkt zum anderen zu springen. Haben ihm seine Eltern und Lehrer dies vermitteln können, wird ihn später im Berufsleben nichts mehr aufhalten. Bei richtiger Konzentration kann er fast jede Arbeit zur Zufriedenheit aller verrichten.

Trotzdem wird ein Wassermann sich immer wieder von Dingen angezogen fühlen, die ihm Neues und Aufregendes bieten. Eltern meinen zwar, ihr Wasserkind ließe sich vom Wesentlichen ablenken. Aber haben Sie genau nachgefragt, was für ihren Sprössling wesentlich ist? Er nimmt auch schlechte Noten gelassen in Kauf, wenn ihn das Fach in der Schule oder in der Ausbildung partout nicht interessiert. Daher sollte er auch bei der Wahl seines Berufes berücksichtigen, dass er sich am besten für einen Job eignet, in dem er ständig mit neuen und außergewöhnlichen Projekten zu tun hat, der ihm Spielraum für seine individuellen Ideen und die Entfaltung seiner Persönlichkeit gibt. Oft hat er trotzdem Probleme, sein wechselndes Temperament in den Griff zu bekommen: Einen Tag beharrt er auf seiner Meinung, die er schon so lange vertritt; am nächsten Tag kann es zu einer völligen Änderung kommen – und auch diese neue Meinung wird er fest und selbstbewusst vertreten. Das ist für seine Mitschüler und auch für seine Lehrer nicht immer leicht. Früher oder später erkennen jedoch alle: Ein Wassermann handelt impulsiv und oft zu spontan; aber sein Einfallsreichtum, seine Fähigkeit, neuen Ideen Raum zu geben, wiegt leicht so manche übereilte Handlung auf.

Der Wassermann und sein Job

Die Begabungen eines Wassermanns werden oft durch die vielen Kompromisse beeinträchtigt, die er eingehen muss. Ihm kommt jeder Beruf entgegen, in dem ein langweiliger Alltag fast ausgeschlossen ist. Wassermänner können hervorragend mit Menschen umgehen, und Menschen sind eben stets für eine Überraschung gut. Also sollte ein Wassermann sich einen Job suchen, in dem er diese Abwechslung hat und in dem er viele Ideen und Neuerungen unterbringen kann.

Wassermänner haben nicht unbedingt Spaß an körperlicher Arbeit; im Gegenteil, die liegt ihnen absolut nicht. Ihr Verstand muss gefordert sein – und das möglichst auf Dauer und dabei auf Hochtouren. Unaufrichtigkeit, Täuschungen und Lügen sind ihnen zuwider. Selbst als Chef wird der Wassermann nicht dulden, dass seine Mitarbeiter mit solchen Mitteln intern und nach außen hin an die Spitze streben. Ein Wassermann wird sich immer dagegen wehren. Und wenn es gar nicht anders geht, wird er die Konsequenzen ziehen und die Firma verlassen.

Berufe mit Karrierechancen

Viele Wassermänner eignen sich für eine wissenschaftliche Tätigkeit: Ihre Disziplin und ihr guter Verstand sind dafür die besten Voraussetzungen. Das Forschen im stillen Kämmerlein ist ihre Sache allerdings nicht. Kreativer Austausch mit anderen und vor allem Anerkennung müssen immer gegeben sein.

Keinem Wassermann liegt es, sich um aussichtslose Angelegenheiten zu bemühen. Im Beruf muss er seinen gesunden Menschenverstand anwenden können. Häufig findet man bei Wassermännern ein stark ausgeprägtes künstlerisches Talent. Dabei sind ihre Arbeiten meist herausfordernd und ungewöhnlich. Begabungen zeigt ein Wassermann auch im musikalischen Bereich, zum Beispiel beim Komponieren. Im Theater oder überhaupt im Unterhaltungsmetier kann er ebenfalls sehr gut Fuß fassen. Seine starke Anziehungskraft bringt ihm dann Popularität. Seine Sorge um die Zukunft der Welt könnte ihm sogar in der Politik und in der Öffentlichkeit Ansehen verschaffen. Eine Aufgabe etwa im Gesundheitswesen oder in einem sozialen Ressort entspricht ihm womöglich besonders gut. Das Wohl seiner Mitbürger wird ihm immer am Herzen liegen. Dabei geht es ihm überhaupt nicht um eigenen finanziellen Erfolg.

Viele Wassermänner sind ausgezeichnete Ärzte. Dabei ist von Vorteil, dass andere Menschen schnell Vertrauen zu einem Vertreter dieses Sternzeichens fassen. Als Lehrer weiß so mancher Wassermann den Unterricht für Schüler aller Altersklassen spannend zu gestalten. Da ein Wassermann Probleme schnell erkennt und auch in kürzester Zeit Lösungen parat hat, eignet er sich bestens für Teamarbeit in fast jeder Berufssparte. Auf die Gruppe, in der er dann wirkt, hat er meist recht guten Einfluss. Konkurrenz weiß er geschickt so zu verwerten, dass Differenzen bei der Arbeit einfach vergessen werden. In den Bereich von Experimenten und Neuheiten oder Erfindungen fallen viele geeignete Berufe. Ein Wassermann analysiert sehr genau und ist daher auch für solche Jobs prädestiniert.

Der Wassermann im Arbeitsalltag

Meist erscheint ein Wassermann in seiner Arbeit unbekümmert und sehr tolerant. Manches erledigt er stur, ohne Rücksicht auf andere. Wer ihm in der Zusammenarbeit Widerstand entgegenbringt, den übergeht er mit Gelassenheit. Ist jedoch sein Interesse an einer Sache geweckt, dann wird er all die Erwartungen erfüllen, die seine Chefs in ihn setzen.

Wassermänner hören sich durchaus andere Standpunkte an, vielleicht mit wohlwollendem Verständnis, aber sie werden später bei ihrem eigenen Standpunkt bleiben. Deshalb ist ihr Urteil oft einseitig. Als Chef sind sie zwar willig, sich mit den Ansichten ihrer Mitarbeiter auseinander zu setzen. Diese müssen jedoch schon wirklich sehr gute Argumente bringen, damit ein Wassermann sie akzeptieren kann. Dennoch geht fast jeder Kollege für seinen Wassermann-Boss durchs Feuer.

Die Finanzen des Wassermanns

Wassermänner geben zwar das Geld mit vollen Händen aus, aber sie würden niemals Schulden machen, um irgendwelche Anschaffungen zu tätigen. Ihr starker Drang nach materieller und finanzieller Sicherheit spricht dagegen. Was sie besitzen, ist auch bezahlt! Mit einer Ausnahme: Wenn sie früh eigenen Immobilienbesitz erwerben, müssen sie sich einfach verschulden, weil sie niemals so sparsam leben, um das Häuschen cash bezahlen zu können. Aber ihre Hypotheken zahlen sie zuverlässig und schnell ab, um bald wieder unabhängig zu sein.

Der Wassermann in Urlaub und Freizeit

Urlaubsorte, Ferienziele

Bevorzugte Urlaubsgebiete für einen Wassermann sind Länder in Arabien, aber auch Russland, Schweden oder Finnland. Er genießt einerseits gerne den Zauber des Orients und den schwerblütigen Charme der russischen Seele, aber auch die herrliche, fast unberührte Natur Skandinaviens. Als unternehmungslustiger Reisender unternimmt er auch manchen Kurztrip in so berühmte Städte wie Salzburg und Berlin, Hamburg oder Athen – immer auf der Suche nach dem kleinen oder großen Abenteuer, dem reizvollen Unbekannten.

Sport

An Aktivitäten und Sport wird der Wassermann im Urlaub nicht viel auslassen. Allerdings weniger, weil er so sehr auf Sport steht, sondern einfach deshalb, weil er nicht ruhig und faul am Strand liegen mag. Und so wird in den Ferien aus dem eigentlich körperlich gar nicht so kompetenten Wassermann ein begeisterter Sportler: Wildwasserfahren reizt ihn genauso wie eine Jeeptour durch die Wildnis, Tauchen am Korallenriff ebenso wie eine Safari durch die Wüste. Hauptsache, sein unternehmungslustiger Abenteuergeist kommt voll auf seine Kosten! Am liebsten macht er das alles im Kreise guter Freunde und Bekannter, denn er ist alles andere als ein Einzelgänger.

Hobby

Vor allem männliche Wassermänner haben sich manchmal dem Rennsport verschrieben. Alles, was mechanisch ist, interessiert sie brennend: Ferrari, Honda und Renault ebenso wie die kleine elektrische Eisenbahn des Nachbarsohnes. Dass natürlich auch aufgemotzte „Normalautos" oder Motorräder zu ihren Favoriten gehören, muss man eigentlich nicht extra erwähnen. Auch Frau Wassermann ist vielseitig interessiert. Autos und Motorräder faszinieren sie ebenso wie ihr männliches Pendant. Auch in Sachen Mode und Design sind manche Wassermanndamen sehr kompetent. Selbst wenn sie selbst nicht schneidern können, werden sie ihrer Näherin wenigstens tolle und ausgeflippte modische Entwürfe vorlegen.

Familienleben

Seine Familie und auch sein Zuhause bedeuten dem Wassermann mehr, als man nach einem ersten Eindruck dieses Sternzeichens annehmen möchte. Wassermänner gelten ja nicht gerade als prädestiniert dafür, eine Familie zu gründen oder sesshaft zu werden. Doch auch ein Wassermann sehnt sich nach Geborgenheit, nach Sicherheit in Gefühlen, nach familiärer Zusammengehörigkeit. Vielleicht dauert es bei ihm einfach nur etwas länger, bis er erkennt, was ihm bei seinem flatterhaften Lebenswandel entgeht. Mit seiner Familie lebt er am liebsten auf dem Land; ein Garten ist ihm wichtig und möglichst viel Natur um sich herum. Obwohl er den Wechsel und Neues über alles liebt – Umzüge gehören nicht dazu. Hat ein Wassermann einmal seinen festen Platz gefunden, fühlt er sich in seinen vier Wänden glücklich, wird er diesen Standort nur höchst ungern wieder aufgeben. Als Eltern ist es Wassermännern wichtig, dass ihre Kinder sich zu sehr selbstständigen Persönlichkeiten entwickeln. Meist halten sie einen gewissen Abstand zu ihrem Nachwuchs ein; nicht etwa, weil es ihnen an Gefühlen für ihre Sprösslinge fehlte, sondern weil diese die Chance haben sollen, sich möglichst eigenständig zu entwickeln.

Kulinarisches

In Gesellschaft und mit vielen Freunden fühlt sich der Wassermann besonders wohl. Ob in einem Restaurant oder zu Hause ist ihm dabei relativ gleichgültig. Herr und Frau Wassermann sind beide hervorragende Gastgeber, und es ist ihnen egal, ob sie nur ein Dinner für zwei zubereiten sollen oder ein warmes Büfett für zwanzig Personen. Der Ehrgeiz eines jeden Wassermanns, der sich als Gastgeber gefordert sieht: nur das Beste wird den Gästen geboten. Er legt sowohl Wert auf gute Qualität der einzelnen Nahrungsmittel wie auch auf gutes Aussehen.

Eine fade Sauce mit ein paar weichgekochten Nudeln, eine lasche Pizza – das kommt bei Wassermännern bestimmt nicht auf den Tisch. Alles sollte knackig frisch und möglichst bunt sein – dann schmeckt's ihm (und natürlich auch seinen „Mitessern"!)

gleich noch einmal so gut. Würze an den Speisen darf natürlich nicht fehlen – und dabei geht es manchmal etwas schärfer zu als manch anderes Sternzeichen es mag. Dennoch sind Wassermänner im Großen und Ganzen eher maßvolle Genießer.

Garderobe

In Sachen Mode lieben Wassermänner Experimente. Ob Männlein oder Weiblein – am liebsten wäre jeder sein eigener Designer. Teilweise ist er (und sie natürlich auch!) der konventionellen Mode weit voraus. Wassermänner haben einen sechsten Sinn für Trends. Sie kleiden sich immer schick, haben Stil und sind meist ausgefallen angezogen. Sie kombinieren Materialien und Farben in vielfältigster Weise und werden so oft zum Trendsetter für Freundes- und Bekanntenkreis. Das Sympathische daran: kein Wassermann trägt seine Kleidung, um aufzufallen. Er kümmert sich nicht darum, was andere Leute denken. Für ihn gehört originelle Garderobe einfach zum Lebensstil.

Düfte und Make-up

Der Duft von Frau Wassermann muss fast ein Zauberkunststück vollbringen. Er muss nämlich zu allen Outfits und allen Überraschungen passen, die sie so auf Lager hat. Am liebsten hätte sie es, wenn ein Parfum extra und ausschließlich für sie allein kreiert würde. Eine zeitlose Duftnote kommt diesem Wunsch von Frau Wassermann wahrscheinlich am besten entgegen, etwa Aromakompositionen, die blumig-klassisch aufgebaut sind.

Mit Schminke und Make-up weiß Frau Wassermann bestens umzugehen. Sie mag ja in Sachen Kleidung manchmal etwas schrill und farbenfroh sein. Bei dekorativer Kosmetik jedoch hält sie sich etwas zurück. Natürlich weiß sie auch hier, Farbe als Akzent bei Lippen und Augen richtig einzusetzen: So betont sie ihre Lider in der Farbe ihrer Augen. Aber stets wird sie dezent geschminkt sein und niemals ins Ordinäre abrutschen.

Sind Sie ein echter Wassermann?

	Ja	Nein
1. Können Sie sich voller Elan und Energie auf neue Ideen einstellen?	3	2
2. Sind Sie manchmal etwas sprunghaft in Ihren Ideen und Entscheidungen?	2	1
3. Kann man Sie ohne größere Anstrengungen aus der Fassung bringen?	1	3
4. Ist Ihr Ideal das „stille Glück" im eigenen Heim?	1	4
5. Wirkt Ihr Verhalten meist sehr selbstsicher auf Ihre Umwelt?	3	0
6. Entgeht Ihnen so leicht nichts, weil Sie gut beobachten können?	3	1
7. Glauben Sie an Ihre künstlerische Begabung?	4	1
8. Sind Sie eher ein unsteter Mensch, den es nicht lange an einem Ort hält?	3	0
9. Kennen Sie die berühmte „Liebe auf den ersten Blick" aus eigener Erfahrung?	4	2
10. Haben Sie Probleme, sich in einem Kreis von neuen Bekannten anzupassen?	1	3

Auswertung:

Bis zu 12 Punkte zeigen an, dass Sie recht wenig von einem Wassermann an sich haben. Sie sind unsicher im Umgang mit anderen. Sie sind nicht sehr selbstbewusst und haben keinerlei Scheu, andere Menschen um Hilfe zu bitten.

13 bis 24 Punkte lassen Sie für jede Überraschung gut ein. Einesteils vertreten Sie den typischen Wassermann, in der Liebe allerdings sind Sie verlässlich. Dabei halten Sie sich an das Sprichwort: „Drum prüfe, wer sich ewig bindet…" – so cool ist ein Wassermann sonst kaum.

25 und mehr Punkte zeigen klar und deutlich: Sie sind ein echter Wassermann! Sie leben gerne aus dem Koffer, sind ständig auf Achse und finden nichts schlimmer, als irgendwo angebunden zu sein – ob im Job oder in der Liebe.

Sind Sie eine echte Wassermannfrau?

	Ja	Nein
1. Denken Sie in Sachen Liebe sehr freimütig?	3	1
2. Sind Sie in Ihren Stimmungen ein sehr ausgeglichener Mensch?	2	4
3. Können Sie einen Irrtum leicht zugeben?	3	1
4. Gelten Sie bei Kollegen und Bekannten als etwas unzuverlässig?	3	1
5. Üben neue Dinge eine große Anziehungskraft auf Sie aus?	4	1
6. Finden Sie, dass man in der Liebe erst Erfahrungen sammeln sollte, bevor man sich fest bindet?	3	1
7. Sind Sie in jeglicher Beziehung selbstständig und unabhängig?	3	1
8. Können andere Sie leicht beeinflussen?	3	0
9. Könnten Sie sich vorstellen, „Nur-Hausfrau" zu sein?	3	0
10. Lassen Sie sich sehr von Stimmungen und Launen leiten?	3	2

Auswertung:

Bis zu 12 Punkte ist klar, dass Sie so gut wie nichts vom echten Wassermann an sich haben. Ihnen fehlt die Neugier und Sie streben nicht ständig nach Veränderung. Warum auch – wenn Sie sich da wohl fühlen, wo Sie jetzt sind?

12 bis 24 Punkte zeigen, dass Ihre Unruhe und Ihre Beweglichkeit sehr typisch für einen Wassermann sind. Nicht so ganz passend dazu sind das Fehlen von jeglicher Eitelkeit und ein gewisser Hang zur Schwarzseherei.

25 und mehr Punkte machen deutlich: Sie sind ein echter Wassermann! Ihre Intelligenz und Ihr Interesse an allem, was um Sie herum vorgeht, machen Sie zu einem sehr selbstständigen Menschen. Sie sind die optimale Ehefrau, weil Sie niemals vergessen, dass Sie neben Partnerin und Mutter auch eine aufregende Geliebte sind.

20. Februar – 20. März

Im Zeichen
der Fische

So kommen die Fischefrau/der Fischemann am besten klar

Sie sind ein Fisch! Sie gelten als das intuitivste unter allen zwölf Sternzeichen. Sie handeln – so sagt man – stets danach, wie Ihr Gefühl es Ihnen eingibt. Das Tolle daran: Sie liegen damit meist richtig. Man könnte beinahe sagen, Sie haben in vieler Hinsicht schon hellseherische Fähigkeiten. Ihre Mitmenschen mögen Ihnen manchmal raten, wenigstens hin und wieder den Verstand einzuschalten. Sie jedoch wissen genau: Intuition kann man nicht lernen, die hat man. Und so können Sie den Hinweis auf Verstand getrost als „Neid" abhaken!

Zum Beispiel in der Liebe: Fischemänner gelten als Romantiker und als ausgesprochen empfindsame Liebhaber. So etwas wünscht sich fast jede Frau – und genau deshalb haben Sie auch solchen Erfolg beim schönen Geschlecht. Sie sehnen sich ganz einfach nach Menschen, die sich mit Ihnen verbunden fühlen. Umso besser, wenn das eine Frau ist. Sie sind sehr liebebedürftig, können aber auch viel Liebe geben. Ihre Anhänglichkeit ist in der heutigen modernen und oft so gefühlskalten Welt verblüffend: Niemals werden Sie besondere Daten oder Geburtstage vergessen und Sie haben ein ausgesprochenes Talent, Ihre Partnerin mit kleinen Überraschungen zu verwöhnen.

Als Fischefrau sind Sie ebenfalls ein sensibles und anhängliches Geschöpf, und Sie möchten dementsprechend behandelt werden. Bei Männern weckt Ihr zartes, feminines Wesen natürlich Beschützerinstinkte. Sie sind immer eine verständnisvolle, mitfühlende Zuhörerin. Sie bezaubern einfach dadurch, dass Sie sanft und lieb sind und anscheinend ungeheures Interesse an den Problemen Ihres Liebsten zeigen. Dass Sie damit Erfolg haben, ist klar. Doch dabei sollte man wissen: Fischefrauen sind Meisterinnen der Verwandlung – vor allem, wenn es um Gefühle geht.

Im Zeichen der Fische Geborene sind besonders intuitiv und empfindsam veranlagt. Ihre innere Stimme täuscht sie in der Regel nicht.

Wechselvolles Gefühlsleben

Als Fischemann finden Sie sich in Sachen Gefühle oft in einem Wechselbad wieder. Einerseits sind Sie zärtlich, intuitiv und genießerisch, andererseits können Sie knallhart und realistisch denken. Ihren teils ausgesprochen maskulinen Zügen steht Ihre Bereitschaft, Trost und Lebensmut zu geben, gegenüber. Das bezieht sich nicht nur auf Ihre Liebsten, sondern auf alle Freunde und Bekannte. Dennoch sind Sie sehr beeinflussbar. Gerade weil Sie in Ihren Gefühlen ständig schwanken und wechseln, fällt es Ihnen schwer, zu bestimmten Sachverhalten zu einem klaren Urteil zu kommen. Wenn Sie Ihrer Intuition vertrauen, bereitet es Ihnen auch keinerlei Probleme, einen anderen Menschen einzuschätzen. Hören Sie auf Ihre innere Stimme statt auf die Selbstzweifel, die Sie manchmal quälen.

Fischefrauen wirken oft etwas undurchschaubar. Einerseits sind Sie voller Fantasie, voller Gefühle und Sinnesfreude, andererseits scheinen Sie oft schüchtern und verschlossen. Wer Sie jedoch nur ein wenig kennt, weiß: Sie leiden ebenso wie Ihr Sternzeichenpartner unter dem ständigen Wechsel Ihres Gefühlslebens. Im Grunde gelten Sie als weichherzig und unpraktisch, doch das kann täuschen: So manche Fischefrau packt tatkräftig mit an und ist in ihrer Arbeit unheimlich tüchtig. Selbst dann, wenn sie von methodischem Vorgehen und künstlerischem Geschick hin und wieder zu unpraktischem Handeln und auch unrealistischem Denken umschwenkt.

Das Äußere

Viele Fische erkennt man schon an ihrem Äußeren und ihrer Ausstrahlung. Fischemänner haben oft eine hohe und breite Stirne, ihre gesamte Statur ist eher gedrungen. Sie schreiten nicht eindrucksvoll daher, sondern bewegen sich langsam und leise. Auch Ihre Gutmütigkeit kann man Ihnen ansehen. Manchmal wirken Sie etwas rätselhaft, oft sind Sie zu sehr angepasst, zu inkonsequent, unentschlossen oder verträumt. Sie können aber durchaus Ihren Mann stehen, wenn es darauf ankommt. Fischefrauen gelten als sehr kontaktfreudig, was sie aber nicht hindert, Unabhängigkeit anzustreben – in allen Dingen des Lebens. Sie sind oft eine Einzelgängerin. Ihr Blick ist verträumt, Sie sind zwar bescheiden, aber auch sehr ungewöhnlich in Ihrer Art. Ihre Figur kann manchmal gedrungen sein. Dennoch wirken Sie in Ihrer Ausstrahlung – nicht zuletzt wegen Ihrer großen Augen – verführerisch und rätselhaft. Man sollte aber nicht den Fehler machen, Sie zu unterschätzen. Eines sind Sie nämlich ganz gewiss nicht: ein hilfloses Weibchen …

Kreativ und träumerisch

Allen Fischen kommt es sehr entgegen, wenn sie keiner zu Entscheidungen zwingt. Vor allem nicht solche, die öffentliche Auswirkungen haben könnten. Meist handeln und wirken Sie im Verborgenen. Das kann dazu führen, dass Sie Zeit Ihres Lebens etwas unzufrieden sind – auch deshalb, weil Sie Ihre Lebensaufgabe in der Hilfe für andere Menschen sehen und dieser „Job" niemals ein Ende hat. So erfahren Sie viele Enttäuschungen.

Reife Fischemänner lieben die Bequemlichkeit und den Komfort. Ihr Heim ist Ihnen sehr wichtig – es ist Ihr Refugium, Ihre Burg, in der Sie niemand zu stören hat. Dennoch lieben Sie – genauso wie Ihre Sternzeichenpartnerin – durchaus Geselligkeit, das Zusammensein mit Freunden, wobei nach Möglichkeit Sie im Mittelpunkt stehen sollten.

Weder im Beruf noch in ihrem Leben sind die Fische Kämpfer. Sie müssen oft lange suchen, bis Sie den richtigen Beruf gefunden haben. Wichtig für Sie ist, dass Sie Ihre kreativen Ideen umsetzen können. Aber Sie sind ein sehr gewissenhafter Mensch mit großem Pflichtgefühl. Sie drängen sich nicht nach vorne, lassen lieber alles auf sich zukommen und wirken im Verborgenen. Sie sind also nicht sehr ehrgeizig und streben auf der Karriereleiter nicht unbedingt an die Spitze. Das heißt aber nicht, dass Sie die Spitze nicht erreichen könnten: Vor allem im künstlerischen Bereich gibt es viele Fische, die ganz oben sind. Hier können Sie Ihre Talente voll zur Geltung bringen.

So mancher Fisch flüchtet sich in eine Welt der Illusionen. Das macht sich auch in Ihren Hobbys bemerkbar: Sie lieben Kinobesuche – da können Sie so richtig in Märchen moderner Art schwelgen, sich in andere Menschen hineinversetzen, mit denen Sie dann Abenteuer und bessere Welten erleben. Sie beschäftigen sich auch gerne mit religiösen Dingen, haben eine Neigung für Übersinnliches und Esoterisches. Genauso gerne vergraben Sie sich in spannende und geheimnisvolle Bücher – schließlich gibt es doch so vieles, wo Sie gern den Hintergrund herausfinden möchten.

Die 12 positivsten Eigenschaften, die Fischen nachgesagt werden.

Fische sind
hilfsbereit
vertrauensvoll
intelligent
charmant
erfinderisch
tolerant
gefühlvoll
großzügig
flexibel
ruhig
einfühlsam
heiter

Die 12 negativsten Eigenschaften, die Fischen nachgesagt werden.

Fische sind
schwatzhaft
selbstgefällig
geldgierig
gefühlskalt
unbeständig
neugierig
ehrgeizig
geltungsbedürftig
unausgeglichen
egoistisch
hochmütig
unfair

Beim Essen und Trinken legen Fische viel Wert auf das richtige Ambiente. Nur dann können sie es genießen. Leider stimmt das Ambiente bei Ihnen ziemlich oft, deshalb neigen Sie manchmal zu Körperfülle. Sie sind selbstverständlich ein Gourmet – mit einer kleinen Anwandlung zum Gourmand. Sie stehen nicht unbedingt auf exotische Gerichte, sind aber nicht abgeneigt, Außergewöhnliches und Neues zu probieren. Zwischen raffinierten italienischen Antipasti darf aber auch durchaus mal deftige Hausmannskost auf dem Speiseplan stehen. Bei den Cocktails und Drinks sind prickelnde Zutaten fast ein Muss.

Man kann einen Fisch nicht unbedingt von vornherein als Sportskanone bezeichnen. Lange Spaziergänge an der frischen Luft in der freien Natur sind eher Ihre Sache, es darf auch mal eine gemütliche Radtour sein. Um sich zu entspannen, sollten Sie Yoga oder Ähnliches machen: Dann fällt es Ihnen leichter, Ihre Nerven und Ihren Körper zu beruhigen. Sie haben keine Probleme damit, solche Übungen durchzuhalten, wenn Sie einmal damit angefangen haben. Frau Fische ist beim Tanz in ihrem Element. Die Verbindung von Musik mit körperlicher Tätigkeit ist für Sie geradezu ideal, da können Sie dann sogar im Ballett oder als Turniertänzerin Erfolge feiern. Ebenfalls gut geeignet ist rhythmische Gymnastik, Jazzdance oder Ähnliches. Trotzdem sollten auch Fischefrauen darauf achten, mit Meditationsübungen ihr Nervenkostüm zu dämpfen.

Fische haben ihren Körper meist sehr gut im Griff. In der Astromedizin ist der Fuß der Körperteil, der diesem Sternzeichen zugeordnet ist. Viele Fische können Krankheiten und Beschwerden gut ertragen, sie sind keine „Jammerer", die ständig mit Leidensmiene durch die Landschaft laufen. Oft schaffen Sie es, Ihre Gesundheit mit Ihrem Geist zu „kontrollieren" – selbst wenn das ungewöhnlich oder unglaubhaft klingt: es klappt. Fische werden selten krank. Wenn sie sich etwas „einfangen", wird es schnell wieder „abgeschüttelt". Was Sie als Fischegeborene(r) am meisten belastet, ist eine gewisse Neigung zu Depressionen, vor allem dann, wenn etwas nicht so läuft, wie Sie es sich vorstellen. Und diese wiederum schwächt Ihre Widerstandskraft, macht Sie anfällig für grassierende Viren. Mit etwas gutem Zureden schaffen Sie es jedoch schnell, wieder fröhlich zu sein und optimistischer in die Welt zu blicken.

Typisch Fische

Welcher Fisch sind Sie?

Astrologisch betrachtet sind natürlich nicht alle Fische gleich geartet. Neben dem „Sonnenzeichen" – also dem Sternbild, in dem bei Ihrer Geburt der „Planet" Sonne stand – ist der Aszendent von entscheidender Bedeutung. Er ist meist nicht mit dem Sonnenzeichen identisch, wirkt sich jedoch auf den Charakter eines Menschen – besonders in dessen zweiter Lebenshälfte – ebenfalls stark aus. Die Sonne – so sagten die Astrologen der Antike – ist himmlisch, der Mond gefühlsbetont, der Aszendent weltlich. Im Anhang finden Sie Tabellen, mit denen Sie Ihren Aszendenten leicht bestimmen können. Und so wird Ihre Fischepersönlichkeit beeinflusst:

♈ **Aszendent Widder** verleiht Ihnen die Entschlossenheit, die anderen Fischen oft fehlt. Sie sind zwar durchaus ehrgeizig, aber nicht so sehr, dass Sie für Ihre beruflichen Ziele Ihr Privatleben aufgäben.

♉ **Aszendent Stier** verstärkt Ihre labilen Charaktereigenschaften. Sie müssen erst einmal Selbstvertrauen aufbauen; dann jedoch steht Ihrem Erfolg nichts im Wege – auch wenn Sie nicht überaus ehrgeizig sind.

♊ **Aszendent Zwillinge** lässt Sie Luftschlösser bauen – noch und noch. Leider können Sie darin nicht wohnen. In der Liebe sind Sie etwas wechselhaft und können sich nicht entscheiden.

♋ **Aszendent Krebs** verändert Ihre Energien kaum – lediglich Ihr unbesonnenes Handeln wird ein wenig eingedämmt. Sie entwickeln für alle Lebensbereiche extrem viel Gefühl – und Ihr Hauptanliegen ist die Liebe ...

♌ **Aszendent Löwe** macht es möglich, dass Sie Ihre Ideale in die Tat umsetzen. Löwe-Fische können's weit bringen im Berufsleben. In der Liebe sind Sie besitzergreifend.

♍ **Aszendent Jungfrau** macht Sie realistisch und für beruflichen Erfolg bestens geeignet. Sie sind verantwortungsbewusst und werden selten enttäuscht – auch in der Liebe nicht.

♎ **Aszendent Waage** sorgt dafür, dass Sie Ihre künstlerischen Begabungen voll ausleben. Sie sind zwar nicht sehr entschlussfreudig, kommen aber dennoch an Ihre beruflichen Ziele. In der Liebe sind Sie eher unstet.

Aszendent Skorpion lässt Sie mit all Ihren Entschlüssen entschieden auftreten – Erfolg im Job ist da also kein Problem! Fast schon ein wenig rücksichtslos gehen Sie auf der Karriereleiter nach oben. In der Liebe neigen Sie zu Eifersucht.

Aszendent Schütze lässt Ihnen eine Extraportion Glück zukommen: Sie suchen nach Erfolg und bekommen ihn auch. Ihr Charme bricht so manches Herz; dennoch sind Sie eher treu veranlagt.

Aszendent Steinbock ist schuld daran, dass Sie alles ein bisschen zu ernst nehmen. Ihre Karriere ist Ihnen wichtig – so sehr, dass Sie nicht auf Ihre Gesundheit achten. Dafür haben Sie in der Liebe keinerlei Probleme.

Aszendent Wassermann macht Sie tolerant und hilfsbereit. Sie kennen Selbstdisziplin und sind im Job deshalb sehr erfolgreich. In der Liebe müssen Sie manchmal lange nach dem richtigen Partner suchen …

Aszendent Fische verstärkt all Ihre Eigenschaften, auch Ihre Intelligenz und Ihr Gefühlsleben. Manchmal sind Sie jedoch sehr zurückhaltend, fast in sich gekehrt. Meist überwinden Sie diese Phasen jedoch ohne Probleme.

Was sonst noch zu Fischen gehört

Jahrtausende der Astrologie haben gezeigt, dass jedes Sternzeichen nicht nur „seinen" Planetenregenten hat, sondern dass man den einzelnen Tierkreiszeichen eine ganze Reihe von Dingen zuordnen kann. Ob das Farben, Pflanzen oder Mineralien sind, die Ihnen als Fisch besonders liegen.

- Das Element des Sternzeichens Fische ist – natürlich! – das Wasser. Im Vergleich zu den anderen Wasserzeichen leben die Fische im veränderlichen Wasser des Ozeans. Sie gelten als widerspruchsvoll und ambivalent und sind nicht immer leicht zu durchschauen.

- „Ihre" Farben sind daher naturgemäß auch fast alle, die im Meer vorkommen: Meergrün, Ultramarin, Perlmutt – überhaupt alle Pastellfarben und vor allem verschwimmende Farbtöne. Selbst Purpur gehört zu den Fischefarben. So manche Wohnung eines Fischegeborenen wirkt fast, als wenn er unter Wasser lebte: Grelles Licht und allzu Buntes mögen Sie nicht.

◆ Als Pflanzen sind den Fischen viele Unterwasserpflanzen zugeordnet – zum Beispiel der Schwamm, Algen oder Tang. Aber auch manche „Nutzpflanze" gehört zu Ihnen: etwa der Ahorn, Feigen und Blaubeeren. An zarten Blüten mögen Sie Petunien, Veilchen, gelbe Narzissen, Seerosen und Orchideen. Instinktiv fühlen sich viele Fischegeborene zu den ersten Frühlingsblühern hingezogen, die das Winterende signalisieren.

◆ Ihre Glückssteine sind Perlmutt, Mondstein, Chrysolith, Blutstein und Amethyst. Als Metalle hat man Ihnen Zinn und Platin zugedacht. Letzteres ist natürlich bestens für Geschmeide geeignet, aus ersterem kann man Becher und Krüge herstellen. So mancher Fisch hat „seinen" Glücksbecher aus Zinn in der Wohnzimmerbar stehen …
Sie glauben an die Heilkraft der Edelsteine? Dann ist Ihnen klar: Amethyste sind entspannend und schlaffördernd; Aquamarine helfen gegen Erkältungen; Fluorit beseitigt Energieblockaden im Körper; Opale wirken auf Herz, Magen und Verdauung; Perlen stabilisieren den Hormonhaushalt und der Sugilith beruhigt die Nerven.

◆ Beim Schmuck liebt es die Fischefrau eher dezent. Sie wird sicher keine großen Klunker tragen, sich nicht mit Modeschmuck überhäufen. Auch bei Juwelen und Geschmeide legt sie sich Zurückhaltung auf. Sie weiß einfach: Ein paar wenige, ausgewählte Stücke erzielen viel mehr Wirkung. Auch beim abendlichen Ausgehen bevorzugt sie die klassische Perlenkette und nicht auffallende mehrreihige Goldcolliers. Gekonnt weiß sie mit Tüchern ihre Garderobe zu komplettieren. Die Fischefrau wird nie überladen wirken, sondern mit einigen wenigen Accessoires ihre Weiblichkeit zu betonen wissen.

Die Fische und die Liebe

So liebt der Fischemann

Fische bringen ihrer Liebsten – aber eigentlich allen Frauen – besonders viel Verständnis entgegen. Sie können sich bestens in die weibliche Gefühlswelt hineinfinden. Vor allem die Hilfsbereitschaft für andere Menschen zieht die Frauen an. Niemals würden Sie jemanden vor den Kopf stoßen und Ihre Unterstützung verweigern, wenn man Sie um Rat und Tat bittet.

Ihr Charme und Ihre romantische Ader lassen Frauenherzen schmelzen, und genau das brauchen Sie, um sich wohl zu fühlen. Sie setzen alles daran, diese Romantik nicht nur in der ersten rosaroten Verliebtheit, sondern auch in einer länger währenden Partnerschaft zu erhalten.

Lange sucht der Fischemann nach seiner Traumprinzessin. Das hindert ihn jedoch nicht daran, die Zeit seiner Suche mit etlichen Affären zu „überbrücken". Es gelingt ihm gut, andere Menschen einzuschätzen, und weil ein Fisch ganz besondere Antennen in Bezug auf Intuition hat, fällt ihm die Einschätzung seiner Chancen bei der Damenwelt besonders leicht. Er ist ein Meister darin, eine Angebetete davon zu überzeugen, dass er momentan genau der Richtige für sie ist. Schon nach ein paar harmlosen Rendezvous weiß er, was sie denkt und fühlt, und kennt so manchen Trick, sie dahin zu bekommen, wo er sie haben will. Dabei ist er in der Liebe gar nicht mal so sehr leidenschaftlich – er mag halt eher die sanften Töne.

Als Partner übernehmen Sie ungern Verantwortung. Man wird immer auf Sie zählen können, wenn man eine gute Idee braucht; mehr jedoch kann man von Ihnen nicht erwarten. Fische brauchen ständig Lob und Anerkennung, sonst werden sie von Selbstzweifeln regelrecht „zerfressen". Immer muss man sie bestätigen, immer muss man ihnen versichern, wie sehr man sie und ihre Art schätzt. Dazu kommt, dass der Fischemann sehr eifersüchtig ist. Vor allem dann, wenn es sich bei seiner Partnerin um seine Traumfrau handelt. Hat er dann gerade seine grüblerische Phase, wird er sich wieder und wieder fragen, wieso ausgerechnet diese tolle Frau ihm treu sein sollte. Er macht sich so seine Gedanken – jedes Mal, wenn sie das Haus verlässt. Und dann kommt's schnell zu Problemen und zu Streit. Als Fische-

Fischemänner sind ganz besonders verständnisvolle und einfühlsame Partner. Ihre Intuition macht es ihnen leicht, ihre Chancen bei der Damenwelt richtig einzuschätzen.

mann „schwimmen" Sie allen Auseinandersetzungen und Problemen eigentlich am liebsten davon. Das erscheint Ihnen oft das Einfachste zu sein. Richtig harte Diskussionen sind mit Ihnen fast unmöglich – Sie lenken schnell ein, und es macht Ihnen überhaupt nichts aus, Kompromisse zu schließen. Einfache und logische Entscheidungen treffen Sie selten. Ein klares „ja" oder „nein" wird man von Ihnen nur recht selten bekommen. Das macht es in einer Partnerschaft nicht gerade leicht, hin und wieder mal einen Streit als reinigendes Gewitter vom Zaun zu brechen. Bei einem Krach wird der Fischemann lediglich seine Meinung kundtun, und das sicher nicht mit sehr überzeugender Stimme oder gar lautstark.

Kommt es dann wirklich zu einer Trennung, ist ein Fisch zunächst einmal am Boden zerstört: All seine Romantik und seine Vorstellungen von der Liebe haben sich in Nullkommanichts und für ihn ohne Grund in Luft aufgelöst. Natürlich trifft ihn das besonders hart, wenn die „Liebe seines Lebens" ihm so durch die Lappen geht. Erst einmal wird er sicher in Stille und Selbstmitleid versinken. Er grübelt über alles nach, kommt jedoch früher oder später zu dem Schluss, dass er einfach nicht ergründen kann, was seine Liebste dazu bewog, die Koffer zu packen oder ihm sein Gepäck vor die Türe zu stellen. Und so macht er sich von Neuem auf die Suche.

So liebt die Fischefrau

Fischefrauen sind für ihre Sanftheit, ihre Güte und ihr Mitgefühl bekannt. Sie haben ein sehr feines Gespür für alle schönen Dinge. Sie sind sehr empfindsam und glauben ohne viele Worte zu wissen, wie sie Menschen einzuschätzen haben. Schnell erkennen sie, was ein anderer fühlt und denkt – vor allem ein anderer Mann. Die Herren umschwirren die Fischefrau wie Motten das Licht, denn sie gilt als hingebungsvolle Frau, die nicht müde wird, sich den Problemen und Problemchen der Männerwelt zu widmen.

So manches Mal fallen Sie dabei als Fischefrau auf Herumtreiber und Filous herein, die Ihnen das Blaue vom Himmel versprechen, Ihnen die Sterne vom Firmament pflücken wollen und dabei nur darauf aus sind, ein paar behagliche Stunden mit Ihnen zu verbringen. Oder Sie so ausnutzen, dass Sie nicht nur gefühlsmäßig daran noch Jahre zu knabbern haben. Sie glauben zu oft an das, was Ihnen ein Mann erzählt, und hören dabei zu we-

Fischefrauen fallen durch ihren Sanftmut und ihr Mitgefühl auf. Haben sie einmal den richtigen Partner gefunden, sind sie mit sprichwörtlicher Hingabe ausschließlich für ihn da.

nig auf ihre innere Stimme, die sich bestimmt warnend erhebt. Immer suchen Sie nach der großen Romantik in Ihrem Leben, und da bleiben Enttäuschungen natürlich nicht aus. Selbst Ihre intuitive Begabung schützt Sie nicht vor Reinfällen. Sie lernen aber im Laufe der Zeit, Gefühl und Verstand in Einklang zu bringen. Und dann macht Ihnen so schnell keiner mehr etwas vor.

In einer Partnerschaft will die Fischefrau stets der Mittelpunkt sein. Sie gibt sich ganz der Beziehung zu ihrem Mann hin. Andere Dinge spielen dann kaum eine Rolle mehr, sie lebt nur noch für ihre Liebe und gibt alles auf, um für ihren Partner da zu sein. Mit dem richtigen Mann an ihrer Seite ist das auch völlig okay. Er schafft es sicher, sie aus ihren wunderschönen Tagträumen zu wecken und sie – behutsam natürlich! – wieder auf den Boden der Tatsachen zurückzuführen. Mangelt es einem Mann allerdings an Einfühlungsvermögen und kommt es deshalb in ihrer Partnerschaft zu Problemen, so wird sich die Fischefrau erst einmal zurückziehen. Nur wenn es sich überhaupt nicht vermeiden lässt, stellt sie sich einer Auseinandersetzung, wird aber auch da gleich nach einem Kompromiss suchen. Das macht sie sehr geschickt: Gute Argumente dafür fallen ihr haufenweise ein. Nichts ärgert sie allerdings mehr, als wenn ihr Partner es nicht für nötig hält, anstehende Probleme zu lösen. Das ist – ihrer Meinung nach! – nämlich ausschließlich sein Job. Tut er das nicht, kann sogar eine Fischefrau böse werden, dann scheut selbst sie keinen Krach. Danach zieht sie sich allerdings schnell wieder zurück wie in ein Schneckenhaus. Offene Konfrontationen liegen ihr nämlich gar nicht. Auch dann nicht, wenn sie in ihrer Liebe tief enttäuscht wurde. Etwa, weil ihr Partner anderen Frauen schöne Augen macht. Sie ist eine sehr anhängliche Frau und so wird sie auf ihren Mann höllisch aufpassen. Klar, dass bei ihrer starken Eifersucht Probleme vorprogrammiert sind. Sie kommt überhaupt nicht damit klar, dass ihre wunderschönen Träume von der Liebe oft in der Realität so grausam anders aussehen. Vergeben kann sie einem Partner seine fehlende Liebe und Zuneigung niemals – vor allem dann nicht, wenn er sie betrogen hat. Sie kann sich aber nicht dazu aufraffen, um einen Mann zu kämpfen.

Nach einer Trennung wird die Fischefrau lange brauchen, um die Tatsache zu verarbeiten, dass ein geliebter Mann sie verlassen hat. Es kann auch gut sein, dass sie sich richtig in eine Depression fallen lässt, aus der sie dann nur schwer wieder herauskommt. Aber sie schafft es – spätestens dann, wenn ihre Stimmung wieder einmal wechselt.

Die Fische in Beruf und Geschäftsleben

Schon in der Schule …

… zeigt sich, dass Fische ausgesprochen hilfsbereit sind. Man kann ihnen wirklich das letzte Hemd abschwatzen, wenn man es versteht, den Eindruck von Bedürftigkeit zu erwecken. Eltern von Fischekindern sollten darauf achten, dass ihr Sprössling es frühzeitig lernt, ein wenig gesundes Misstrauen zu entwickeln. Er sollte auf die innere Stimme hören und sich auf seine Intuition verlassen, die dem Fisch ja in die Wiege gelegt wird. Dann hat er später als Erwachsener kein Problem, bei den lieben Mitmenschen die Spreu vom Weizen zu trennen.

Ebenfalls schon sehr früh müssen Fische lernen, mit ihrem eigenen zwiespältigen Wesen fertig zu werden. Sie arbeiten immer mit einer gewissen Unsicherheit. Selten jedoch bringen sie die notwendige Disziplin auf, bis zum Ende durchzuhalten: Dieses „Ende" ist in der Schule die gute Note, in der Ausbildung der erfolgreiche Abschluss und im Job die jeweils gestellte Aufgabe. Wegen des mangelnden Durchhaltevermögens fehlen einem Fisch oft die notwendigen Grundlagen für eine gute Arbeit. Bei Detailarbeiten geht er jedoch sehr methodisch vor – wenn ihn die Aufgabe interessiert.

Die Fische und ihr Job

Fische brauchen viel Lob und Anerkennung. Das könnte sich im Job zu einem Problem entwickeln: Nur wenige Chefs sind bereit, ihre Mitarbeiter bei der kleinsten Kleinigkeit mit Lob zu überschütten. Deshalb muss der Fisch lernen, seine Minderwertigkeitsgefühle zu überwinden. Sie sind es ja oft erst, die zu Fehlern führen. Leider lernen Fische nicht unbedingt aus ihren Erfahrungen, so manchen Fehler machen sie immer wieder.

Die meisten Fische sind sehr anpassungsfähig. Viele Chefs schätzen das. Ihr Benehmen und ihre Art zu arbeiten finden große Anerkennung. Denn sie haben ein sehr großes Pflichtbewusstsein. Als „Macher" wirken sie eher im Hintergrund und fühlen sich sehr wohl dabei. Als Vorgesetzter dagegen ist der Fisch nicht so sehr geeignet: Er handelt oft übermäßig großzügig und merkt gar nicht, dass viele Mitarbeiter das schamlos ausnutzen. Das liegt daran, dass ein Fisch sich ungern als „Befehlshaber" aufspielt. Er strebt nicht nach Macht und kann überhaupt nicht nachvollziehen, warum andere Sternzeichen so viel Spaß am Spiel mit der Macht haben.

Dafür haben Fische ein anderes Talent: Sie sprühen geradezu vor Ideen, viele ihrer Einfälle zeichnen sich durch ganz besondere Originalität aus. Für sie ist es kein Problem, ihre Ideen im Betrieb gut zu „verkaufen" – wissen sie doch, einen Sachverhalt amüsant und faszinierend darzulegen. Dabei begeistern sie alle anderen, ziehen sie in ihren Bann und reißen sie mit. Haben Fische sich etwas in den Kopf gesetzt, so versuchen sie das durchzusetzen. Mit den richtigen Kollegen können sie ein tolles Team bilden, dem der Erfolg kaum zu stehlen ist.

Berufe mit Karrierechancen

Wirklich fantastische Ergebnisse können Fischegeborene im Bereich von Kunst und Kultur erzielen. Hier leben sie ihre Träume und ihre Kreativität aus und finden dabei tiefe Befriedigung. Dabei steht ihnen alles offen: Musik, Malerei, Literatur, aber auch Tanz oder Schauspiel. Beim Schreiben profitiert der Fisch von seiner tiefen Empfindsamkeit. Sehr aufgeschlossen ist er bei einem öffentlichen Aufruf oder bei einer Kampagne, die einem guten Zweck dient. Aber wie stets gilt auch in solchen Fällen: Fische schwimmen nicht in der ersten Reihe, sie sind eher im Stillen tätig. Mit ihrer Fantasie lösen sie beinahe jedes Problem. Sie dürfen dabei nur nicht vergessen, die Realität auch noch mit einzubeziehen. Im Bereich Design könnte ein Fisch in der Modebranche, aber auch in der Industrie gute Erfolge erzielen. Sein Sinn für Farben, Material und Struktur hilft ihm dabei. Ideal könnte auch das Arbeiten mit Holz sein, vielleicht als Restaurator von Antiquitäten und Möbeln.

Viele Fische nutzen ihren Sinn für Harmonie und Farben aus und suchen sich einen Beruf im Bereich von Dekoration und Innenausstattung. Seine Kreativität macht ihn sicher zu einem ungewöhnlichen und erfolgreichen Innendekorateur. Stoffe können zu seiner Leidenschaft werden: als Designer ebenso wie als „Verwender". Er weiß tolle Effekte mit Licht zu erzielen.

Große Erfolge scheinen dem Fisch in der Schauspielerei beschieden zu sein. Hier ist er in seinem Element, kann seine Gefühle gut einsetzen und beim Publikum einen bleibenden Eindruck hinterlassen. Seine besten Leistungen jedoch bringt er, wenn er für andere Probleme lösen kann. Dabei darf er aber nicht unter Druck oder im Stress sein. Ist er dabei oft erfolgreich, kann es durchaus sein, dass man ihn für einen höheren Posten bei einer Gewerkschaft oder einem auf sozialem Sektor arbeitenden Verband vorschlägt. Im Bereich der Werbung oder in sozialen Belangen ist er ebenfalls erfolgreich. Dazu gehört auch die Krankenpflege oder die Betreuung psychisch Kranker. Viele suchen seinen Rat, er zeigt für alles Verständnis und Mitgefühl.

Die Fische im Arbeitsalltag

Konzentrierte geistige und körperliche Anstrengung – dafür sind Fische einfach nicht geschaffen. Sie sind nicht direkt faul, aber haben ein ganz besonderes Talent, ihre Aufgaben an andere zu delegieren. Fische „lassen" eben lieber arbeiten als selbst Hand anzulegen. Das geschieht aber durchaus nicht in böser Absicht oder weil sie andere ausnutzen wollen. Es ist einfach nur so, dass ihnen Anstrengungen und körperlicher oder geistiger Dauereinsatz zuwider sind.

Obwohl ein Fisch für Anstrengungen nicht so zu haben ist, würde er seine Aufgaben nicht bewusst auf andere abwälzen oder seine Kollegen etwa gar ausnutzen. Träumen ist seine Lieblingsbeschäftigung, und das versucht er oft auch im Job zu verwirklichen. Selbst wenn er von vielen seiner Ideale überzeugt ist, wird er sie selten in die Realität umsetzen. Das würde Kampfgeist erfordern und Zielstrebigkeit. Beides hat er nur in geringem Maße. Fische sind eher Mitläufer, sie ergreifen nur ungern selbst die Initiative oder gehen einer Sache voran.

Die Finanzen der Fische

Fische können im Allgemeinen sehr gut mit Geld umgehen. Sie haben allerdings ein ebenso starkes Informations- wie Sicherheitsbedürfnis. Daher wollen sie zwar vor ihrer Anlageentscheidung möglichst genau über alle Chancen und Risiken informiert werden. Aber je mehr sie wissen, desto unsicherer werden sie und können sich am Ende gar nicht mehr entscheiden. Fischegeborenen bereitet es regelrecht Qualen, ihr Konto auch nur für Stunden zu überziehen. Als Finanzverantwortliche sind sie die Verlässlichkeit in Person. Ihr Kostenmanagement ist beispielhaft – beruflich wie privat.

Die Fische in Urlaub und Freizeit

Urlaubsorte, Ferienziele

Reisen ist für den Fisch schon fast eine alltägliche Freizeitbeschäftigung. Im Urlaub aber kann er seinen Wünschen so richtig nachkommen.

Bevorzugte Urlaubsgebiete eines Fisches sind Portugal, Malta, Java oder Kalabrien – alles Länder, in denen man – mit etwas gutem Willen und den Augen eines Fisches – ein paar Geheimnisse entdecken kann. Wohl fühlen sich Fischegeborene auch in jedem anderen Land, das viel an alter Kultur zu bieten hat. Hier können sie sich in vergangene Zeiten zurückversetzen, in mysteriösen Tempeln und prächtigen Palästen herumspazieren oder in ihren Träumen die Geschichte des Landes erleben. Als Städte stehen in den Sternen eines Fischs Regensburg, Basel und Sofia sowie São Paulo – auch wenn das letztere eher eine längere Reise werden wird.

Sport

Sicher wird ein Fisch seinen Urlaub nicht in irgendeinem Club verbringen. Er braucht keine Animateure, um sich zu beschäftigen. Und das sportliche Angebot reizt ihn sowieso nicht. Er sieht bestenfalls zu, wenn andere Wasserski fahren und sich dabei „abrackern". Fische trifft man eher beim Faulenzen am Strand oder beim Sonnenbaden. Gerade noch aufraffen können sie sich zu Spaziergängen an der frischen Luft; da sind sie dann auch bereit, ein paar Kilometer zu marschieren, und es ist ihnen völlig egal, ob sie das allein tun oder in einer Gruppe.

Hobby

Fische leben gerne in einer Welt der Illusionen und der Träume. Sie sind echte Kinofans: Kein neuer Film, den sie nicht sofort anschauen, kein alter Hollywoodschinken, den sie nicht mindestens zwei- oder gar dreimal gesehen haben. Fischefrauen finden besonders historische Filme reizvoll: Vielleicht sehen sie sich dann selbst in einem fließenden Gewand von ihrem Traumprinzen aufs weiße Ross gehoben und in den Sonnenuntergang reiten. Was kann's auch Schöneres geben?

Natürlich hat der Fisch neben Kino und Filmen noch andere Steckenpferde: Er beschäftigt sich sehr mit Okkultismus und mit Religionen. Alles Geheimnisvolle zieht ihn magisch an. Er schmökert gerne in alten Büchern – auch darin kann er regelrecht versinken. Seine Fantasie lässt ihn alles viel intensiver erleben.

Familienleben

Auf ihr Heim und ihre Familie sind die meisten Fische sehr stolz. Das alles ist ihnen wichtig, dafür sind sie bereit, Zeit und Geduld zu investieren, vielleicht sogar Tatkraft und Energien. Fische lieben ein harmonisches Zusammenleben und verabscheuen nichts mehr als Streitereien. Sie möchten sich und ihrer Familie eine harmonische und komfortable Umgebung schaffen, und da sie viel Ahnung von Innendekoration haben und mit Geschmack Materialien anzuordnen wissen, wird ihr Heim bald ein erlesenes Schmuckkästchen sein. In Sachen Material, Stoffe oder Holz macht ihnen niemand so leicht etwas vor. Farblich abgestimmte Blumensträuße runden das Ganze ab.

Als Eltern sind Fische die liebevollsten aller zwölf Sternzeichen. Sie haben nur einen Nachteil: Jeder Sprössling kann sie um den Finger wickeln: Sie sind einfach zu gütig und gutmütig, um Konsequenz zu zeigen. Sie vermitteln ihren Kindern aber Wärme und Liebe – und das ist sicher mehr wert als alles andere. Auf Benehmen und gute Manieren legen Fische viel Wert.

Kulinarisches

Beim Essen lieben Fische kulinarische Qualität. Es dürfen gerne ausgefallene Gerichte auf den Tisch kommen. Fischemann und -frau sind hervorragende Gastgeber, zaubern die tollsten Menüs aus wenigen und einfachen Zutaten. Überhaupt befinden sie sich gerne in Gesellschaft – je mehr Leute um sie herum sind, umso besser. Weil sie sehr beliebte Gastgeber und Köche sind, werden sie bei ihren Festen auch immer im Mittelpunkt stehen. Sie probieren gerne neue Rezepte aus. Genauso wichtig wie das Essen ist ihnen das richtige Ambiente.

Unbewusst achten Fische auf gesunde und ausgewogene Kost. Von der deftigen Kost bis zu ausgewählten Köstlichkeiten ist auf ihrem Speiseplan alles zu finden. Jedoch kommt es häufig vor, dass es ihnen einfach zu gut schmeckt und sie deshalb öfter in die Schüssel greifen, als es ihrer Figur gut tut. Manchmal passiert das leider auch beim Alkohol.

Garderobe

Die Fischefrau träumt gerne von der guten alten Zeit, als man noch prachtvolle Roben und Gewänder trug. Am liebsten wären ihr Kleider einer Prinzessin aus dem Märchenland. Leider kann man in unserer modernen Zeit nicht so herumlaufen, und so behilft sie sich mit fantasievoller und exquisiter Kleidung. Sie liebt verspielte, feminine Gewänder. Jeans und ein Pulli sind ihr zu knabenhaft. Sie zeigt in ihrem Outfit immer, dass sie ganz und gar eine Frau ist.

Der Fischemann legt sehr viel Wert auf seine äußere Erscheinung. Er bevorzugt auch in der Freizeit „ordentliche" Kleidung, nicht gerade den klassischen Anzug, aber doch gute Kombinationen aus Hose und Sakko, die farblich passend aufeinander abgestimmt sind. Da der Fischemann selbst in Farben und Stoffen bewandert ist, fällt es ihm nicht schwer, sein Outfit richtig zusammenzustellen.

Düfte und Make-up

Fischedamen lieben weiche und pudrige Düfte. Ein süßes, feminines Blumenaroma wirkt bei ihnen wie ein Schutzschild gegen die böse Welt. Mystische, orientalische Nuancen betonen das Rätselhafte an einer Fischefrau, Moschus stellt ihr Sex-Appeal heraus; und Balsamdüfte entfalten ihre magische Ausstrahlung am besten.

Eine Fischefrau wird meist ein leichtes, dezentes Make-up auflegen. Mehr Farbe würde ihr sicher manchmal gut tun. Sie möchte jedoch niemals aufdringlich erscheinen. Da ihr doch ein Schwung Selbstbewusstsein fehlt, ist sie eher zu wenig geschminkt, als dass sie des Guten zuviel tut. In ihrer Freizeit wird man sie in den meisten Fällen ohne Make-up erleben.

Sind Sie ein echter Fischemann?

	Ja	Nein
1. Können Sie sich leicht in einen anderen Menschen hineinversetzen?	4	1
2. Schätzen Sie das Zusammenleben in einer Familie?	2	1
3. Haben Sie Freude daran, anderen hilfreich zur Seite zu stehen?	2	1
4. Haben Sie ständig Gefühlsschwankungen und werden von Zweifeln geplagt?	3	1
5. Stehen Sie gerne im Vordergrund?	1	2
6. Grübeln Sie tagelang, wenn jemand Sie kritisiert hat?	4	2
7. Könnte man Sie als Sportskanone bezeichnen?	0	2
8. Geraten Sie manchmal ins Hintertreffen, weil Sie Ihre Leistungen nicht „verkaufen" können?	3	2
9. Kämpfen Sie mit allen Mitteln, wenn Sie ein Ziel erreichen wollen?	1	3
10. Spielen Gefühle in Ihrem ganzen Leben eine wichtige Rolle?	4	1

Auswertung:

Bis zu 12 Punkte zeigen, dass Sie recht wenig von einem echten Fisch an sich haben. Sie stehen viel zu sehr auf dem Boden der Tatsachen, verlassen sich meist auf Ihren Verstand und handeln kaum intuitiv. Schlagen Sie in der Aszendententabelle nach, welches Sternzeichen Sie beeinflusst.

13 bis 19 Punkte lassen eine ganze Menge Fische-Eigenschaften erkennen: Sie sind sehr gefühlsbetont und hängen von Ihrer jeweiligen Stimmung ab. Oft werden Sie deshalb unterschätzt: Denn Sie verfolgen Ihre Ziele hartnäckig und durchaus erfolgreich.

20 und mehr Punkte sind Sie ein typischer Fisch! Sie streben nach privatem Glück und innerer Harmonie, Äußerlichkeiten sind kaum wichtig für Sie. Sie gelten als pflichtbewusst und zuverlässig, neigen jedoch manchmal etwas zur Trägheit und Bequemlichkeit.

Sind Sie eine echte Fischefrau?

	Ja	Nein
1. Sind Sie unsicher, wenn Sie auf einer Party außer dem Gastgeber niemanden kennen?	2	4
2. Sagen Ihnen Kollegen und Freunde manchmal, Sie würden zu sehr auf „Wolke Sieben" schweben?	4	2
3. Werfen Sie ein hässliches Geschenk heimlich weg?	3	2
4. Wenn Sie glauben, Ihr Partner betrüge Sie: Sprechen Sie ihn sofort darauf an?	3	1
5. Bevorzugen Sie ein schickes Penthouse oder ein Häuschen auf dem Lande?	3	2
6. Wenn Ihnen der Firmenklatsch auf die Nerven geht: Brechen Sie dann eine Unterhaltung ab?	3	1
7. Rühren Sie sentimentale Filme zu Tränen?	4	1
8. Glauben Sie, Ihr Partner liebe Sie nicht mehr, wenn er nicht merkt, dass Sie beim Friseur waren?	4	1
9. Finden Sie nichts schöner, als im Lokal einem Streitgespräch am Nebentisch zu lauschen?	3	1
10. Kaufen Sie sich ein besonders schönes Kleid, selbst wenn Ihr Konto überzogen ist?	3	2

Auswertung:

Bis zu 16 Punkte machen deutlich, dass Sie nicht sehr viel von einem echten Fisch an sich haben. Sie gehen deshalb vielleicht etwas unbeschwerter durchs Leben und machen sich nicht so viele Sorgen. Schlagen Sie in der Aszendententabelle nach, welches Sternzeichen Sie beeinflusst.

17 bis 24 Punkte zeigen an, dass Sie zwar viel vom Fisch haben, aber dennoch einiges irritierend ist. So werden Sie mit schlechten Stimmungen ohne Probleme fertig, und Ihre Gefühlsschwankungen sind nicht allzu übertrieben. Sie sind ausgewogen und mit sich wirklich im Reinen.

25 und mehr Punkte machen deutlich: Sie sind eine echte Fischefrau – mit allen Vor- und Nachteilen! Wenn Sie es jedoch schaffen, nicht alles duldsam hinzunehmen, werden Sie Ihre Wunschträume wahr machen können – im Beruf und in der Liebe!

Tabelle 1: Berechnung der Ortszeit

Ort	Min.	Ort	Min.
Aachen (51°)	− 36 Min.	Kaiserslautern (49°)	− 29 Min.
Augsburg (48°)	− 16 Min.	Karlsruhe (49°)	− 26 Min.
Aussig (50°)	− 4 Min.	Kassel (51°)	− 22 Min.
Baden-Baden (49°)	− 27 Min.	Kiel (54°)	− 20 Min.
Bamberg (50°)	− 16 Min.	Klagenfurt (47°)	− 3 Min.
Basel (48°)	− 30 Min.	Koblenz (50°)	− 26 Min.
Bautzen (51°)	− 2 Min.	Köln (51°)	− 32 Min.
Berlin (53°)	− 6 Min.	Königsberg (55°)	+ 22 Min.
Bern (47°)	− 29 Min.	Konstanz (48°)	− 23 Min.
Bielefeld (52°)	− 26 Min.	Lausanne (46°)	− 33 Min.
Bonn (51°)	− 31 Min.	Leipzig (51°)	− 10 Min.
Braunschweig (52°)	− 18 Min.	Lienz (47°)	− 9 Min.
Bregenz (47°)	− 21 Min.	Lindau (47°)	− 21 Min.
Bremen (53°)	− 25 Min.	Linz/Donau (48°)	− 3 Min.
Breslau (51°)	+ 8 Min.	Lübeck (54°)	− 17 Min.
Brünn (49°)	+ 6 Min.	Luxemburg (50°)	− 35 Min.
Chemnitz (51°)	− 8 Min.	Luzern (47°)	− 27 Min.
Danzig (54°)	+ 15 Min.	Magdeburg (52°)	− 13 Min.
Darmstadt (50°)	− 25 Min.	Mainz (50°)	− 27 Min.
Donaueschingen (48°)	− 26 Min.	Mannheim (49°)	− 26 Min.
Dortmund (52°)	− 30 Min.	München (48°)	− 14 Min.
Dresden (51°)	− 5 Min.	Münster (52°)	− 30 Min.
Düsseldorf (51°)	− 33 Min.	Nürnberg (49°)	− 16 Min.
Duisburg (51°)	− 33 Min.	Oldenburg (53°)	− 27 Min.
Emden (53°)	− 31 Min.	Osnabrück (52°)	− 28 Min.
Emmerich (52°)	− 35 Min.	Passau (49°)	− 6 Min.
Erfurt (51°)	− 15 Min.	Regensburg (49°)	− 12 Min.
Essen (51°)	− 32 Min.	Rostock (54°)	− 12 Min.
Flensburg (55°)	− 22 Min.	Saarbrücken (49°)	− 32 Min.
Frankfurt a. M. (50°)	− 25 Min.	Salzburg (48°)	− 8 Min.
Frankfurt/Oder (53°)	− 2 Min.	Schneidemühl (53°)	+ 7 Min.
Freiburg (48°)	− 29 Min.	St. Gallen (47°)	− 22 Min.
Garmisch (47°)	− 16 Min.	Straßburg (49°)	− 29 Min.
Genf (46°)	− 35 Min.	Stuttgart (49°)	− 23 Min.
Görlitz (51°)	+/− 0 Min.	Trier (50°)	− 33 Min.
Göttingen (51°)	− 20 Min.	Tübingen (49°)	− 24 Min.
Graz (47°)	+ 2 Min.	Ulm (48°)	− 20 Min.
Gumbinnen (55°)	+ 29 Min.	Villach (47°)	− 4 Min.
Halle/Saale (52°)	− 12 Min.	Weimar (51°)	− 15 Min.
Hamburg (54°)	− 20 Min.	Westerland/Sylt (55°)	− 27 Min.
Hannover (52°)	− 21 Min.	Wien (48°)	+ 6 Min.
Heidelberg (49°)	− 25 Min.	Wiesbaden (50°)	− 27 Min.
Hof (50°)	− 12 Min.	Würzburg (50°)	− 20 Min.
Husum (54°)	− 24 Min.	Wuppertal (51°)	− 31 Min.
Innsbruck (47°)	− 14 Min.	Zürich (47°)	− 26 Min.
Jena (51°)	− 14 Min.		

Sommerzeit seit 1980
Von 1980 an gilt in Deutschland (bis 1990 auch DDR), Österreich und in der Schweiz die Sommerzeit – jeweils beginnend um 2 Uhr und endend um 3 Uhr – in den folgenden Zeiträumen.
1980: 6. April bis 28. September. **1981:** 29. März bis 27. September. **1982:** 28. März bis 26. September. **1983:** 27. März bis 25. September. **1984:** 25. März bis 30. September. **1985:** 31. März bis 29. September. **1986:** 30. März bis 28. September. **1987:** 29. März bis 27. September. **1988:** 27. März bis 25. September. **1989:** 26. März bis 24. September. **1990:** 25. März bis 30. September. **1991:** 31. März bis 29. September. **1992:** 29. März bis 27. September. **1993:** 28. März bis 26. September. **1994:** 27. März bis 25. September. **1995:** 25. März bis 30. September. **1996:** 31. März bis 27. Oktober. **1997:** 30. März bis 26. Oktober.

Tabelle 2: Bestimmung der Sternzeit

Tag	Jan. Zeit	Feb. Zeit	März Zeit	April Zeit	Mai Zeit	Juni Zeit	Juli Zeit	Aug. Zeit	Sept. Zeit	Okt. Zeit	Nov. Zeit	Dez. Zeit
1	6.37	8.40	10.34	12.36	14.35	16.37	18.35	20.37	22.39	0.38	2.40	4.38
2	6.41	8.44	10.38	12.40	14.38	16.41	18.39	20.41	22.43	0.42	2.44	4.42
3	6.45	8.48	10.42	12.44	14.42	16.45	18.43	20.45	22.47	0.46	2.48	4.46
4	6.49	8.52	10.46	12.48	14.46	16.49	18.47	20.49	22.51	0.50	2.52	4.49
5	6.53	8.55	10.50	12.52	14.50	16.52	18.51	20.53	22.55	0.54	2.56	4.53
6	6.57	8.59	10.54	12.56	14.54	16.56	18.55	20.57	22.59	0.57	3.00	4.57
7	7.01	9.03	10.58	13.00	14.58	17.00	18.59	21.01	23.03	1.01	3.04	5.01
8	7.05	9.07	11.02	13.04	15.02	17.04	19.03	21.05	23.07	1.05	3.08	5.05
9	7.09	9.11	11.06	13.08	15.06	17.08	19.07	21.09	23.11	1.09	3.11	5.09
10	7.13	9.15	11.10	13.12	15.10	17.12	19.10	21.13	23.15	1.13	3.15	5.13
11	7.17	9.19	11.13	13.16	15.14	17.16	19.14	21.17	23.19	1.17	3.19	5.17
12	7.21	9.23	11.17	13.20	15.18	17.20	19.18	21.21	23.23	1.21	3.23	5.21
13	7.25	9.27	11.21	13.24	15.22	17.24	19.22	21.25	23.27	1.25	3.27	5.25
14	7.29	9.31	11.25	13.27	15.26	17.28	19.26	21.29	23.31	1.29	3.31	5.28
15	7.33	9.35	11.29	13.31	15.30	17.32	19.30	21.32	23.35	1.33	3.35	5.32
16	7.37	9.39	11.33	13.35	15.34	17.36	19.34	21.36	23.39	1.37	3.39	5.36
17	7.41	9.43	11.37	13.39	15.38	17.40	19.38	21.40	23.43	1.41	3.43	5.40
18	7.45	9.47	11.41	13.43	15.42	17.44	19.42	21.44	23.46	1.45	3.47	5.44
19	7.48	9.51	11.45	13.47	15.45	17.48	19.46	21.48	23.50	1.49	3.51	5.48
20	7.52	9.55	11.49	13.51	15.49	17.52	19.50	21.52	23.54	1.53	3.55	5.52
21	7.56	9.59	11.53	13.55	15.53	17.56	19.54	21.56	23.58	1.57	3.59	5.55
22	8.00	10.02	11.57	13.59	15.57	18.00	19.58	22.00	0.02	2.01	4.03	5.59
23	8.04	10.06	12.01	14.03	16.01	18.03	20.02	22.04	0.06	2.04	4.07	6.03
24	8.08	10.10	12.05	14.07	16.05	18.07	20.06	22.08	0.10	2.08	4.11	6.07
25	8.12	10.14	12.09	14.11	16.09	18.11	20.10	22.12	0.14	2.12	4.15	6.11
26	8.16	10.18	12.13	14.15	16.13	18.15	20.14	22.16	0.18	2.16	4.19	6.15
27	8.20	10.22	12.17	14.19	16.17	18.19	20.18	22.20	0.22	2.20	4.22	6.19
28	8.24	10.26	12.20	14.23	16.21	18.23	20.21	22.24	0.26	2.24	4.26	6.22
29	8.28	10.30	12.24	14.27	16.25	18.27	20.25	22.28	0.30	2.28	4.30	6.26
30	8.32		12.28	14.31	16.29	18.31	20.29	22.32	0.34	2.32	4.34	6.30
31	8.36		12.32		16.33		20.33	22.36		2.36		6.34

Tabellen

Tabelle 3: Bestimmung des Aszendenten

47° Uhrzeit	48° Uhrzeit	49° Uhrzeit	Aszendent
0.36 – 3.18	0.34 – 3.16	0.31 – 3.14	Löwe
3.19 – 6.00	3.17 – 6.00	3.15 – 6.00	Jungfrau
6.01 – 8.41	6.01 – 8.43	6.01 – 8.45	Waage
8.42 – 11.23	8.44 – 11.27	8.46 – 11.31	Skorpion
11.24 – 13.50	11.28 – 13.55	11.32 – 14.00	Schütze
13.51 – 15.41	13.56 – 15.45	14.01 – 15.48	Steinbock
15.42 – 16.58	15.46 – 17.00	15.49 – 17.02	Wassermann
16.59 – 18.00	17.01 – 18.00	17.03 – 18.00	Fische
18.01 – 19.01	18.01 – 18.59	18.01 – 18.57	Widder
19.02 – 20.19	19.00 – 20.15	18.58 – 20.11	Stier
20.20 – 22.10	20.16 – 22.05	20.12 – 22.00	Zwillinge
22.11 – 0.35	22.06 – 0.33	22.01 – 0.30	Krebs

50° Uhrzeit	51° Uhrzeit	52° Uhrzeit	Aszendent
0.26 – 3.12	0.21 – 3.10	0.16 – 3.08	Löwe
3.13 – 6.00	3.11 – 6.00	3.09 – 6.00	Jungfrau
6.01 – 8.47	6.01 – 8.49	6.01 – 8.52	Waage
8.48 – 11.35	8.50 – 11.39	8.53 – 11.43	Skorpion
11.36 – 14.05	11.40 – 14.10	11.44 – 14.15	Schütze
14.06 – 15.52	14.11 – 15.56	14.16 – 16.01	Steinbock
15.53 – 17.04	15.57 – 17.06	16.02 – 17.09	Wassermann
17.05 – 18.00	17.07 – 18.00	17.10 – 18.00	Fische
18.01 – 18.55	18.01 – 18.53	18.01 – 18.51	Widder
18.56 – 20.07	18.54 – 20.03	18.52 – 19.59	Stier
20.08 – 21.55	20.04 – 21.51	20.00 – 21.45	Zwillinge
21.56 – 0.25	21.52 – 0.20	21.46 – 0.15	Krebs

53° Uhrzeit	54° Uhrzeit	55° Uhrzeit	Aszendent
0.13 – 3.06	0.08 – 3.04	0.05 – 3.01	Löwe
3.07 – 6.00	3.05 – 6.00	3.02 – 6.00	Jungfrau
6.01 – 8.54	6.01 – 8.56	6.01 – 8.58	Waage
8.55 – 11.47	8.57 – 11.52	8.59 – 11.57	Skorpion
11.48 – 14.20	11.53 – 14.26	11.58 – 14.30	Schütze
14.21 – 16.06	14.27 – 16.10	14.31 – 16.14	Steinbock
16.07 – 17.11	16.11 – 17.14	16.15 – 17.16	Wassermann
17.12 – 18.00	17.15 – 18.00	17.17 – 18.00	Fische
18.01 – 18.49	18.01 – 18.46	18.01 – 18.44	Widder
18.50 – 19.55	18.47 – 19.50	18.45 – 19.46	Stier
19.56 – 21.39	19.51 – 21.33	19.47 – 21.38	Zwillinge
21.40 – 0.12	21.34 – 0.07	21.39 – 0.04	Krebs